Kommunikationstechnik für den rechnerintegrierten Fabrikbetrieb

CIM-Fachmann

Herausgegeben von
Dr.-Ing. Ingward Bey
Projektträger Fertigungstechnik
Kernforschungszentrum Karlsruhe

Prof. Dr.-Ing. Paul J. Kühn
Prof. Dr.-Ing. Günter Pritschow
(Bandherausgeber)

Kommunikations-
technik für den
rechnerintegrierten
Fabrikbetrieb

Springer-Verlag Berlin · Heidelberg · New York · London
Paris · Tokyo · Hongkong · Barcelona · Budapest
Verlag TÜV Rheinland

Die Deutsche Bibliothek – CIP-Einheitsaufnahme

CIM-Fachmann / hrsg. von Ingward Bey. - Berlin; Heidelberg; New York; London; Paris; Tokyo; Hongkong; Barcelona; Budapest: Springer; Köln: Verl. TÜV Rheinland.
   ISBN 3-88585-891-6
NE: Bey, Ingward [Hrsg.]

Kommunikationstechnik für den rechnerintegrierten Fabrikbetrieb. – 1991

**Kommunikationstechnik für den rechnerintegrierten
Fabrikbetrieb:** [Leitfaden zum Erfolg] / Paul J. Kühn;
Günter Pritschow (Bd.-Hrsg.). - Berlin; Heidelberg; New
York; London; Paris; Tokyo; Hongkong; Barcelona;
Budapest: Springer; Köln: Verl. TÜV Rheinland.
   (CIM-Fachmann)
   ISBN 3-540-53253-6 (Springer-Verlag)
   ISBN 3-88585-879-7 (Verl. TÜV Rheinland)
NE: Kühn, Paul J. [Hrsg.]

Gedruckt auf chlorfrei gebleichtem Papier.

ISBN 3-540-53253-6 Springer-Verlag
ISBN 3-88585-879-7 Verlag TÜV Rheinland
© by Verlag TÜV Rheinland GmbH, Köln 1991
Gesamtherstellung: Verlag TÜV Rheinland GmbH, Köln
Printed in Germany 1991

Bandherausgeber und Autoren

Bandherausgeber:

Prof. Dr.-Ing. Paul J. Kühn, Direktor des Instituts für Nachrichtenvermittlung und Datenverarbeitung, Stuttgart

Prof. Dr.-Ing. Günter Pritschow, Direktor des Instituts für Steuerungstechnik der Werkzeugmaschinen und Fertigungseinrichtungen, Stuttgart

Autoren:

Institut für Nachrichtenvermittlung und Datenverarbeitung

Prof. Dr.-Ing. Paul J. Kühn	Kap. 2
Dipl.-Ing. Georg Rößler	Kap. 3.2
Dipl.-Ing. Michael Weixler	Kap. 4.1, 4.2, 4.3
Dipl.-Ing. Joachim Zepf	Kap. 5
Dipl.-Ing. Martin Bosch	Kap. 6
Dipl.-Ing. Werner Schollenberger	Kap. 7

Institut für Steuerungstechnik der Werkzeugmaschinen und Fertigungseinrichtungen

Prof. Dr.-Ing. Günter Pritschow	Kap. 1
Dipl.-Ing. Manfred Gärtner	Kap. 3.1, 3.3, 3.4
Dipl.-Ing. Ulrich Häberle	Kap. 4.4
Dipl.-Ing. Gerhard Krebser	Kap. 8.1
Dipl.-Ing. Wilfried Kugler	Kap. 8.1, 8.3

Fraunhofer Institut für Produktionstechnik und Automatisierung

Dipl.-Ing. R. Kämpf	Kap. 8.2

Vorwort des Reihenherausgebers

Mit Computer Integrated Manufacturing, sprich: rechnerintegrierter Fertigung (CIM) verbindet sich die Vorstellung eines durchgängigen, rechnerunterstützten Informationsflusses in einem Gesamtbetrieb:

Der Akzent liegt meist auf "C" von CIM, also auf den technischen Aspekten. Mit CIM werden jedoch - eingebettet in die übergeordneten Ziele eines Unternehmens - sehr viel umfassendere Aktivitäten angestoßen. Daher ist die Beschäftigung mit CIM eine facettenreiche, längerfristige, interdisziplinäre und strategische Aufgabe, die weit über die Technik hinausgeht. Sie betrifft die Wirtschaftlichkeit von Innovationen und die organisatorische Gestaltung von Arbeitsabläufen und Zuständigkeiten ebenso wie die zielgerichtete Personalplanung und Qualifizierung der Mitarbeiter.

In dieser Situation, wo keiner alles weiß, aber alle etwas (anderes) wissen, ist der Austausch von Informationen und Erfahrungen für einen allgemeinen CIM-Lernprozeß außerordentlich wichtig. Deshalb hat der Bundesminister für Forschung und Technologie im Programm Fertigungstechnik 1988-1992 dem Thema Technologietransfer auf dem Gebiet der rechnerintegrierten Fertigung einen gesonderten Schwerpunkt gewidmet:

An nunmehr 20 Standorten in der Bundesrepublik Deutschland wurden CIM-Technologietransferzentren eingerichtet. Sie schließen vier solche Zentren auf dem Gebiet der neuen Bundesländer mit ein. Durch ihr Angebot an Schulungsveranstaltungen, Übungen an konkreten CIM-Lösungen und orientierenden Beratungsgesprächen helfen sie mit, anerkannte Forschungsergebnisse, Kenntnisse und Erfahrungen beschleunigt und breitenwirksam in die industrielle Anwendung zu überführen. Koordiniert werden diese Bemühungen vom Projektträger Fertigungstechnik, Kernforschungszentrum Karlsruhe.

In diesem Zusammenhang wurde eine umfangreiche Materialsammlung über den Stand der Technik und des Wissens zu CIM zusammengetragen, aus der Schulungsunterlagen für CIM-TT-Seminare je nach Bedarf zusammengestellt werden können. Mit dem Ziel, vorhandenes Wissen der Praxis zur Verfügung zu stellen, entsteht auf dieser Grundlage in intensiver Redaktionsarbeit die Buchreihe "CIM-Fachmann". Vertreter von über 40 Fachinstituten aus den unterschiedlichsten Disziplinen (Produktionstechnik, Werkzeugmaschinen, Steuerungstechnik, Konstruktionslehre, Informationstechnik, Arbeitswissenschaft, Wirtschaftswissenschaft, Soziologie, Logistik, Handhabungstechnik) arbeiten hieran mit. Die Vielfalt entspricht den vielen Aspekten, die bei der Planung und Einführung von CIM berücksichtigt werden müssen; sie spiegelt sich wider ebenfalls in der thematischen Gliederung des "CIM-Fachmanns" in drei Schwerpunkte mit den jeweilig zugeordneten Themen:

- **Strategische Grundlagen zu CIM**
  CIM-Bausteine für die Fabrik der Zukunft
  CIM-Strategie als Teil der Unternehmensstrategie
  Analyse und Neuordnung der Fabrik
  CIM-Planung und -Einführung
  Personalentwicklung und Qualifikation

- **Technische Bausteine für die Verknüpfung**
  Kommunikationstechnik für den rechnerintegrierten Fabrikbetrieb
  Nahtstellen in der Fabrik
  Datenbanken für CIM
  Simulation in CIM
  Expertensysteme in CIM
  Werkstattinformationssysteme

- **Ansatzpunkte für die Realisierung von CIM im Unternehmen**
  Von CAD/CAM zu CIM
  Von PPS zu CIM
  Integrationspfad Qualität
  Fertigungsinseln in CIM-Strukturen
  Montageplanung in CIM
  CIM in der Unikatfertigung

Jeder Einzelband ist ein in sich geschlossener praktischer Leitfaden, der den aktuellen Stand des Wissens und der Technik übersichtlich und einprägsam vermittelt. Die Bände ergänzen sich zur CIM-Bibliothek der 90er Jahre für all jene, die sich für CIM interessieren, CIM planen, einführen oder im Unternehmen weiterentwickeln.

Bei aller Bemühung um konsistente Aussagen zum Thema und eine einheitliche Darstellung der Begriffe wird bewußt darauf Wert gelegt, daß individuelle Denkansätze und unterschiedliche Meinungen zu Wort kommen.

Mein Dank gilt besonders allen Bandherausgebern und Autoren für ihren Einsatz und die gute Zusammenarbeit. Ebenso danke ich den Verlagen TÜV-Rheinland und Springer für ihr großes Engagement für die Sache und dem Bundesminister für Forschung und Technologie, vertreten durch Herrn Min.Rat H. Bertuleit, ohne dessen Unterstützung der Grundstock für den "CIM-Fachmann" nicht hätte erarbeitet werden können.

Ingward Bey
Karlsruhe, im April 1991

Vorwort der Bandherausgeber

Für die Realisierung eines rechnerintegrierten Fabrikbetriebs werden neue Anforderungen an die Steuerungstechnik gestellt. Neben der Entwicklung konfigurierbarer offener Systeme ist besonderes Augenmerk auf die informationstechnische Durchgängigkeit in einem hierarchischen Gesamtsystem zu richten. Auf allen Fabrikebenen gilt es, heterogene Rechner und Steuerungsgeräte mit Hilfe entsprechend zugeschnittener Kommunikationsnetze zu verbinden. Die Entwicklung von international standardisierten Kommunikationsprotokollen und deren Integration in die Automatisierungsgeräte sind elementare Voraussetzung für ein kosteneffektives Zusammenfügen von Einzelkomponenten zu einer durchgängigen computerintegrierten Fertigung (CIM, Computer Integrated Manufacturing).

Das Buch "Kommunikationstechnik für den rechnerintegrierten Fabrikbetrieb" in der Reihe "CIM-Fachmann" legt deshalb seinen Schwerpunkt auf die bis heute international standardisierten oder sich derzeit in der Standardisierung befindlichen Kommunikationsprotokolle des Basisreferenzmodells der ISO (Internatonal Organization for Standardization) für die Verbindung offener Systeme. Neben Grundlagen wird der praktische Einsatz von Kommunikationsnetzen behandelt.

Das Buch wendet sich sowohl an Studierende mit Schwerpunkt in der Automatisierungstechnik als auch an Fachleute in der Praxis, die mit der Planung und der Umsetzung offener CIM-Konzepte in den verschiedenen Produktionsbereichen von Industrieunternehmen beschäftigt sind.

Der Inhalt lehnt sich eng an die im Rahmen des CIM-Technologie-Transfer Zentrums Stuttgart durchgeführten Schulungen zum Thema "Kommunikationstechnik für CIM" an.

Stuttgart, Februar 1991   P. Kühn
                                                               G. Pritschow

Inhaltsverzeichnis

1 Kommunikationsnetze
- eine Voraussetzung für CIM

Die CIM-orientierte Fabrik bildet die zukünftige Basis für die Flexibilität in der Produktion bei gleichzeitig kurzen Durchlaufzeiten und bester Transparenz zum Produktionsablauf. Die Informationstechnik ermöglicht heute die dazu notwendige Automatisierung des Informationsflusses innerhalb der Fabrik und über die Fabrikgrenzen hinweg, jedoch bedarf es dazu einer bestimmten Architektur der Datenhaltung und -verarbeitung, der Verfügbarkeit von normgerechten Schnittstellen zwischen den datenverarbeitenden Instanzen sowie eines offenen Kommunikationskonzeptes.
Die derzeitige Situation in der Industrie ist gekennzeichnet von automatisierten Insellösungen. Ein durchgängiges informationstechnisches Konzept ist aufgrund der stark firmenzpezifischen Ausprägung der Systemkomponenten und der Kommunikationstechnik häufig nur mit sehr hohem Aufwand möglich. Die Entwicklung von international standardisierten Kommunikationsprotokollen und deren Integration in die Automatisierungsgeräte sind deshalb elementare Voraussetzung für ein kosteneffektives Zusammenfügen der oft heterogenen Rechner- und Steuerungssysteme zu einer durchgängigen rechnerintegrierten Fertigung.

1.1 CIM-Bausteine

Durch die Entwicklung der Elektronik in den letzten 30 Jahren wandelte sich das in der 1. Hälfte dieses Jahrhunderts vorherrschende Automatisierungskonzept der starren Automatisierung von Transferstraßen für die Massenfertigung zur flexiblen Automatisierung mit Hilfe der numerischen Steuerungstechnik und der Einführung des Rechners in allen Bereichen der Fabrik. Damit wurde es erstmalig möglich, die Programmrüstzeit von Maschinen auf ein Minimum zu senken und die Planungszeiten und Fertigungsabläufe zugunsten der Durchlaufzeit drastisch zu reduzieren. Optimal kann dieses Ziel nur erreicht werden, wenn alle Planungs- und Ausführungsebenen der Produktion mit ihren Datenquellen und -senken rechnerunterstützt arbeiten und die entsprechend zugeordneten Datenbasen und Rechnersysteme über ein Kommunikationssystem in einem Rechnerverbund integriert sind. Die damit erreichbare kurze Reaktionsfähigkeit zwischen den beteiligten Bereichen, die Datenvollständigkeit und Mächtigkeit der dezentral arbeitenden aber miteinander kommunizierenden fertigungstechnischen Regelkreise bieten die Möglichkeit, dem weitgesteckten Ziel der Flexibilisierung und Verkürzung der Durchlaufzeiten näher zu kommen. Welche Bereiche hiervon vornehmlich betroffen sind, zeigt Bild 1.1.1 mit den datenerzeugenden Bereichen einer Fabrik, die zu einem CIM-System zusammenwachsen sollen.

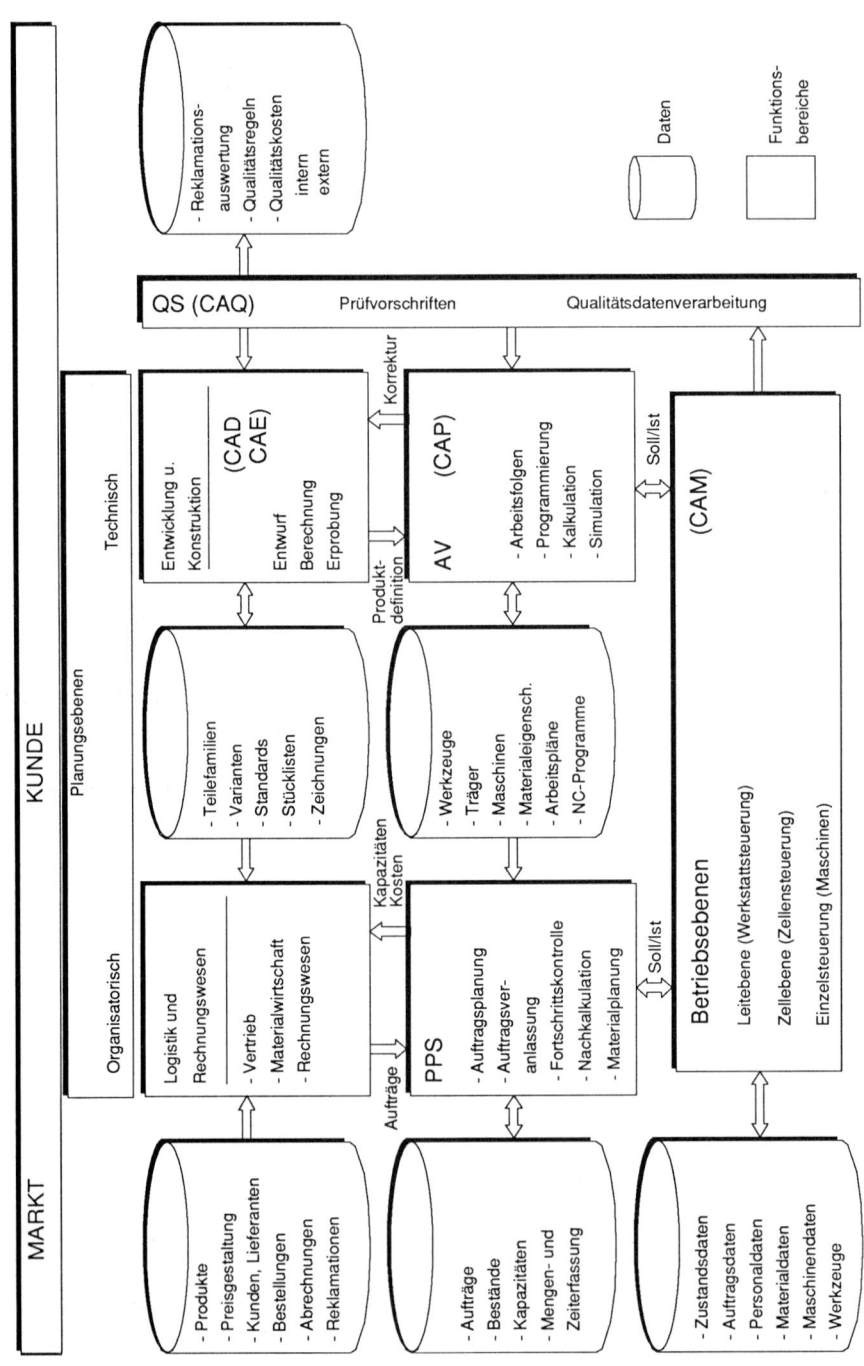

Bild 1.1.1:   Datenbasen und Funktionsbereiche in der Fabrikorganisation

Eine Fabrik besteht aus einer Dienstleistungshierarchie von Funktionsbereichen, die entweder der Planungsebene oder der Betriebsebene zugeordnet sind. Jeder Funktionsbereich erzeugt und benutzt Daten sowohl aus den eigenen als auch aus den Nachbarbereichen, die in einer CIM-orientierten Struktur häufig in Datenbanken abgelegt sind.

Die Planungsebene unterteilt sich in einen organisatorischen Bereich mit Funktionen wie Vertriebs-, Bestell-, und Rechnungswesen sowie der Produktionsplanung und einem technischen Bereich mit der Konstruktion und der Arbeitsvorbereitung.

Aus steuerungstechnischer Sicht stellt sich also die Fabrik dar als eine Vielzahl von rechnergestützten Funktionen zur Führungsgrößenerzeugung und als Wissensspeicher, dessen Inhalt allen Funktionen im direkten Zugriff nutzbar sein sollte. Neben der Forderung nach der Automatisierung aller Funktionsbereiche mit Rechnerhilfe gilt es also auch, den Informationsfluß innerhalb der Fabrik vollständig zu automatisieren.

Hier stellt sich die Frage nach der geeigneten Architektur, die ein überschaubares Konzept sicherstellt.

1.2 Hierarchische Steuerungskonzepte für CIM

Als Grundgedanke wird das Prinzip der beauftragbaren Funktionsblöcke aufgenommen, die intern wiederum aus einer Anzahl "Beauftragbarer Funktionen" bestehen, die ihrerseits wiederum nach dem gleichen Prinzip aufgebaut sind (Bild 1.2.1).

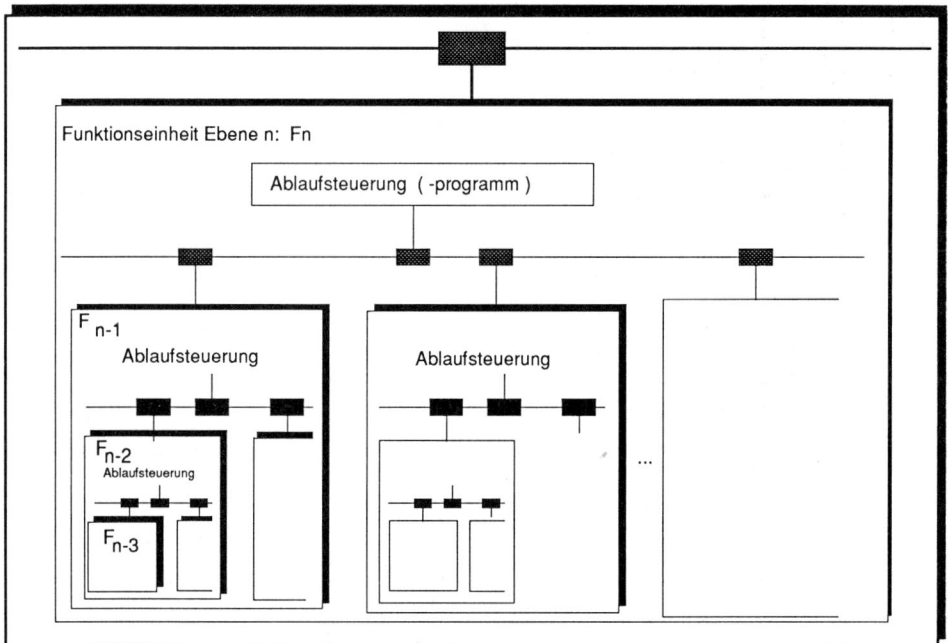

Bild 1.2.1:   Das Prinzip der beauftragbaren Funktion als hierarchisches Konzept

3

Nach dieser Methode läßt sich das Geschehen in einer Fabrik zerlegen in Form eines dezentralisierten Steuerungskonzepts mit jeweils überschaubaren und gut wartbaren Einzelfunktionen, die eine einfache Inbetriebnahme gewährleisten und deren Strukturgrenze sich am geringstmöglichen Aufwand für eine Beauftragung dieser Funktion orientiert.

Jeder Funktionsblock hat also genau eine Schnittstelle für die Beauftragung bzw. Abfrage der Funktion. Die Abgrenzung zwischen Funktionsblöcken untereinander bzw. die Konzentration von Einzelfunktionen in einem Funktionsblock wird bestimmt durch die Forderung nach dem geringsten Kommunikationsbedarf untereinander.

Folgt man nun diesem Gedanken konsequent, so erkennt man die Fabrik als Dienstleistungshierarchie. Dabei haben die Funktionsbereiche der Fabrik alter Ordnung, eingeteilt in organisatorische und technische Bereiche, nicht nur historische Bedeutung. Sie grenzen in einer Ebenenhierarchie Fachkompetenz und Verantworlichkeit ab. Das Neuartige beim Konzept der rechnerintegrierten Fabrik besteht nun darin, daß der Zugriff auf Daten und die Verarbeitung von Daten aus allen Funktionsbereichen automatisiert wird und damit eine Effizienzsteigerung und Durchsichtigkeit des Ablaufs von revolutionierendem Ausmaß gegenüber der papiergesteuerten Fabrik erreicht werden kann.

Die hierarchisch geordneten Funktionen mit den dazugehörigen Programmablaufebenen sind in den Bildern 1.2.2 und 1.2.3 schematisch dargestellt. Beginnend bei den Einzelfunktionen (E/A Schnittstelle zur Physikalischen Ebene) folgt die Maschinensteuerungsebene, die z.B. über die Geometriedatenverarbeitung oder auch Technologiedatenverarbeitung (SPS) die Einzelfunktionen beauftragt. Die Maschinensteuerung ist ihrerseits ein Funktionsdatenblock der Zellensteuerungsebene, die als eine Funktion in der Leitebene eingebunden ist. Der Leitrechner stellt einen Funktionsblock der Planungsebene dar, und damit ist die Fabrik beschrieben, die nun auch nur einen Funktionsblock im Markt darstellt, der beauftragt wird (wenn es der Kunde wünscht).

Die datenmäßige Integration der rechnergesteuerten Fabrik wird nur dann zukunftsgerichtet gelöst sein, wenn alle Funktionseinheiten in Form eines konfigurierbaren modularen offenen Systems vorliegen, die der Anwender unabhängig vom Hersteller zusammenstellen kann. Unter diesem Aspekt ist das in Bild 1.1.1 gezeigte Datenaufkommen nur sinnvoll mit Hilfe von Datenbanksystemen und deren Verbindung und Koordination zu lösen.

Dazu sind folgende 3 Basisfunktionen Voraussetzung (Bild 1.2.4):
- Kommunikationsfähige Rechenanlagen mit standardisierten
  *Betriebssystemschnittstellen,
  *Datenbankzugriffen und
  *Benutzeroberflächen (Präsentation).
- Genormte Datenprotokolle für den Informationsaustausch zwischen den Bereichen.
- Koordination des Informationsflusses zwischen den Datenquellen und -senken durch eine geeignete Architektur.

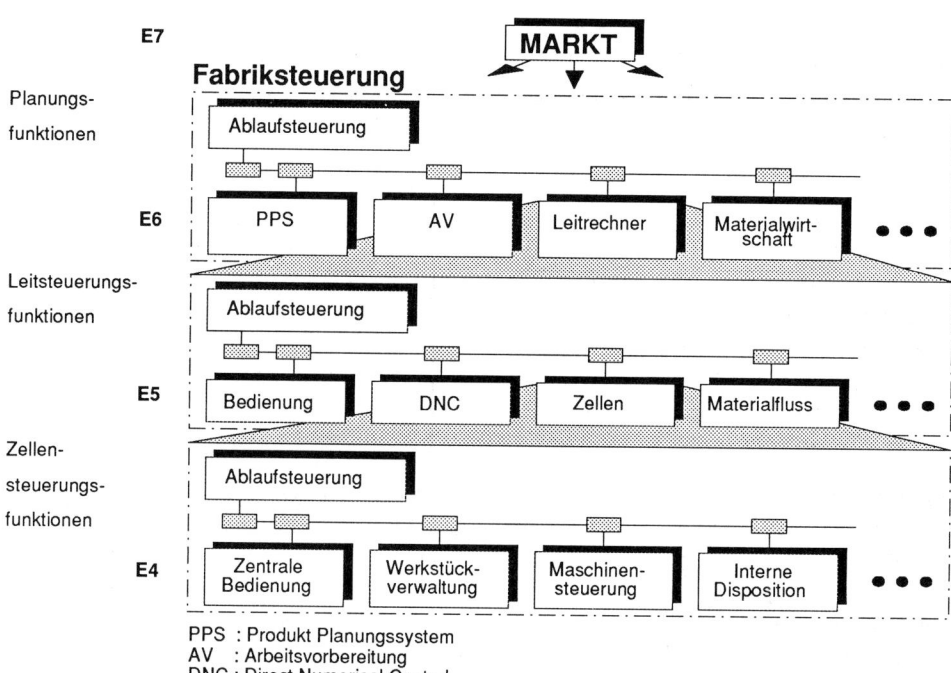

PPS : Produkt Planungssystem
AV : Arbeitsvorbereitung
DNC : Direct Numerical Control

Bild 1.2.2: Hierarchisches Steuerungskonzept (Ebenen E4...E7)

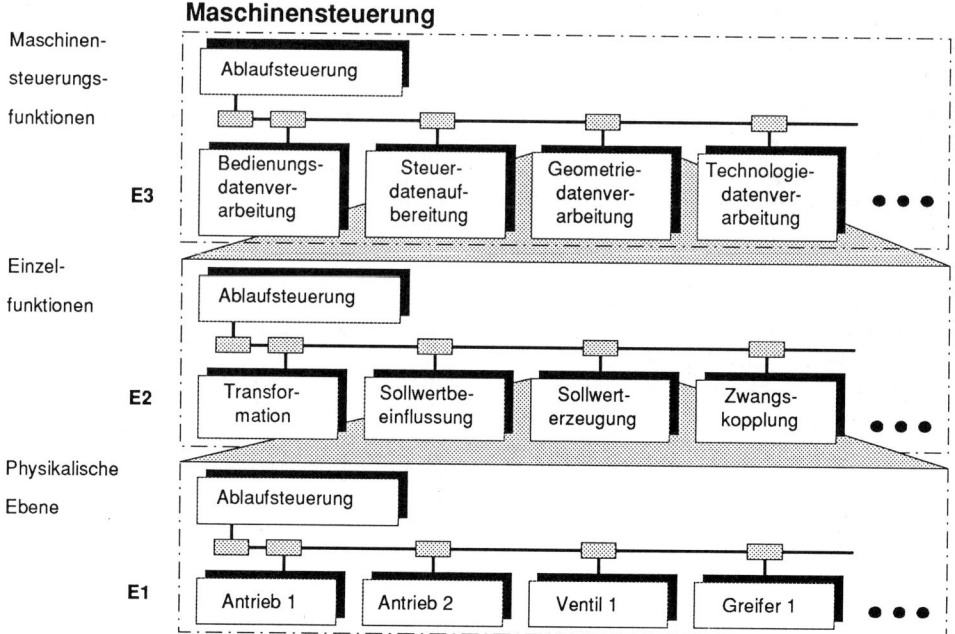

Bild 1.2.3: Hierarchisches Steuerungskonzept (Ebenen E1...E3)

5

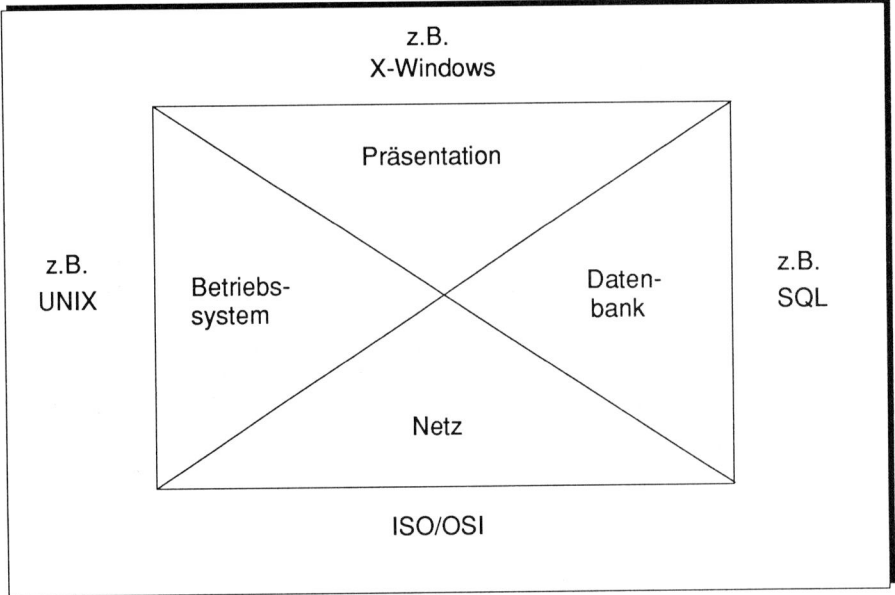

Bild 1.2.4:   Wichtige Normungsbereiche im EDV-Bereich

1.3 Anforderungen an die Kommunikationstechnik

Im folgenden soll ein Überblick über typische Einsatzbereiche von Kommunikationsnetzen und die Anforderungen an diese auf den einzelnen Fabrikebenen gegeben werden.

1.3.1 Planungsebene E6, Leitsteuerungsebene E5

In der untersten Ebene gemäß Bild 1.1.1 wird die Fertigungssteuerung und -überwachung, beginnend vom Wareneingang über Lager, Teilefertigung, Montage bis zum Versand, durchgeführt. Das Schlagwort ist CAM (Computer Aided Manufacturing). Unter dem Begriff PPS (Produktionsplanungs- und Steuerungssystem) sind alle dispositiven Planungsvorgänge des Material-, Termin- und Kapazitätswesens zusammengefaßt. In der Unternehmensplanung werden Strategien erarbeitet und die längerfristigen Dispositionen durchgeführt. Mit diesen Bereichen ist der sogenannte Engineeringbereich - CAD (Computer Aided Design), CAP (Computer Aided Planning) - mit Tätigkeiten wie Konstruieren oder Projektieren verknüpft. Im gesamten Unternehmen vertikal durchzuführen ist CAQ (Computer Aided Quality Assurance) - die Qualitätssicherung.

Der Informationsaustausch zwischen den Funktionsbereichen stellt sich typischerweise folgendermaßen dar:

- Übertragung großer Datenmengen,
- zeitunkritisch,

- hohe Datensicherheit,
- große räumliche Ausdehnung (häufig werksübergreifend),
- Kommunikationsdienste auf Verarbeitungsschicht:
    * Dateitransfer (File Transfer),
    * Zugriff auf verteilte Datenbanken (Remote Database Access),
    * Virtuelles Terminal (Virtual Terminal),
    * Elektronische Post (Electronic Mail).

Derzeitige Realisierungen auf dieser Ebene sind durch firmenspezifische Netze und Protokolle geprägt (DECNET, SNA, TCP/IP, ARPA, etc.), doch ist gerade hier durch die MAP/TOP-Initiative (Manufacturing Automation Protocol, Technical Office Protocol) die internationale Standardisierung bereits sehr weit fortgeschritten, so daß sich bei allen namhaften EDV-Herstellern ein Trend zu standardisierten Netzen und Protokollen abzeichnet. Als typische Anwenderdienste sind hier FTAM (File Transfer, Access and Management [1]), RDA (Remote Database Access [2]) und VT (Virtual Terminal [3]) zu nennen. Auf diese Standards wird in späteren Kapiteln ausführlich eingegangen.

1.3.2 Leitsteuerungsebene E5, Zellensteuerungsebene E4

Bild 1.3.1 zeigt typische Bausteine der Leitsteuerungs- und der Zellensteuerungsebene [4, 5]. Auf dieser Ebene werden folgende Anforderungen an ein Kommunikationsnetz gestellt:

- Übertragen sowohl größerer Datenmengen (z.B. NC-Programme) als auch kurzer Meldungen (z.B. Auftragsfertigmeldung einer Zelle) mit Reaktionszeiten im Sekundenbereich,
- räumliche Ausdehnung in der Regel auf lokalen Bereich beschränkt (nicht werksübergreifend),
- Kommunikationsdienste auf Anwenderebene:
    * Dateitransfer,
    * Zugriff auf verteilte Datenbanken,
    * Meldungsaustausch.

Typische Kommunikationsstandards, die hier künftig zum Einsatz kommen werden, sind FTAM [1], RDA [2] und MMS (Manufacturing Message Specification [6]). Zentrale und regelmäßig zu sichernde Produktionsdaten, wie Stammdaten, Dispositionsdaten, NC-Programme etc. können auf einem speziell hierfür vorgesehenen Datenbankrechner abgelegt werden. Dieser kann mit der notwendigen Redundanz, wie Spiegelplatte, parallel laufenden CPUs etc. und den entsprechenden Speichermedien zur regelmäßigen Datensicherung ausgerüstet werden. Auch der Einsatz einer verteilten Datenbank ist künftig für zeitkritische Datenbankzugriffe sinnvoll. Für das Laden von Programmen von einer Datenbank in eine Funktionseinheit (z.B. Maschinensteuerung), veranlaßt durch eine andere Funktionseinheit (z.B. Leitsteuerung), bietet MMS komfortable Dienste an.

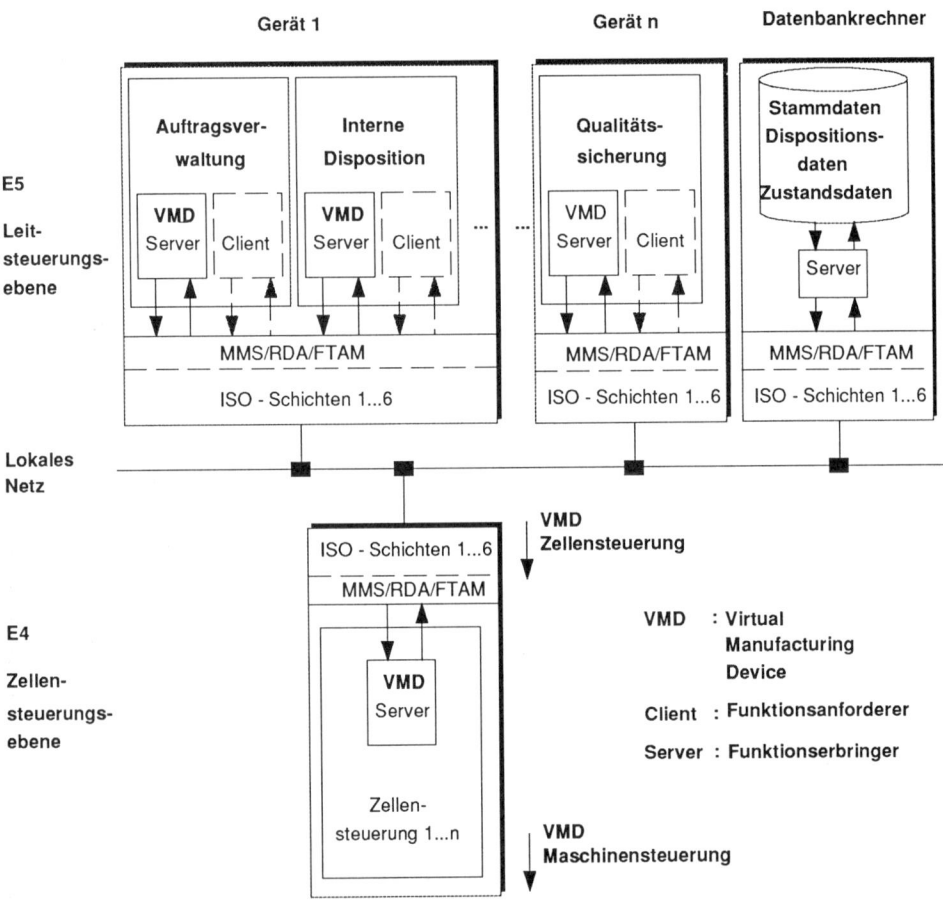

Bild 1.3.1: Verteilte Leitsteuerung auf Basis internationaler Kommunikationsstandards

1.3.3 Zellensteuerungsebene E4, Maschinensteuerungsebene E3

Die zeitlichen Anforderungen und die Anforderungen an die Dezentralisierung sind an
dieser Schnittstelle sehr stark maschinen- bzw. anlagenabhängig. Grundsätzlich können aber folgende Anforderungen an die Kommunikationstechnik gestellt werden:

* Übertragung sowohl größerer Datenmengen (z.B. NC-Programme) als auch kurzer
  Meldungen (z.B. Alarmmeldung einer NC-Einheit) mit Reaktionszeiten im Bereich
  von 10...100ms,
* Kommunikationsdienste auf der Verarbeitungsschicht:
  * Dateitransfer,
  * Meldungsaustausch.

8

Je nach Topologie der zu steuernden Maschine/Anlage müssen die dort eingesetzten Protokolle auf der Verarbeitungsschicht sowohl auf Parallelbussen als auch auf preisgünstigen seriellen Bussystemen eingesetzt werden können. Gerade auf dieser Ebene ist noch ein erheblicher Entwicklungs- und Standardisierungsbedarf vorhanden, um den Anforderungen an den unterschiedlichen Dezentralisierungsgrad verschiedener Fertigungszellen mit flexiblen steuerungstechnischen Lösungen gerecht werden zu können.

1.3.4 Einzelfunktionen/Physikalische Ebene E2/E1

Auf dieser Ebene werden abhängig von der jeweils anzusteuernden Peripherie (Antriebe, dezentrale E/A-Baugruppen, Sensoren, etc.) unterschiedliche Anforderungen an das Kommunikationssystem gestellt. Bild 1.3.2 zeigt die verschiedenen Anforderungen an ein Kommunikationssystem (Feldbus) in den unterschiedlichen Einsatzbereichen.

Einsatzbereich / Anforderungen	Fertigungstechnik		Verfahrenstechnik
	Antriebsbus	Sensor / EA-Bus	Sensor / EA-Bus
Zykluszeit (typisch)	1ms	50ms	50ms
Teilnehmerzahl	< 10	< 100	< 100
Entfernugsbereich	<100m		< 1000m
Störsicherheit	hohe Übertragungssicherheit störungssicher gegen EMI, Übersprechen, Masseschleifen		
Buszuteilung	Master / Slave		
Kopplung	einfache Kopplung zu MAP-Netzen		
Kosten	kostengünstig		
Sonstiges			im explosionsgef. Bereich einsetzbar; Hilfsenergiezuführung über Bus; erh. Temperaturbereich; Schmutz;

Bild 1.3.2:   Anforderungen an einen Feldbus

Derzeit werden unter den Projektnamen SERCOS-interface [7], PROFIBUS [8], etc. Bussysteme auf nationaler Ebene definiert und standardisiert, welche abhängig vom jeweiligen Einsatzbereich unterschiedliche Eigenschaften aufweisen. An verschiedenen Stellen wird an internationalen Standards gearbeitet (z.B. IEC/SC65C/WG6 u. ISA SP 50). Einsetzbare internationale Standards sind zum heutigen Zeitpunkt aber noch nicht in Sicht.

1.4 Literatur

[1] ISO 8571   File Transfer, Access and Management
Part 1: General Introduction
Part 2: Virtual Filestore
Part 3: File Service Definition
Part 4: File Protocol Specification

[2] ISO 9579   Remote Database Access and Protocol

[3] ISO 9040   Virtual Terminal Service, Basic Class
    ISO 9041   Virtual Terminal Protocol, Basic Class

[4] Pritschow, G.,   Offene Kommunikation in verteilten Fertigungssystemen.
    Kugler, W.   In: Leit- und Steuerungstechnik in flexiblen Produktionsanlagen.
München, Wien: Carl Hauser Verlag, 1991

[5] Storr, A.,   Das adaptierbare Leitsteuerungssystem ALSYS.
    Brantner, K.   In: Leit- und Steuerungstechnik in flexiblen Produktionsanlagen.
München, Wien: Carl Hanser Verlag, 1991

[6] ISO 9506   Manufacturing Message Specification -
Part 1: Service Definition
Part 2: Protocol Specification

[7]   SERCOS-Interface: Serielles Echtzeit-Kommunikationssystem
Druckschrift des Zentralverband Elektrotechnik und Elektronikin-
dustrie e.V. (ZVEI)

[8] DIN 19245   PROFIBUS (Process Field Bus)
Teil 1 und Teil 2

2 Grundlegende Begriffe und Konzepte der Kommunikationstechnik

In diesem Kapitel sollen grundlegende Begriffe und Konzepte der Kommunikationstechnik eingeführt werden. Dabei liegt der Schwerpunkt, aufgrund der Intention dieses Buches (rechnerintegrierter Fabrikbetrieb), auf lokalen Netzen.

2.1 Definition und Anwendung Lokaler Netze

Lokale Netze sind Kommunikationseinrichtungen mit verteilter Steuerung, welche eine begrenzte Anzahl von Datenendeinrichtungen (Stationen) miteinander verbinden und eine begrenzte Ausdehnung aufweisen. Die Übertragung von Nachrichten erfolgt im allgemeinen blockweise in Form adressierter Pakete in bitserieller Form. Alle angeschlossenen Stationen teilen sich das gemeinsame breitbandige Übertragungsmedium. Der Zugriff auf dieses Übertragungsmedium erfolgt durch dezentral organisierte Mechanismen (Zugriffsverfahren). Eine zugriffsberechtigte Station sendet ihre Nachricht, die sich über das Übertragungsmedium ausbreitet und von allen anderen Stationen wahrgenommen werden kann. Die Vermittlung erfolgt durch Kopieren des Nachrichtenpaketes durch diejenige Station, deren Stationsadresse mit der Adresse im Paketkopf übereinstimmt. Durch geeignete Kennung kann eine Nachricht in einem Übertragungsvorgang an mehrere oder alle Stationen gleichzeitig übermittelt werden (Rundsenden, Broadcasting).

Die Größe lokaler Netze ist durch mehrere Faktoren beschränkt. Die beschränkenden Faktoren sind überwiegend übertragungstechnisch bedingt, wie etwa durch die Dämpfung der übertragenen Signale, die Verfälschung der Signale durch Reflexionen an den Ankopplungs- und Abschlußstellen des Übertragungsmediums, die Akkumulation der Phasenabweichung (Jitter) bei seriell angeordneten Signalgeneratoren oder durch die endliche Ausbreitungsgeschwindigkeit der Signale auf dem Übertragungsmedium. Der jeweils zutreffende Grund hängt von dem gewählten physikalischen Übertragungsmedium (Doppelader, Koaxialleitung, Lichtwellenleiter) sowie dem Vielfachzugriffsverfahren ab. Je nach Technik werden Ausdehnungen von wenigen (1-5) Kilometern (LAN: Local Area Network) oder auch von 10-100 Kilometern (MAN: Metropolitan Area Network) ermöglicht.

Die Anschlußzahl wird durch einen Oberwert der Adressierungsbreite für die Kennzeichnung der einzelnen Stationen festgelegt. Eine Erhöhung dieses Wertes ist erreichbar durch Zusammenfassung mehrerer Endeinrichtungen zu einer Station (Clustering) oder durch Kopplung von Teilnetzen. Netzkopplungen können auf unterschiedlichen Funktionsschichten erfolgen. Je nach Kopplungsart werden Repeater, Bridge, Router oder Gateway unterschieden.

Durch die vorgenannten Maßnahmen gelingt es im allgemeinen immer, eine Vernetzung der Endeinrichtungen auf ökonomische Art sicherzustellen. Gemeinsam ist allen Verfahren die dezentrale Steuerungstechnik, welche erst durch die Entwicklung hoch- und höchstintegrierter, schneller kanalnaher Bausteine ermöglicht wurde und somit eine wirtschaftliche Alternative zu zentral gesteuerten Systemen darstellt. In der Regel eignen sich Lokale Netze nur für eine bestimmte Klasse von Anwendungen, wie z.B. die Integration vieler büschelförmiger Rechnerverkehre. Zur Integration stromförmiger Daten, wie etwa bei der Sprachkommunikation, sind spezielle Bandbreitenvergabetechniken erforderlich, um den Anforderungen hinsichtlich Datendurchsatz und Übermittlungszeiten gerecht zu werden. Die Entwicklung zukünftiger Netze läßt auf die Integration einer Vielzahl unterschiedlicher Kommunikationsformen (Dienste) erkennen.

Im folgenden werden drei Beispiele für den Einsatz lokaler Kommunikationsnetze vorgestellt. Allen Beispielen ist gemeinsam, daß mehrere Endsysteme über ein Kommunikationsnetz gekoppelt sind und ein verteiltes System bilden (Bild 2.1.1). Derartig verteilte Systeme gehören zur Klasse der "lose gekoppelten Systeme". Im Gegensatz zu "eng gekoppelten Systemen", die über einen gemeinsamen Speicher gekoppelt sind, sind lose gekoppelte Systeme über ein gemeinsames Kommunikationsnetz miteinander verbunden, speziell über ein LAN, um den hohen Anforderungen an Durchsatz und Transferzeit zu genügen. Die einzelnen Teilsysteme besitzen ein eigenes Betriebssystem und sind für sich allein arbeitsfähig. Die Kopplung selbst erfolgt durch Austausch von Botschaften (Nachrichten). Wenn mehrere Einheiten an einer gemeinsamen Aufgabe mitwirken, erfolgt die Synchronisation über ein Netzwerk-Betriebssystem. Das Netzwerk-Betriebssystem ist ebenfalls verteilt und durch die oberen Funktionsschichten des Architekturmodells realisiert

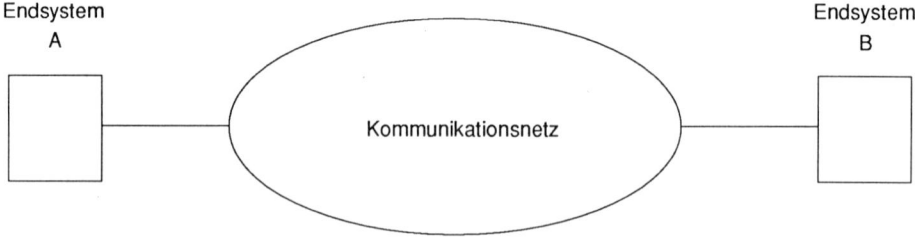

Endsystem A

Endsystem B

Kommunikationsnetz

Bild 2.1.1:   Lose gekoppeltes System über ein Kommunikationsnetz

2.1.1 Anwendungsfall: Vernetzte Rechnersysteme

Bild 2.1.2 zeigt ein typisches Beispiel eines über ein LAN gekoppelten Rechnersystems, bei dem Terminals oder Workstations auf eine Reihe von "Dienstleistungszentren" zugreifen können wie Compute, File, Database und Print Server. Entfernte Teilnehmer werden über ein Weitverkehrsnetz (WAN: Wide Area Network) erreicht. Die Kopplung der intern zum Teil sehr unterschiedlich arbeitenden Netze LAN und WAN erfolgt über eine Netzkoppeleinheit (Communication Server). Das Prinzip der Vernetzung kann auch mehrstufig angewandt werden: Kopplung mehrerer LANs über ein MAN, welches seinerseits den Übergang zum WAN bereitstellt.

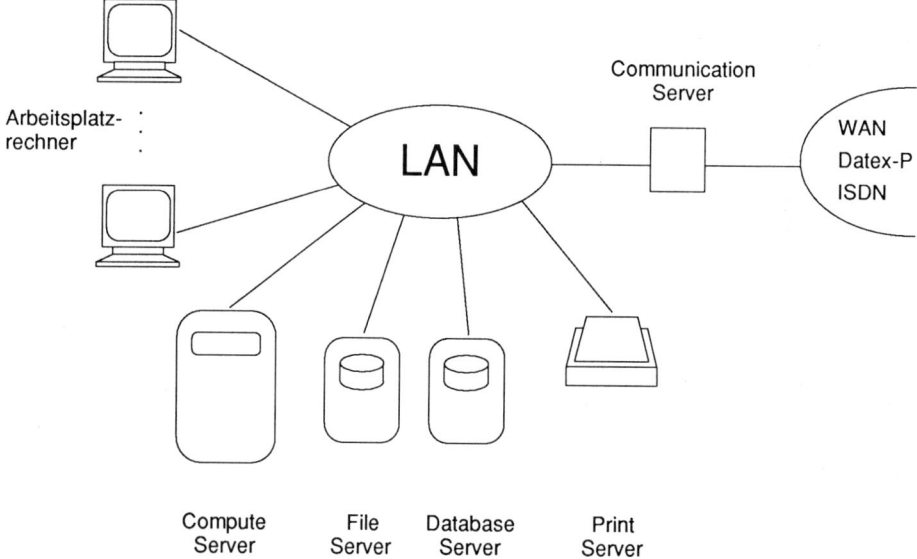

Bild 2.1.2:   Netzanwendung: Vernetzte Rechnersysteme

Typische Einsatzbereiche derartiger Konfigurationen sind:

Instituts- / Abteilungsnetze

Universitäts- / Unternehmensweite Rechnernetze

2.1.2 Anwendungsfall: Büroautomatisierung

Endsysteme der Bürotechnik sind hauptsächlich einzel- oder multifunktionale Terminals für Sprache (Telefon), Text (Teletex), Grafik (Telefax), gemischten Betrieb von Text und Grafik (Textfax, Bildschirmtext) sowie in Zukunft auch Bewegtbild (Video). Derzeit wird den überwiegend Punkt-zu-Punkt-orientierten Kommunikationsbeziehungen die zentralgesteuerte Nebenstellentechnik (Private Branch Exchange, PBX) am besten gerecht. Mit Zunahme des Datenverkehrs werden zukünftig auch verteiltere Systeme, die ähnlich wie LANs aufgebaut sind, von Interesse sein. Gewisse Entwicklungen deuten auf eine Verschmelzung der beiden Techniken LAN und PBX hin. Bild 2.1.3 zeigt das Prinzip der sternförmig strukturierten Netze, welche Büroarbeitsplätze, zentrale Archive, Querverbindungs- und Amtsleitungen miteinander verbinden.

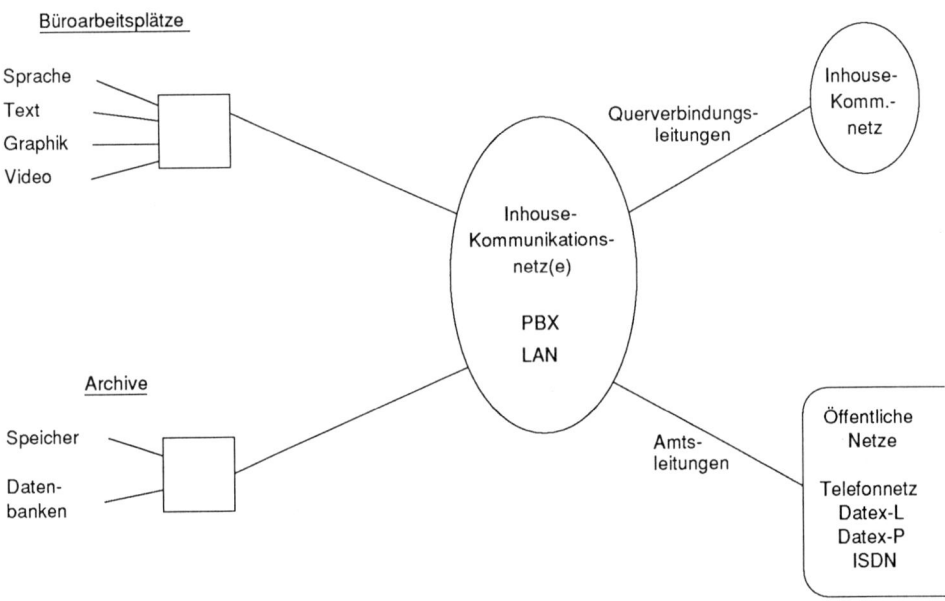

Bild 2.1.3:   Netzanwendung: Büroautomatisierung

2.1.3 Anwendungsfall: Fertigungsautomatisierung

Integrierte Fertigungssysteme haben zum Ziel, unterschiedliche Produkte auf flexibel gestaltbaren Fertigungsstraßen ökonomisch zu fertigen. Dazu gehört die Organisation des Materialflusses und die automatische Rüstung der Bearbeitungsstationen mit Werkzeugen. Um diesen hohen Automatisierungsgrad zu erreichen, müssen Bearbeitungsstationen und Leitrechner über schnelle Lokale Netze hinsichtlich des Informationsflusses vernetzt werden (Bild 2.1.4).

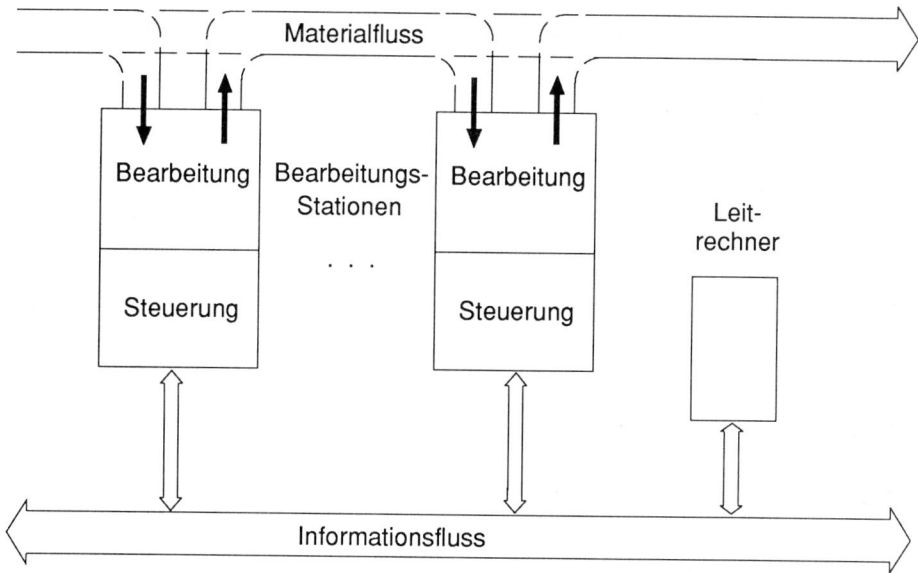

Bild 2.1.4:   Netzanwendung: Fertigungsautomatisierung

2.2 Vernetzung verteilter Systeme

Zur Vernetzung verteilter Systeme gehören die Netzstrukturierung, geeignete Übertragungsmedien, die Übertragungstechnik sowie Vielfachzugriffsverfahren, welche die Teilung des gemeinsamen Übertragungsmediums regeln.

2.2.1 Netzstrukturen

Zur Vernetzung werden bekannte topologische Grundstrukturen angewandt wie Bus (Linie), Ring, Stern oder Masche (Bild 2.2.1). Lokale Netze sind häufig aus reinen Bus- oder Ringstrukturen aufgebaut, während Teilnehmer an Nebenstellenanlagen sternförmig angeschlossen sind und diese untereinander maschenförmig verbunden werden.

Zum Aufbau größerer Netze werden im allgemeinen hierarchische Strukturen angewandt. Bild 2.2.2 zeigt zwei Beispiele, wobei eine dreistufige Hierarchie mit unterschiedlichen Strukturen zugrundegelegt wurde. PBX steht dabei für Private Branch Exchange und symbolisiert eine Nebenstellenanlage.

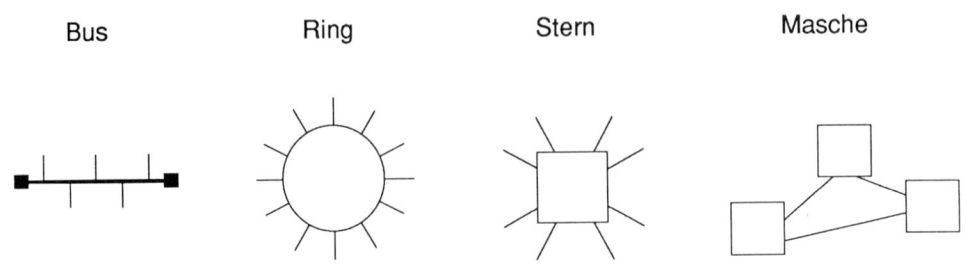

Bild 2.2.1:   Grundsätzliche Topologien

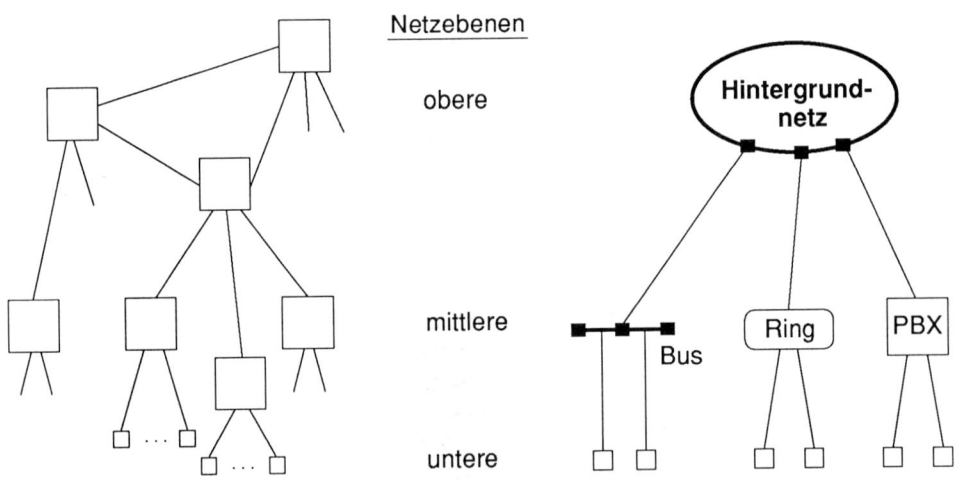

Bild 2.2.2:   Hierarchische Netzstrukturen

2.2.2 Breitband-Übertragungstechnik

Breitbandige Signale entstehen bei schnell veränderlichen Vorgängen, wie z.B. bei der Bewegtbild-Übermittlung oder der Übermittlung sehr hoher Datenraten. Zur Übertragung werden entsprechend breitbandige Medien wie Koaxialkabel oder Lichtwellenleiter eingesetzt.

Je nachdem, ob das verfügbare Übertragungs-Frequenzband für einen Kanal oder für mehrere Kanäle verwandt wird, liegt Basisband- oder Trägerband-Übertragung vor (Bild 2.2.3). Auf einer Übertragungsleitung können mehrere Kanäle gemultiplext werden; die häufigsten Verfahren sind das Frequenzmultiplex (Frequency Division, FD) und das synchrone Zeitmultiplex (Synchronous Time Division, STD). Bei FD wird das Übertragungsband in Einzelkanäle unterteilt; die im Basisband vorliegenden Signale werden durch Modulation mit einem Trägersignal in das entsprechende Übertragungsband verschoben. Bei STD werden die einzelnen Kanäle zeitlich verschachtelt innerhalb eines Rahmens dargestellt; die Identifikation eines Zeitkanals liegt durch seine Lage innerhalb des periodisch wiederkehrenden Rahmens fest.

Bei beiden Formen des Kanalmultiplexens wird jedem Einzelkanal eine feste Bandbreite (Bitrate) zugeteilt; der Kanal ist durch eine physikalische Kanalnummer (Frequenzband, Zeitlage) eindeutig gekennzeichnet.

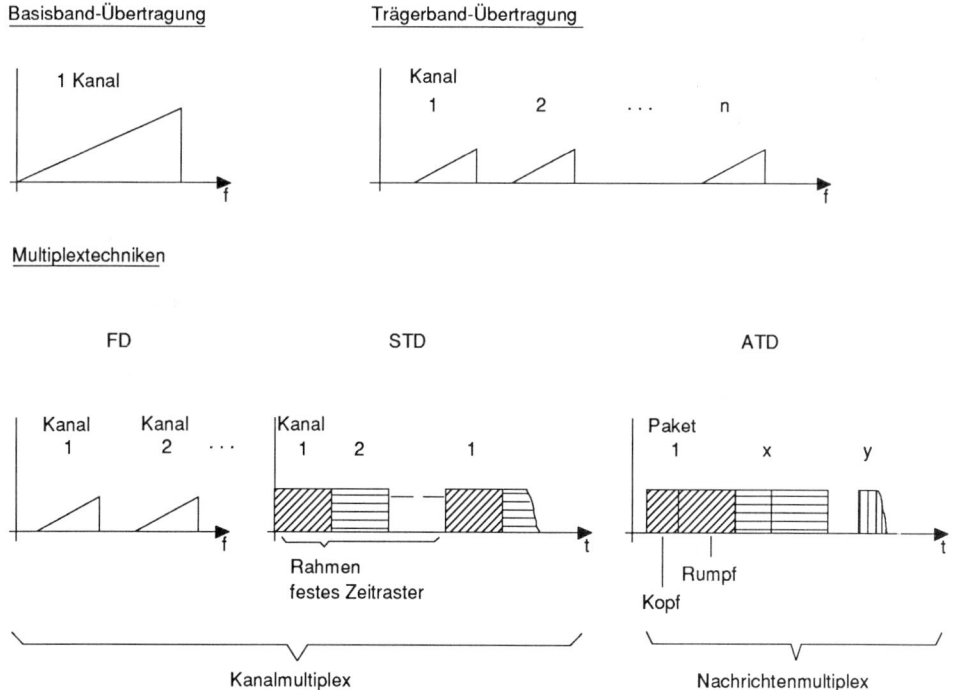

Bild 2.2.3:   Breitband-Übertragungstechnik

Asynchrones Zeitmultiplex (Asynchronous Time Division, ATD) liegt vor, wenn Nachrichtenblöcke (Pakete, Zellen), welche zu unterschiedlichen virtuellen Kanälen gehören, in einen Übertragungskanal gemultiplext werden. Die Identifikation der einzelnen Nachrichtenblöcke erfolgt durch Blockbegrenzungszeichen und Steuerköpfe, welche beim Nachrichtenmultiplex virtuelle Kanalnummern beinhalten.

Auf Leitungsebene werden spezielle Leitungscodes zur Darstellung der Informationselemente 0 und 1 eingesetzt, welche besondere Spektraleigenschaften aufweisen und eine einfache Bittaktsynchronisation ermöglichen.

2.2.3 Vielfachzugriffsverfahren

In lokalen Breitbandnetzen sind die angeschlossenen Teilsysteme über ein gemeinsames Medium verbunden. Der Konfliktfall wird über Vielfachzugriffsverfahren aufgelöst.

Zentrale Zugriffsverfahren sind vor allem von zentralen Bussystemen bekannt (Bild 2.2.4). Die Vergabe des Bussystems erfolgt entweder auf Anreiz einer sendewilligen Station (z.B. beim Daisy-Chaining) oder durch zyklischen Sendeaufruf durch eine zentrale Bussteuerung (z.B. beim Polling-Verfahren).

In Lokalen Netzen werden vornehmlich dezentral arbeitende Zugriffsverfahren zur Vergabe des bitseriellen Übertragungskanals angewandt (Bild 2.2.5 und 2.2.6).

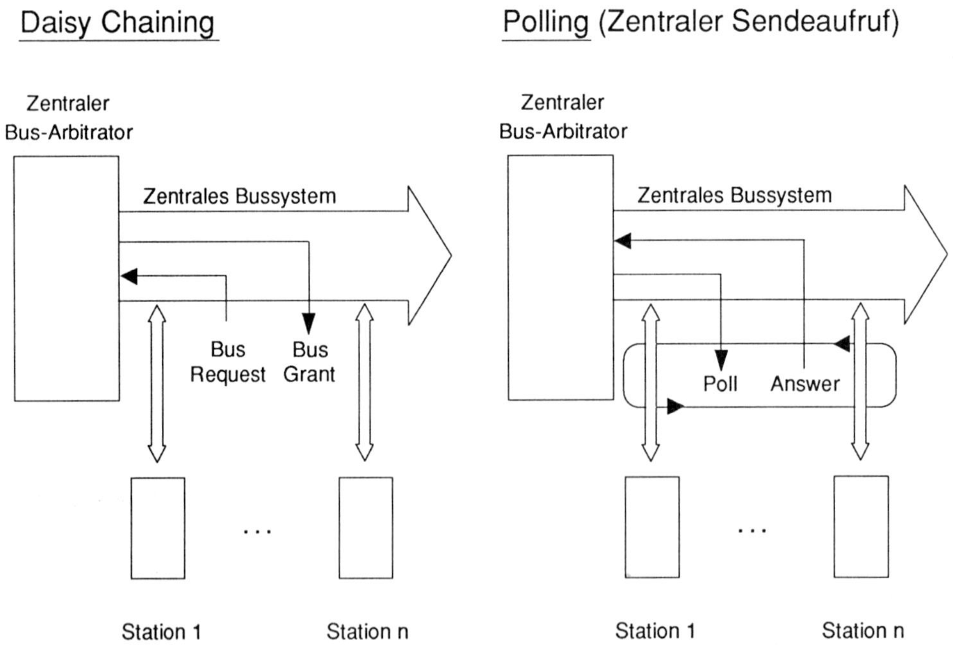

Daisy Chaining   Polling (Zentraler Sendeaufruf)

Bild 2.2.4:   Zentrale Vielfachzugriffsverfahren

Beispiel: CSMA-CD Bus

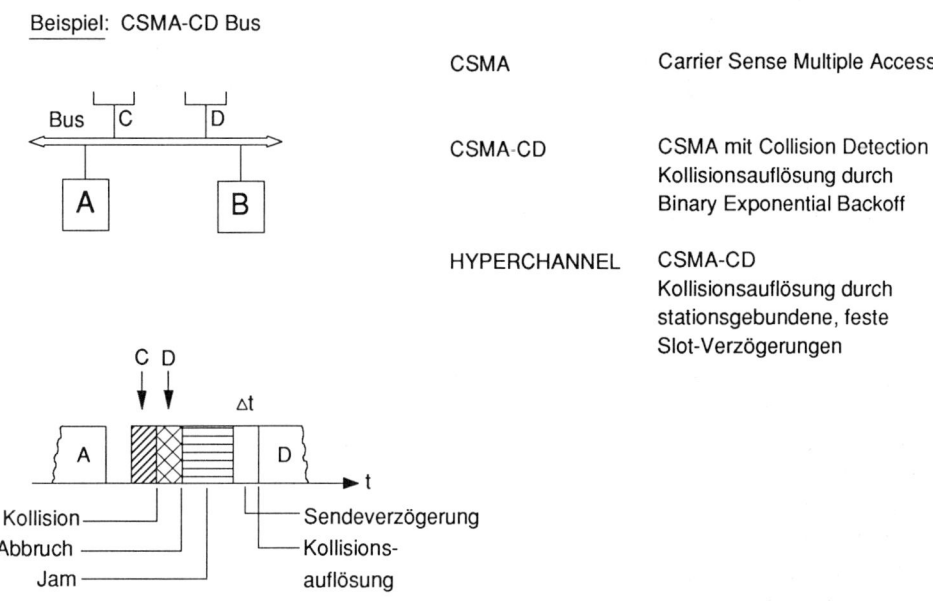

CSMA	Carrier Sense Multiple Access
CSMA-CD	CSMA mit Collision Detection Kollisionsauflösung durch Binary Exponential Backoff
HYPERCHANNEL	CSMA-CD Kollisionsauflösung durch stationsgebundene, feste Slot-Verzögerungen

Bild 2.2.5:   Dezentrale Vielfachzugriffsverfahren I (Wettbewerb)

Beispiel: Token-Ring

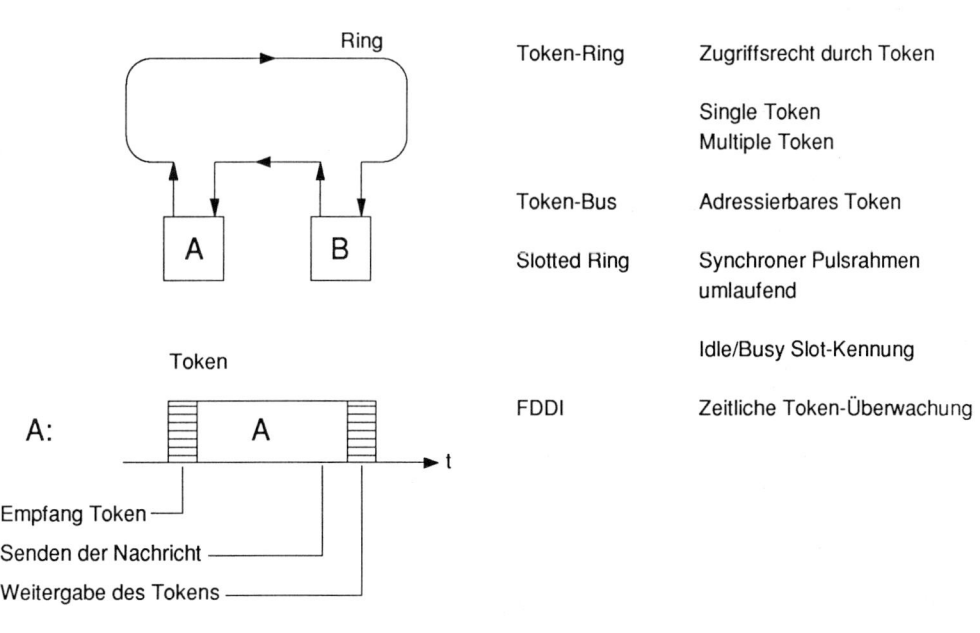

Token-Ring	Zugriffsrecht durch Token
	Single Token Multiple Token
Token-Bus	Adressierbares Token
Slotted Ring	Synchroner Pulsrahmen umlaufend
	Idle/Busy Slot-Kennung
FDDI	Zeitliche Token-Überwachung

Bild 2.2.6:   Dezentrale Vielfachzugriffsverfahren II (Token)

Wettbewerbs-Verfahren basieren im allgemeinen auf dem Prinzip der Kanalüberwachung durch alle angeschlossenen Stationen (Carrier Sensing). Übertragungskollisionen sind aufgrund der endlichen Ausbreitungsgeschwindigkeit unvermeidbar und werden durch zufällige oder deterministische Sendeverzögerungen aufgelöst.

Token-gesteuerte Zugriffsverfahren arbeiten prinzipiell kollisionsfrei, indem eine explizite Sendeberechtigung (Token) von Station zu Station weitergegeben wird. Das Token-Verfahren läßt sich sowohl auf Ring- wie auch auf Bus-Strukturen einsetzen. Eine spezielle Form bildet der Slotted Ring, bei dem ein synchroner Rahmen mit einer konstanten Anzahl von Zeitschlitzen (Slots) umläuft. Jeder einzelne Slot trägt eine Kennung über seinen Belegungszustand. Mit dem Slotted Ring-Verfahren sowie mit zeitlich überwachter Tokenvergabe (z.B. FDDI) können Kanäle konstanter Bitrate realisiert werden.

Während Wettbewerbs-Verfahren im Niederlastfall den Token-gesteuerten Zugriffsverfahren überlegen sind, da nicht auf eine Sendeberechtigung gewartet werden muß, neigen sie im Hochlastfall eher zu Instabilitäten.

2.3 Kommunikationssteuerung

Zur Steuerung der Kommunikation zwischen Endsystemen werden verschiedene Vermittlungsverfahren und Verbindungskonzepte angewandt. Die Sicherung der Daten gegen Verfälschung sowie Datenflußsteuerungsverfahren sind erforderlich, um eine geordnete Kommunikation zwischen Maschinen zu ermöglichen.

2.3.1 Vermittlungsverfahren

Die Vermittlung stellt einen Kommunikationspfad zwischen zwei Endsystemen eines Netzes her. Die Kennzeichnung des gerufenen Endsystems erfolgt durch eine eindeutige Numerierung, welche dem Verbindungsaufbau dient. Es werden zwei grundsätzlich unterschiedliche Verfahren der Vermittlung angewandt (Bild 2.3.1).

Bei Durchschaltevermittlung stellt das Netz einen physikalischen Kanal fester Bandbreite/Bitrate zwischen den Endsystemen zur exklusiven Nutzung bereit. Der Kanal wird durch Zusammenschalten einzelner Übertragungsabschnitte während des Verbindungsaufbaus gebildet. Das Verfahren eignet sich vornehmlich zum Austausch stromförmiger Daten (Sprache, Bild).

Bei Paketvermittlung erfolgt die Nachrichtenübermittlung in Form adressierter Nachrichtenblöcke, welche immer nur abschnittsweise übertragen und zwischengespeichert werden (allgemein: Speichervermittlung). Die einzelnen Übertragungskanäle werden im Nachrichtenmultiplex betrieben. Das Verfahren eignet sich vornehmlich für büschelförmigen Datenverkehr.

Spezielle Formen der Paketvermittlung mit konstanter Paketgröße und virtuellem Verbindungskonzept erlauben auch die Übermittlung stromförmiger Daten (Asynchronous Transfer Mode, ATM).

Durchschaltevermittlung   (Circuit Switching)

- Zuordnung eines durchgehenden Kanals A-B
- Konstante Bandbreite/Bitrate
- Verkehrslenkung bei Verbindungsaufbau
- Kanalmultiplex

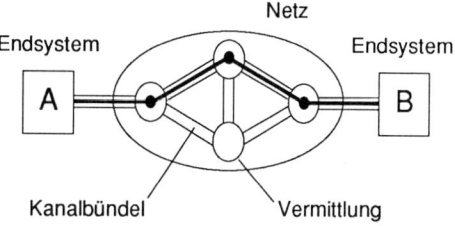

Kanalbündel   Vermittlung

Paketvermittlung   (Packet Switching)

- Nachrichtenaustausch über
  adresssierte Blöcke (Pakete)
- Abschnittsweise Übertragung und
  Zwischenspeicherung
- unterschiedliche Verbindungskonzepte
- Nachrichtenmultiplex

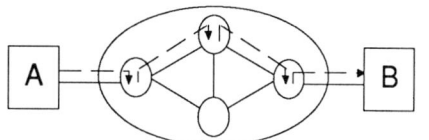

Bild 2.3.1:   Vermittlungsverfahren

2.3.2 Verbindungssteuerung

Verbindungen sind temporäre oder dauernde Kommunikationsbeziehungen zwischen Endsystemen, allgemeiner zwischen beliebigen "Instanzen" des Netzes. Die Durchschaltevermittlung stellt reelle (physikalische) Verbindungen her. Bei Paketvermittlung kennt man verschiedene Verbindungskonzepte (Bild 2.3.2). Eine virtuelle Verbindung wird - ähnlich wie die reelle Verbindung - über einen Verbindungsaufbauvorgang erzeugt; sie besteht aus der Aneinanderreihung logischer Kanäle auf einzelnen Übertragungsabschnitten. Pakete werden entlang des Verbindungsweges geleitet und tragen lediglich die logischen Kanalnummern als Kennung. Im allgemeinen werden viele virtuelle Verbindungen über einen gemeinsamen Kanal geführt (Verbindungsmultiplex). Die reelle und die virtuelle Verbindung bilden die Klasse der verbindungsorientierten Kommunikationsbeziehungen.

Verbindungslose Kommunikationsbeziehungen entstehen durch Übermittlung unabhängiger Einzelpakete (früher auch Datagramm genannt). Sie sind für einzelne Frage-Antwort-Dialoge geeignet sowie stets als Mittel zum Aufbau virtueller Verbindungen erforderlich.

Verbindung: Kommunikationsbeziehung zwischen Instanzen

Reelle (physikalische) - Zuordnung eines (physikalischen) Kanals zwischen
Verbindung: A und B per Durchschaltevermittlung

Virtuelle Verbindung: - Zuordnung eines logischen Kanals zwischen
(Virtual Call, VC)   A und B per Paketvermittlung

                      - Verbindungsauf-/abbau

                      - variable Durchsatzrate, Datenflusssteuerung

                      - Verbindungsmultiplex über einen physikalischen Kanal

Verbindungslose   - Einzelpaketübermittlung ohne expliziten Aufbau einer
Kommunikation: VC ohne/mit Quittierung

Bild 2.3.2:   Verbindungskonzepte

Bild 2.3.3 zeigt das grundsätzliche zeitliche Szenario der Verbindungssteuerung bei verbindungsorientierter Komunikation. Die Begriffe entsprechen denen der CCITT-Empfehlung X.25.

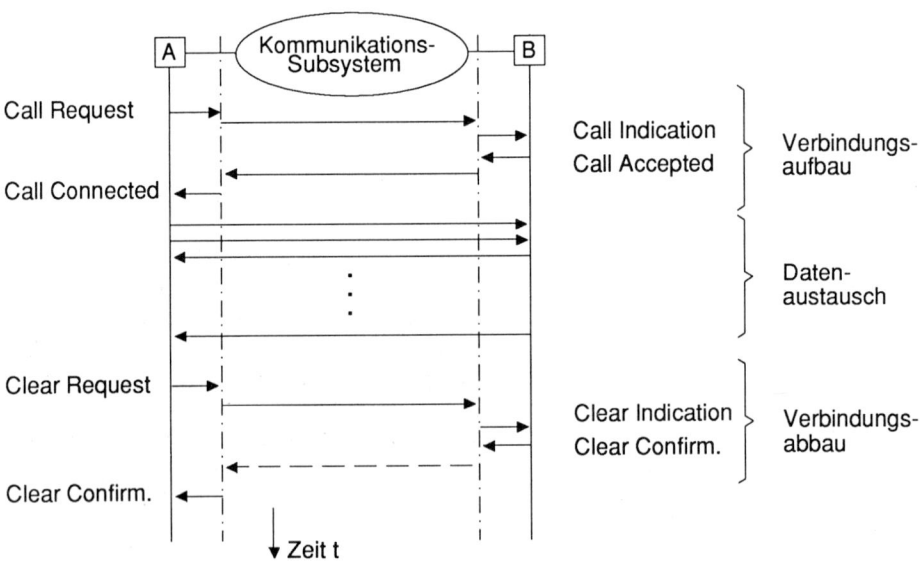

Bild 2.3.3:   Verbindungssteuerung (Call control)

22

Verbindungen können außerdem hinsichtlich der Anzahl und der Kommunikationsmöglichkeit der beteiligten Partner unterschieden werden (Bild 2.3.4).

Punkt-zu-Punkt-Verbindung

- ein Kommunikationspartner
- Dialogkommunikation

Punkt-zu-Mehrpunkt-Verbindung

- mehrere Kommunikationspartner
- Verteilkommunikation
  (Broadcasting)

Mehrpunkt-Verbindung

- mehrere Kommunikationspartner
- Konferenzkommunikation

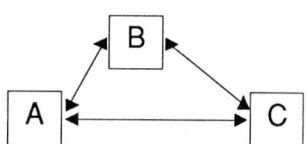

Bild 2.3.4:   Klassifikation von Verbindungen

2.3.3 Datensicherung

Verbindungen ermöglichen die Unterstützung der Kommunikation hinsichtlich der Integrität der übermittelten Daten, d.h. hinsichtlich der Reihenfolge, Vollständigkeit und Korrektheit der übermittelten Datenpakete. Zur Fehlersicherung werden im allgemeinen zyklische Binärcodes eingesetzt; für den zu übertragenden Block werden hiermit sogenannte Prüfbits erzeugt und zusammen mit den Nutz- und Steuerdaten übertragen. Die Fehlersicherung erfolgt entweder durch automatische Fehlerkorrektur oder wiederholte Übertragung. Im allgemeinen werden fehlerhafte Blöcke verworfen und nur richtig empfangene Blöcke (positiv) quittiert. Fehlerhafte Blöcke werden entweder durch Reihenfolgefehler beim Empfänger oder durch Quittierungszeitüberschreitung beim Sender erkannt und erneut gesendet (Bild 2.3.5). Die Datensicherung ist Gegenstand von Protokollen und wird im allgemeinen zusammen mit Hilfsmitteln zur Datenflußsteuerung realisiert.

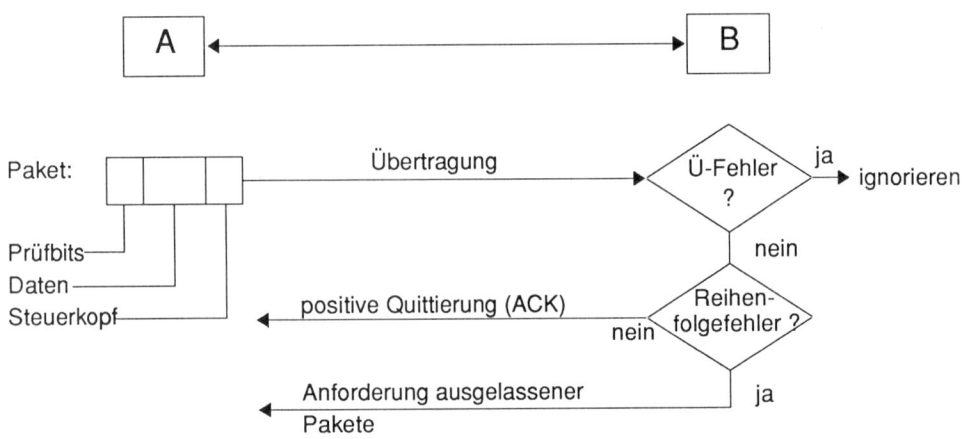

Fehlerbehebung: 1. Durch Vorwärts-Fehlerkorrekturverfahren

2. Anforderung durch B bei Reihefolgefehler

3. Wiederholtes Senden durch A nach Zeitüberschreitung für ACK

Fehlersicherung: Zyklische Binärcodes

Bild 2.3.5:   Datensicherung

2.3.4 Datenflußsteuerung

Die Datenflußsteuerung ist ebenfalls ein Merkmal der verbindungsorientierten Paket-kommunikation. Sie dient der Anpassung von Sender und Empfänger (Bild 2.3.6). Es werden im wesentlichen zwei Verfahren gleichzeitig eingesetzt, das Abstoppen des Senders bei Nichtempfangsbereitschaft des Empfängers sowie die Fensterflußkontrol-le. Letzteres Verfahren erlaubt eine hohe Kanalauslastung auch bei großen Ausbrei-tungsverzögerungen. Dabei darf der Sender mehrere Pakete ausschicken, auch wenn die vorhergehenden noch nicht alle erfolgreich quittiert sind. Die maximale Anzahl ausstehender Quittierungen ist über ein "Fenster" beschränkt.

Datenflussteuerung: Anpassung des Datenflusses A-B (B-A) bei

- Unterschiedlichen Datenraten von A, B
- Nichtempfangsbereitschaft
- Einhaltung einer durchschnittlichen Durchsatzrate

Mechanismen:

On/Off-Control   - Abstoppen des Senders durch RNR (Receive Not Ready)
                               des Empfängers

                             - Wiederstarten des Senders durch RR (Receive Ready)
                               des Empfängers

Window Flow Control   - Abstoppen des Senders nach Aussenden von W Paketen
                               ohne Quittierung

                             - Sendeguthaben (Credits) angezeigt durch momentane
                               Sendefensteröffnung

                             - Steuerung mittels zweier Folgenummern N(S) und N(R)

Bild 2.3.6:   Datenflußsteuerung

2.4 Protokolle

Protokolle legen die Beschaffenheit von Schnittstellen, Blockformaten und Prozeduren fest, welche für die Kommunikation angewandt werden. Sie richten sich nach den einzelnen Funktionsschichten des Kommunikationssystems, welche in einem Architekturmodell definiert werden. Um die Kommunikation zwischen Systemen unterschiedlicher Hersteller/Betreiber zu ermöglichen, ist eine umfassende Standardisierung erforderlich.

2.4.1 Architekturmodell

Zur Identifikation, Beschreibung und Standardisierung der Funktionen eines Kommunikationssystems bedient man sich einer Modellvorstellung. Bild 2.4.1 erläutert die wesentlichsten Grundkonzepte des standardisierten Architekturmodells.

Die allgemein mit Schicht (N) bezeichneten Instanzen sind Repräsentanten spezieller Funktionsschichten, welche in Bild 2.4.2 für den Fall Lokaler Netze näher bezeichnet sind, siehe auch Abschnitt 3.1.2.1. Die ursprünglich sieben prinzipiellen Funktionsschichten wurden durch die Einführung von Subschichten in der Schicht 2 bzw. 3 erweitert.

Grundprinzipien des Architekturmodells sind die hierarchische Funktionsschichtung, das Dienstkonzept, das Protokollkonzept sowie Dateneinheiten.

Funktionsschichtung bedeutet, daß von unten nach oben aufeinander aufbauende Funktionen vom Übertragungskanal bis zur Anwendung nach Art eines Schalenmodells angeordnet sind. Eine Schicht (N) erbringt einen "Dienst" gegenüber der Schicht (N+1), dem Dienstnutzer. Dienste werden über Primitive angefordert/erbracht und in Form von Dienstdateneinheiten realisiert. Die Kommunikation erfolgt entweder über ein verbindungsloses oder verbindungsorientiertes Protokoll.

Verbindungspunkte (Connection Endpoints, CEP) definieren Anfangs- und Endpunkt einer Verbindung in der betreffenden Schicht (N). Sie liegen innerhalb sog. Dienstzugangspunkte (Service Access Points, SAP); beide werden über Bezeichner (Identifier: CEPI bzw. SAPI) addressiert.

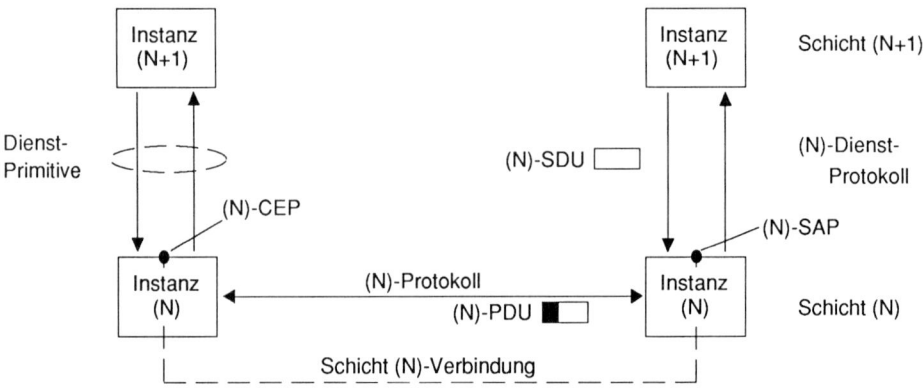

Prinzipien: - Hierarchische Schichtung von Funktionen

- Dienstkonzept: Dienstnutzer-Diensterbringer, Dienst-Protokoll, Dienst-Primitive

- Protokollkonzept: Prozedur des Austauschs von (N)-PDU zwischen (N)-Instanzen

- Protokolldateneinheiten (Protocol Data Unit, PDU),
  Diensteinheiten (Service Data Unit, SDU)

Bild 2.4.1:   Grundkonzepte des standardisierten Architekturmodells

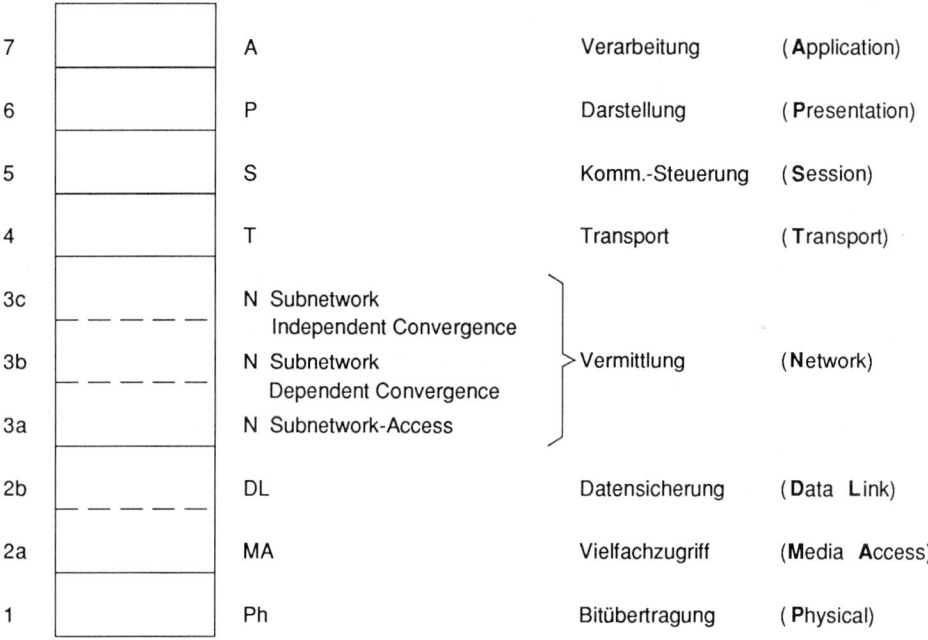

7	A	Verarbeitung	(Application)
6	P	Darstellung	(Presentation)
5	S	Komm.-Steuerung	(Session)
4	T	Transport	(Transport)
3c	N Subnetwork Independent Convergence		
3b	N Subnetwork Dependent Convergence	Vermittlung	(Network)
3a	N Subnetwork-Access		
2b	DL	Datensicherung	(Data Link)
2a	MA	Vielfachzugriff	(Media Access)
1	Ph	Bitübertragung	(Physical)

Bild 2.4.2:   Schichten des Architekturmodells für LANs

2.4.2 Standardisierung

Die Standardisierung von Protokollen für die einzelnen Schichten ist Gegenstand mehrerer internationaler Organisationen wie CCITT, ISO,IEEE,ANSI oder ECMA. Schwerpunkte sind zur Zeit Verarbeitungsprotokolle und neue Vielfachzugriffsprotokolle für Hochgeschwindigkeitsnetze (100 MBit/s und darüber).

Produkte, welche zu internationalen Standards konform sind, sollten problemlos zusammenarbeiten können (Kommunikation in offenen Systemen). Für bestimmte Anwendungsklassen werden im allgemeinen bekannte Protokolle so ausgewählt, daß die Anwendung bestmöglich unterstützt wird (Protokollprofile). Als Beispiel wird auf das Protokollprofil MAP in Abschnitt 3.1 verwiesen.

3 Offene Netze

Offene Netze basieren auf standardisierten Kommunikationsprotokollen. Das Basisreferenzmodell der ISO für offene Systeme gibt einen Rahmen für eine solche Standardisierung vor. Für die einzelnen Schichten des Basisreferenzmodells existieren inzwischen stabile Standards. Für den Anwendungsbereich Automatisierungstechnik wurde diese Standardisierung durch die MAP-Initiative maßgeblich vorangetrieben.

3.1 MAP- Protokollstapel

Die internationalen Bestrebungen, ein Kommunikationssystem zu spezifizieren, das die informationstechnische Anbindung der im CIM-Bereich (Computer Integrated Manufacturing) anzutreffenden heterogenen Rechner- und Steuerungssysteme mit finanziell vertretbarem Aufwand ermöglicht, wird derzeit durch die MAP/TOP Spezifikation mitgeprägt. Diese Spezifikation steht seit Oktober 1988 als MAP/TOP Version 3.0 zur Verfügung und wurde bis 1994 festgeschrieben. Dies soll den Anbietern als auch den Anwendern die für einen Einsatz erforderliche Stabilität gewährleisten.

3.1.1 Begriffe

MAP

MAP steht für Manufacturing Automation Protocol. Daraus sind die wichtigsten Eigenschaften von MAP bereits ersichtlich.

MAP ist ein Protokoll, das für die offene Kommunikation im Bereich der automatisierten Fertigung spezifiziert wurde/wird.

MAP wählt aus den für die einzelnen Schichten des OSI-Referenzmodells bestehenden ISO-Standards die für die Kommunikation im Bereich der computerintegrierten Fertigung geeigneten ISO-Standards aus. Eine Auswahl der vorhandenen Standards wird als 'Profile' bezeichnet. MAP ist somit eigentlich ein 'Profile' für den Bereich der rechnerintegrierten Fertigung.

TOP

TOP (Technical and Office Protocol) ist wie MAP ein 'Profile', jedoch für den Einsatz im Bereich der Bürokommunikation.

3.1.2 Die Grundlagen von MAP/TOP

3.1.2.1 Das Basis-Referenzmodell der ISO

Kommunikation spielt im Bereich der rechnerintegrierten Fertigung eine zentrale Rolle. Die Wahl eines Kommunikationssystems bestimmt in einem hohen Maße die Leistungsfähigkeit und Zuverlässigkeit des Gesamtsystems. Darüberhinaus sind für die Realisierung von CIM-Komponenten die mit der informationstechnischen Verknüpfung der einzelnen CIM-Komponenten verbundenen Kosten von großer Bedeutung.

Bedingt durch die große Vielfalt der in CIM eingesetzten Gerätetechniken und der unterschiedlichen Anforderungen in den einzelnen Bereichen einer rechnerintegrierten Fertigung, ergibt sich die Notwendigkeit, unterschiedliche, den Anforderungen entsprechende Kommunikationsnetze einzusetzen. An Netze im Bereich der Bürokommunikation werden andere Anforderungen gestellt als an Netze im Bereich der Fabrikkommunikation. Im Bürobereich wird Kommunikation in erster Linie für rechnerübergreifende Zugriffe auf und Übertragung von Dateien eingesetzt. Dabei werden an ein Kommunikationssystem zusätzlich hohe Anforderungen hinsichtlich Datenschutz gestellt.

Im Bereich der rechnerintegrierten Fertigung wird die Kommunikation schwerpunktmäßig zur Steuerung programmierbarer fertigungstechnischer Einrichtungen eingesetzt. Daraus ergeben sich hohe zeitliche Anforderungen und die Notwendigkeit einer fehlerfreien Datenübertragung.

Dieses breite Einsatzspektrum der Kommunikation und die zahlreichen hersteller- und systemspezifischen - in der Regel inkompatiblen - Realisierungen führten bereits in den 70-iger Jahren in Zusammenarbeit internationaler Normungsgremien zu einer systematischen Analyse der Anforderungen an ein offenes Kommunikationssystem.

Das Ziel der offenen Kommunikation ist die informationstechnische Verbindung herstellerspezifischer als auch technologiespezifischer Datenendgeräte. Die von einem offenen Kommunikationssystem zu erbringenden Funktionen wurden von der internationalen Normungsorganisation ISO (International Organization for Standardization) in dem OSI-Referenzmodell (Open Systems Interconnection, OSI) festgelegt (Bild 3.1.1)

Diesem Referenzmodell liegen die folgenden 4 Prinzipien zugrunde:

1. die Kommunikationsfunktionen werden in Schichten aufgeteilt,
2. für jede Schicht werden die von ihr zu erbringenden Dienste festgelegt,
3. die auf eine Schicht N aufsetzende Schicht N+1 verwendet zur Erbringung ihrer Funktion die Dienste der Schicht N,
4. die Kommunikation zwischen den Schichten N der beteiligten Endgeräte wird durch ISO-Protokolle festgelegt.

Das OSI-Referenzmodell besteht aus 7 Schichten, wobei eine Schicht aus mehreren Unterschichten bestehen kann. In Bild 3.1.2 werden die Beziehungen der einzelnen Schichten dargestellt.

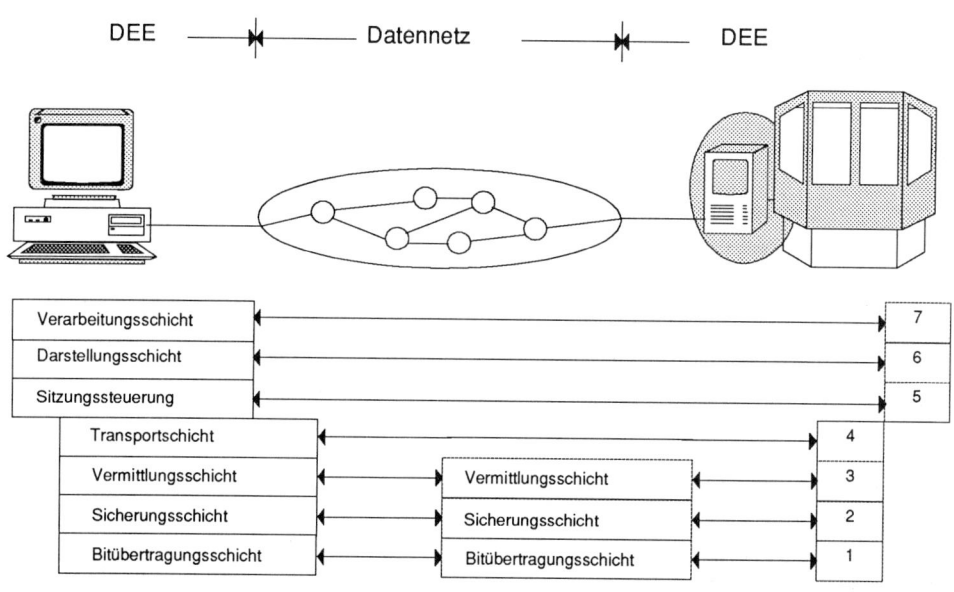

DEE   Datenendeinrichtung

Bild 3.1.1:   ISO/OSI-Referenzmodell für die offene Kommunikation

Die Schicht N stellt der Schicht N+1 ihre Dienste (Services) zur Verfügung. Der Zugang zu den Diensten der Schicht N erfolgt über einen Dienstzugangspunkt (Service Access Point, SAP) und unter Berücksichtigung des ebenfalls von der ISO dafür festgelegten Dienstprotokolls (Layer-to-Layer Protocol). Zwischen den Schichten N der beteiligten Endgeräte werden die Nutzdaten der Schicht N+1 mit Hilfe der Protokolldateneinheiten (Protocol Data Units, PDUs) der Schicht N ausgetauscht. Für die Übertragung bedient sich die Schicht N der Dienste der Schicht N-1. Dies setzt sich fort, bis die Daten über das physikalische Übertragungsmedium an das an der Kommunikation beteiligte Ziel-Endgerät übertragen werden. Im Ziel-Endgerät durchlaufen die Daten den umgekehrten Weg bis zur Schicht N+1 hoch.

Die zu übertragenden Daten der Schicht N+1 werden in der Schicht N mit den Protokoll-Steuerinformationen (Protocol Control Information, PCI) versehen und mit diesen an die Schicht N-1 weitergegeben. Jede Schicht fügt beim Senden ihre PCI hinzu. Beim Empfangen werden diese PCI wieder entfernt. Dieser Sachverhalt wird im Bild 3.1.2 graphisch verdeutlicht.

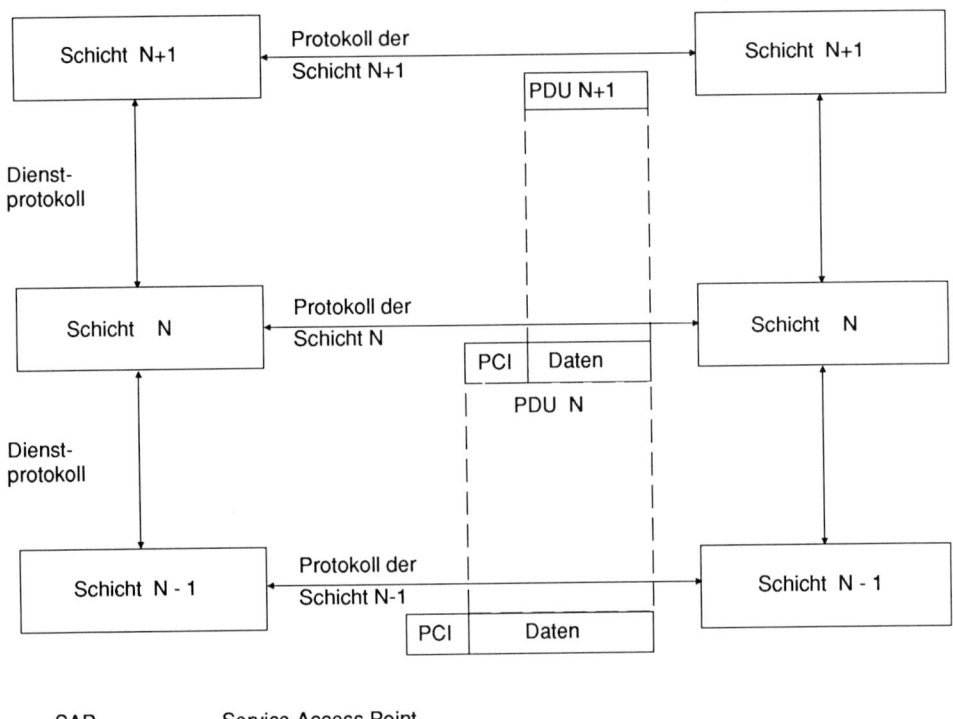

| SAP | Service Access Point |
| PCI | Protocol Control Information |

Bild 3.1.2:   Beziehungen zwischen den Schichten des Referenzmodells

Im folgenden werden die wichtigsten Funktionen der einzelnen Schichten des OSI-Referenzmodells kurz erläutert.

Schicht 1: Bitübertragungsschicht (Physical Layer)

Die Schicht 1 definiert die für eine transparente Bitübertragung erforderlichen funktionellen, elektrischen und mechanischen Eigenschaften des Übertragungsmediums.
Die wichtigsten Aufgaben:

* Parallel/Serienwandlung, Multiplexierung (Frequenz-, Zeitmultiplextechnik),
* physikalische Anpassung an das Übertragungsmedium (Lichtwellenleiter, Koaxialkabel, etc.),
* Synchronisation auf Bitebene und
* Definition der gültigen Signale und Anschlußleitungen.

32

Schicht 2: Sicherungsschicht (Data Link Layer)

Diese Schicht sorgt für den Zugang zum Übertragungsmedium und für eine gesicherte Übertragung einzelner Datenblöcke. Dies umfaßt:

- Aktivierung/Deaktivierung des Zugriffs zum Übertragungsmedium,
- Blocksynchronisation,
- Überwachung der Reihenfolge der Datenblöcke,
- Datenflußsteuerung,
- Fehlererkennung und gegebenenfalls Fehlerkorrektur.

Die Schicht 2 kann funktional in die Schichten 2a (Medium Access Control, MAC) und 2b (Logical Link Control, LLC) unterteilt werden (siehe auch Bild 3.1.5).

Schicht 3: Vermittlungsschicht (Network Layer)

Die Hauptfunktion der Vermittlungsschicht ist die Vermittlung der zu übermittelnden Daten zwischen den Endsystemen. Als Endsystem sind der Sender und der Empfänger einer Nachricht zu verstehen, die unter Umständen mit Hilfe eines Vermittlungssystems (Transitsystem) miteinander physikalisch verbunden sind. Bei der Steuerung der Übermittlung (Vermittlung und Übertragung) der Informationsblöcke (Pakete) durch das Nachrichtennetz sind folgende Funktionen zu erbringen:

- Blockbildung (Paketierung),
- Ablaufsteuerung des Austauschs der Pakete zwischen Datenendeinrichtungen und dem Netz,
- Auf- und Abbau von virtuellen Verbindungen zwischen Datenendeinrichtungen,
- Transport der Datenpakete zwischen zwei Datenendeinrichtungen,
- Verkehrslenkung innerhalb des Netzes (Routing).

Schicht 4: Transportschicht (Transport Layer)

Die Transportschicht hat die Aufgabe, dem Anwender eine gesicherte, logische Transportverbindung zur Verfügung zu stellen. Die dem Anwender angebotenen Dienste der Schicht 4 ermöglichen ihm eine netzunabhängige und von den Details der physikalischen Eigenschaften des eingesetzten Übertragungsmediums entlastete Kommunikation mit dem Ziel-Endgerät. Diese Schicht stellt somit die Trennlinie zwischen dem transportorientierten und dem anwendungsorientierten Teil des OSI-Referenzmodells dar. Die wesentlichen Funktionen der Transportschicht sind:

- Auf- und Abbau von Transportverbindungen,
- Multiplexierung/Spreizung von Transportverbindungen auf virtuelle Verbindungen der Schicht 3 (Connection Multiplexing),
- End-zu-End Flußkontrolle,
- Fragmentierung (Assembly/Disassembly).

Schicht 5: Sitzungsschicht (Session Layer)

Die Schicht 5 übernimmt die Synchronisation des Ablaufs des Nachrichtenaustauschs zwischen zwei Endgeräten. Sie sorgt für:

- Umsetzung symbolischer Adressen in reale Adressen für die Transportverbindung,
- Vereinbarung der Sitzungsparameter (Halb-/Vollduplex, Kenngrößen der Flußkontrolle, etc.),
- Dialogsteuerung (Synchronisationspunkte, Tokenvergabe, etc.),
- Neuaufbau von abgebrochenen Transportverbindungen.

Schicht 6: Darstellungsschicht (Presentation Layer)

Hauptaufgabe dieser Schicht ist die Umwandlung der systeminternen in eine netzeinheitliche Datendarstellung, die zwischen den beteiligten Kommunikationspartnern ausgehandelt werden kann. Eine formale Beschreibung der Daten wird als abstrakte Syntax bezeichnet. ASN.1 (Abstract Syntax Notation One) wird von der ISO als eine Beschreibungsform für die Schicht 6 definiert. Für die Kodierung der in ASN.1 beschriebenen Daten werden von der ISO die "Basic Encoding Rules for ASN.1" festgelegt. Die Notwendigkeit dieser Funktionen ergibt sich aus den unterschiedlichen rechnerinternen Darstellungen von z. B. ganzzahligen Werten, bzw. aus den unterschiedlichen Codierungsverfahren (z. B. ASCII, EBCDIC).

Schicht 7: Verarbeitungsschicht (Application Layer)

Die Schicht 7 ist aus der Sicht des Anwenders die wichtigste Schicht des OSI-Referenzmodells. Die Definition einheitlicher Protokolle für die Verarbeitungsschicht wird durch die große Vielzahl der Anwendungsmöglichkeiten sehr erschwert. Aus diesem Grunde wurde eine Unterteilung der Schicht 7 vorgenommen. Die Schicht 7a beinhaltet allgemeine Funktionen, die von den meisten anwendungsspezifischen Protokollen der Schicht 7b verwendet werden. Ein wichtiges Element der Schicht 7a ist ACSE (Association Control Service Element), das Dienste für den Verbindungsauf- und abbau sowie für die Verbindungsüberwachung enthält. Dienstelemente der Schicht 7b stellen dem Anwender anwendungsbereichspezifische Dienste zur Verfügung.

3.1.2.2 Die in MAP/TOP verwendeten ISO-Standards

Die Funktionen der einzelnen Schichten können auf unterschiedliche Weise realisiert werden. Dementsprechend gibt es für die einzelnen Schichten je nach Anforderung seitens der Anwendung mehrere Protokolle (ISO Standards, CCITT-Empfehlungen, etc.). Für die Realisierung eines OSI-Kommunikationssystems ist eine den Anforderungen entsprechende Auswahl der vorhandenen Standards erforderlich. Die ausgewählten Protokolle müssen zusätzlich aufeinander abgestimmt werden.

Die in der MAP/TOP Spezifikation derzeit berücksichtigten ISO-Standards werden im Bild 3.1.4 aufgeführt.

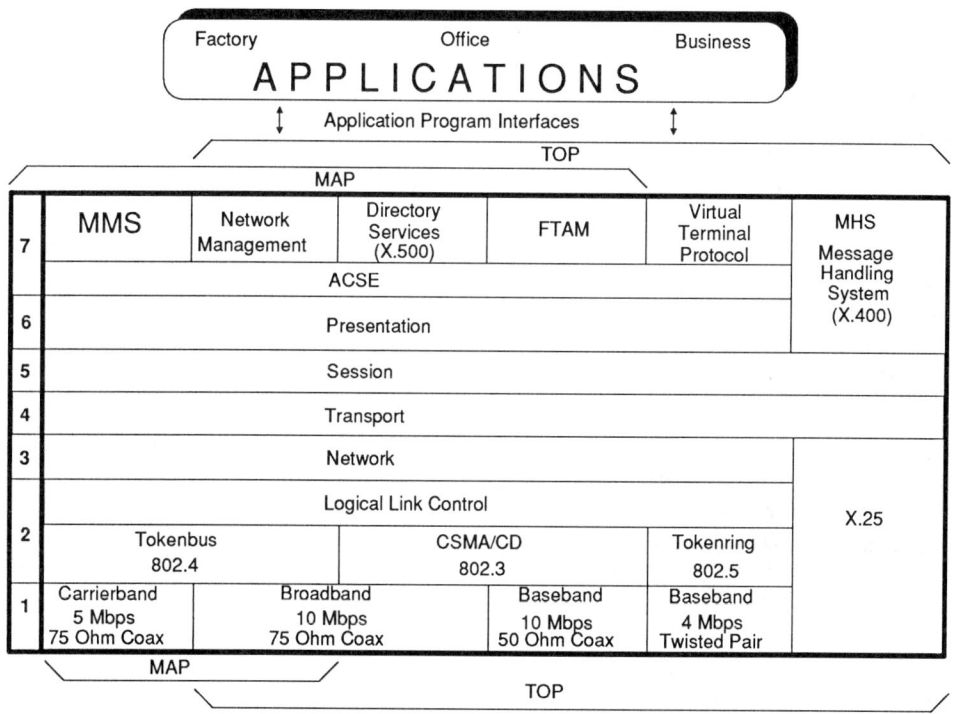

Bild 3.1.3:   Die in MAP/TOP verwendeten Protokolle (Quelle: EMUG)

Für den Anwender sind besonders die Schicht 1 (Bitübertragungsschicht) in Verbindung mit der Schicht 2 (Sicherungsschicht) und die Schicht 7 (Verarbeitungsschicht) von Bedeutung. Aus diesem Grunde wird auf die in der MAP/TOP Spezifikation verwendeten Protokolle dieser Schichten ausführlicher eingegangen.

Bitübertragungsschicht und Sicherungsschicht in MAP/TOP:

In den folgenden Betrachtungen wird ein Lokales Netz (Local Area Network, LAN) betrachtet, in dem die einzelnen Stationen an ein gemeinsames Übertragungsmedium in einer Busstruktur angeschlossen sind.

Derzeit sind für Lokale Netze die im Bild 3.1.5 aufgeführten ISO-Standards von Bedeutung.

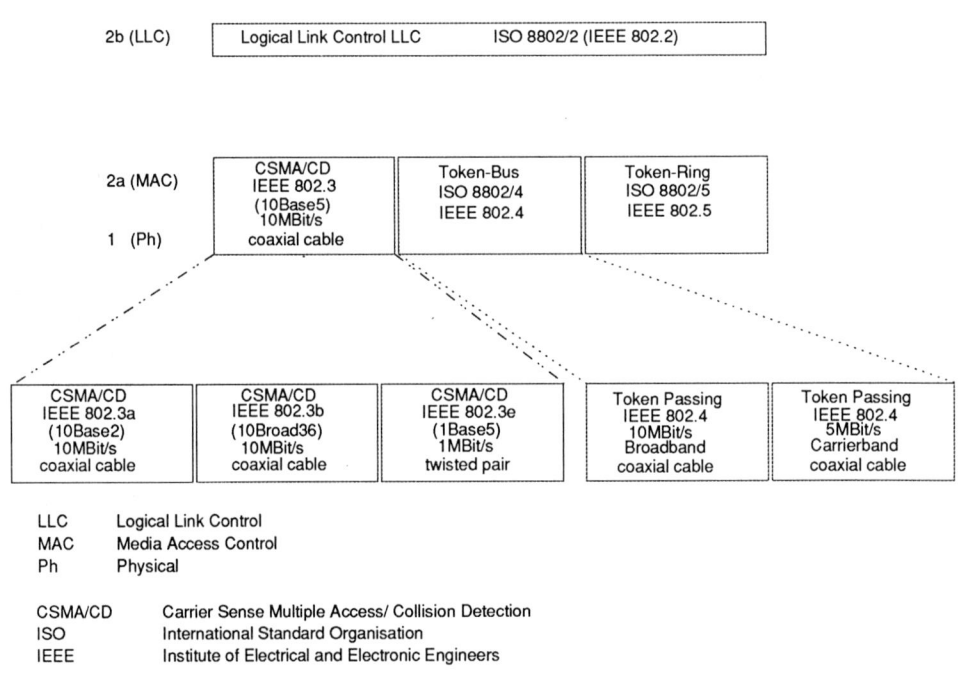

| 2b (LLC) | Logical Link Control LLC   ISO 8802/2 (IEEE 802.2) |

2a (MAC)

| CSMA/CD IEEE 802.3 (10Base5) 10MBit/s coaxial cable | Token-Bus ISO 8802/4 IEEE 802.4 | Token-Ring ISO 8802/5 IEEE 802.5 |

1 (Ph)

| CSMA/CD IEEE 802.3a (10Base2) 10MBit/s coaxial cable | CSMA/CD IEEE 802.3b (10Broad36) 10MBit/s coaxial cable | CSMA/CD IEEE 802.3e (1Base5) 1MBit/s twisted pair | Token Passing IEEE 802.4 10MBit/s Broadband coaxial cable | Token Passing IEEE 802.4 5MBit/s Carrierband coaxial cable |

LLC   Logical Link Control
MAC   Media Access Control
Ph   Physical

CSMA/CD   Carrier Sense Multiple Access/ Collision Detection
ISO   International Standard Organisation
IEEE   Institute of Electrical and Electronic Engineers

Bild 3.1.4:   Standards für LAN's

Im folgenden werden kurz die wichtigsten Merkmale der einzelnen Standards erläutert. Die einzelnen Standards unterscheiden sich bzgl. des verwendeten Übertragungsmediums, Übertragungsverfahrens und Zugriffsverfahrens.

Übertragungsmedium:
Als Übertragungsmedium kommen hauptsächlich Koaxialleitungen, Glasfaserleitungen und verdrillte Zweidrahtleitungen (twisted pair) zum Einsatz.

Übertragungstechnik:
Bei der Übertragungstechnik ist zwischen Basisband- und Breitbandübertragung zu unterscheiden. Die Daten werden bitseriell übertragen (Parallel-Seriell-Wandlung). Dabei wird der zu übertragende Bitstrom für die Übertragung nach einem geeigneten Verfahren codiert (z. B. Manchester Code). Bei der Basisbandübertragung (Base Band) wird das entstandene Signal direkt übertragen. Wird das Signal noch mit Hilfe eines geeigneten Modulationsverfahrens moduliert, spricht man von einer Breitbandübertragung (Broad Band), wenn mehrere Trägerfrequenzen (mehrere Übertragungskanäle) verwendet werden, von einer Trägerbandübertragung (Carrier Band), wenn nur eine Trägerfrequenz (nur ein Kanal) verwendet wird.

Zugriffsverfahren:
Als Zugriffsverfahren kommen beim Einsatz von LANs im Bereich der Fertigung fast ausschließlich die dezentralen Verfahren CSMA/CD und Token-Passing zur Anwendung.
CSMA/CD (Carrier Sense Multiple Access with Collision Detection) ist ein stochastisches Zugriffsverfahren, bei dem sich gleichberechtigte Stationen im Wettbewerb um den Medienzugriff bemühen. Eine sendewillige Station ermittelt ob das Übertragungsmedium (bei mehreren Übertragungskanälen der Kanal) frei ist. Bei freiem Übertragungsmedium beginnt die Station zu senden und belegt damit dieses exklusiv. Dabei kann es zu Kollisionen kommen, wenn mehrere Stationen gleichzeitig mit dem Senden beginnen. Eine Kollision muß erkannt und die Wahrscheinlichkeit eines wiederholten Auftretens durch geeignete Algorithmen verringert werden. Da es bei diesem Zugriffsverfahren nicht vorhersehbar ist, wie lange eine Station das Übertragungsmedium belegt, kann theoretisch keine maximale Wartezeit einer sendewilligen Station bis zum Zugriff zum Übertragungsmedium angegeben werden. Messungen und theoretische Untersuchungen haben ergeben, daß dieses Verfahren im unteren Belastungsbereich (kleiner 30%) sehr effizient ist.

Das Zugriffsverfahren Token-Passing setzt eine logische Ringstruktur der einzelnen Stationen voraus. Die Zugriffserlaubnis wird in Form eines Tokens von einer Station zu ihrer Nachfolgestation weitergereicht. Es darf nur die Station senden, die den Token besitzt. Dabei wird durch eine maximale Zeitdauer festgelegt, wie lange eine Station den Token behalten darf. Spätestens nach Ablauf dieser Zeitdauer muß die Station den Token weitergeben, auch wenn sie noch Daten zu übertragen hat. Durch dieses Verfahren kann durch Festlegung der maximalen Zeitdauer und Angabe der Anzahl der Stationen die maximale Wartezeit einer sendewilligen Station bis zum Zugriff zum Übertragungsmedium bestimmt werden. Aus diesem Grunde wird das Verfahren Token-Passing als deterministisches Zugriffsverfahren bezeichnet.

Das Zugriffsverfahren, das verwendete Übertragungsmedium und das Übertragungsverfahren bestimmen die Eigenschaften des Lokalen Netzes.

MAP verwendet:
- Übertragungsmedium: Breitband-Koaxialkabel, Trägerband-Koaxialkabel
- Übertragungstechnik: Breitbandtechnik, Trägerbandtechnik,
- Zugriffsverfahren: Token-Passing.

TOP verwendet:
- Übertragungsmedium: Breitband-Koaxialkabel, Basisband-Koaxialkabel, (verdrillte Zweidrahtleitungen bei Verwendung eines physikalischen Ringes),
- Übertragungstechnik: Breitbandtechnik, Basisbandtechnik,
- Zugriffsverfahren: Token-Passing, CSMA/CD.

Die in der MAP/TOP Spezifikation getroffene Auswahl der Zugriffsverfahren wird durch die unterschiedlichen Anforderungen an das LAN bestimmt. Für den Einsatz im Fertigungsbereich ist die Angabe einer maximalen Wartezeit bis zum Zugriff auf das verwendete Übertragungsmedium von großer Bedeutung. Weiterhin wird für zeitkritische Meldungen (Kommandos, Zustandsänderungen, Alarme) eine kurze Transferzeit gefordert. Aus diesen Gründen wurde für MAP das deterministische Zugriffsverfahren gewählt.

Jedoch stellt sich aus der Sicht des Anwenders die Frage inwiefern dieses deterministische Verhalten noch im Anwenderprogramm sichtbar ist, da durch die Implementierung der zwischenliegenden Schichten (Schicht 3 bis Schicht 7) ein in der Regel nicht zu vernachlässigender stochastischer Anteil an der Übertragungszeit entsteht.

3.1.3 Ausblick:

Die MAP/TOP Spezifikation vom Oktober 1988 (MAP/TOP Version 3.0) ist bis 1994 festgeschrieben. Dies bewirkte, daß zahlreiche Anbieter und Anwender diese unterstützen und anwenden.

Das Motto der "EMUG MAP Exhibition Systec 90" in München lautete: "The wait for MAP is over". Dies wurde durch eine von zahlreichen Firmen unterstützte Demonstrationsanlage praktisch untermauert.

Derzeit gibt es zahlreiche Vorschläge für optionale Erweiterungen der Version 3.0 vom Oktober 1988. Als Beispiele seien die folgenden genannt:

- Berücksichtigung weiterer Netze (ISDN, FDDI,..),
- Integration der International Standard (IS) Version des Standards MMS (ISO 9506),
- Erweiterung des Application Program Interface (API).

Es ist damit zu rechnen, daß 1991 eine Version 3.0 Ausgabe 1991 mit optionalen Erweiterungen erscheint. Dabei ist zu berücksichtigen, daß eine Kompatibilität zur Version 3.0 Ausgabe Oktober 1988 gewährleistet ist/sein soll.

Weiterhin gibt es derzeit die Diskussion, ob und wie vorhandene und zu erwartende Companion Standards zu MMS (z. B. für NC, RC und SPS) berücksichtigt werden.

Für den Anwender ergibt sich derzeit die Notwendigkeit, sich durch Pilotanwendungen die für eine Bewertung erforderlichen Detailkenntnisse anzueignen.

3.2 Verarbeitungsschicht

3.2.1 Einordnung und Aufgaben

Innerhalb des OSI-Referenzmodells ist die Verarbeitungsschicht (Application Layer) die oberste Schicht. Sie stellt nicht einen allgemeinen schichtspezifischen Dienst bereit, sondern verschiedene auf bestimmte Anwendungen zugeschnittene Dienste. Aus diesem Grund gibt es auf der Verarbeitungsschicht verschiedene Dienstelemente (Application Service Elements, ASEs), von denen immer mehrere zusammen den Dienst für eine bestimmte Anwendung erbringen. Dabei bauen manche Dienstelemente auf dem von der Darstellungsschicht (Presentation Layer) bereitgestellten Dienst auf, andere auf dem von anderen Dienstelementen bereitgestellten Dienst. In Bild 3.2.1 ist die Verarbeitungsschicht mit mehreren Dienstelementen und ihren Beziehungen untereinander dargestellt, außerdem zeigt das Bild, wie die Verarbeitungsschicht die Lücke zwischen Anwendungsprozeß (Application Process, AP) und der Darstellungsschicht schließt.

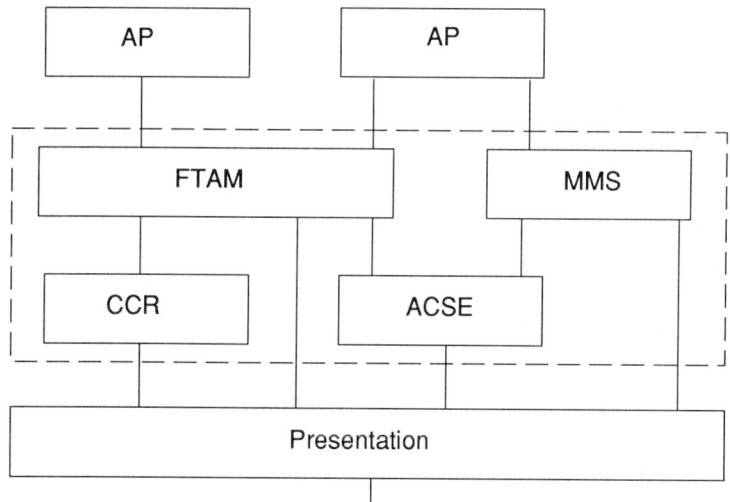

Bild 3.2.1:   Dienstelemente auf der Verarbeitungsschicht und Anwendungsprozesse

Die in Bild 3.2.1 eingezeichneten Dienstelemente *FTAM (File Transfer, Access and Management)* und *MMS (Manufacturing Message Specification)* dienen dem Filetransfer und der Kommunikation in der Fertigungsautomatisierung. Das Dienstelement *ACSE (Association Control Service Element)* enthält die für die Verbindungssteuerung nötigen Dienstprimitive. Da auf der Verarbeitungsschicht nur verbindungsorientierte Dienste unterstützt werden, muß das Dienstelement ACSE in jedem Dienst verwendet werden. Mit dem Dienstelement *CCR (Commitment, Concurrency and Recovery)* werden konkurrierende Zugriffe auf Ressourcen wie z. B. Files oder Datenbankeinträge realisiert.

Wenn ein Dienstelement auf einem anderen aufbauen soll, enthält es Dienstprimitive, die den benutzten Dienstprimitiven des den Dienst erbringenden Dienstelementes entsprechen. Die *Protokolldateneinheiten (Protocol Data Units, PDUs)* des einen Dienstelements werden dann einfach auf die des anderen abgebildet. Falls nötig, wird zusätzliche Information in Form von Nutzerdaten für die Partnerinstanz des Diensterbringers mitgegeben. Dienstelemente, die auf der Darstellungsschicht (Presentation Layer) aufbauen, verwenden den von dieser Schicht angebotenen Dienst.

Abschnitt 3.2.2 enthält eine Liste von Dienstelementen mit kurzen Beschreibungen. Im Abschnitt 3.2.3 wird ein Szenario für die Nutzung der Dienstelemente MMS und ACSE gegeben. An diesem Beispiel werden einige allgemeine Merkmale der Dienste und Protokolle auf der Verarbeitungsschicht erläutert. Abschnitt 3.2.4 befaßt sich kurz mit dem Stand der Normung und mit der Frage der Implementierung.

3.2.2 Beschreibung der einzelnen Dienstelemente

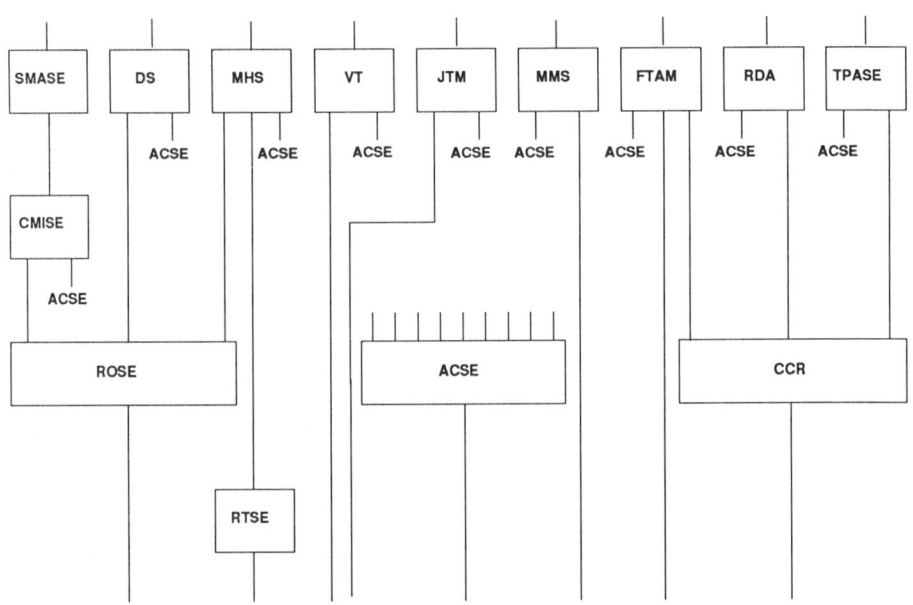

Bild 3.2.2:   Anordnung der besprochenen Dienstelemente

Von den auf der Verarbeitungsschicht vorhandenen Dienstelementen sollen hier nur solche kurz beschrieben werden, die für *private Netze* wichtig sind. Für *öffentliche Netze* gibt es noch weitere Dienstelemente auf der Verarbeitungsschicht, wie z. B. Bildschirmtext oder Telefax, sie werden hier jedoch nicht betrachtet. Bild 3.2.2 zeigt alle hier besprochenen Dienstelemente und ihre Beziehungen untereinander. Die Benutzung von ACSE wird nur angedeutet, um das Bild übersichtlich zu halten.

3.2.2.1 Dienstelemente, deren Dienste von anderen Dienstelementen genutzt werden

ACSE

Das Dienstelement *ACSE (Association Control Service Element)* stellt die für die Verbindungssteuerung nötigen Dienste bereit. Alle Dienstelemente, die direkt eine Anwendung unterstützen, benutzen dieses Dienstelement für die Verbindungssteuerung. Insgesamt gibt es vier Dienstprimitive:

- A-ASSOCIATE für den Verbindungsaufbau
- A-RELEASE für den Verbindungsabbau
- A-ABORT für den Abbruch einer Verbindung, dabei besteht die Gefahr, daß Daten verloren gehen.
- A-P-ABORT zeigt an, daß die zugehörige Verbindung auf der Darstellungsschicht aus irgendeinem Grund abgebrochen wurde (Provider abort).

Für jede Verbindung auf der Verarbeitungsschicht wird genau eine Verbindung auf der Darstellungsschicht aufgebaut, die verwendeten Dienstprimitive sind P-CONNECT, P-RELEASE, P-U-ABORT und P-P-ABORT.

Beim Verbindungsaufbau wird ausgehandelt und festgelegt, welche Dienste auf der Verarbeitungsschicht von der Verbindung unterstützt werden sollen, außerdem werden bestimmte Eigenschaften auf der Darstellungs- und auf der Kommunikationssteuerungsschicht festgelegt.

Schließlich muß durch das Dienstelement ACSE die Adressierung der Partnerinstanz auf der Verarbeitungsschicht und des Anwendungsprozesses umgesetzt werden können in die Adresse auf der Darstellungsschicht (P-Address). Diese Umsetzung wird näher beschrieben im Abschnitt 3.2.3.2.

ROSE

Das Dienstelement *ROSE (Remote Operations Service Element)* bietet als Dienst an, entfernte Operationen in einem heterogenen Netz auszuführen. Im Standard werden dabei nicht die einzelnen Operationen festgelegt, sondern nur, wie Operationen aufgerufen werden können und wie das Ergebnis zurückgemeldet wird. Die Operationen selbst sind Teile der Nutzer des ROSE-Dienstes, also anderer Dienstelemente auf der Verarbeitungsschicht [3].

RTSE

Mit dem Dienstelement *RTSE (Reliable Transfer Service Element)* wird ein Dienst bereitgestellt, der die Behandlung bestimmter Fehlersituationen ermöglicht. Dazu werden vor allem die Möglichkeiten auf der Kommunikationssteuerungsschicht genutzt. Außerdem erleichtert der angebotene Dienst die Benutzung von Simplex- oder Halbduplexverbindungen. Zum Beispiel bietet RTSE Dienstprimitive, die einen Wechsel der Kontrolle über eine Halbduplexverbindung erlauben [3].

41

CCR

Für konkurrierende Zugriffe auf von mehreren Anwendern gemeinsam genutzte Ressourcen, wie z. B. Files oder Datenbankeinträge, stellt das Dienstelement *CCR (Commitment, Concurrency and Recovery)* allgemeine Mechanismen bereit, die die einzelnen Zugriffe koordinieren und Daten konsistent halten.

CMISE

Das Dienstelement *CMISE (Common Management Information Service Element)* dient dem Austausch von Informationen für das Netzmanagement zwischen verschiedenen Knoten eines Netzes. Auf diesen noch wenig spezifischen Dienst baut das Dienstelement *SMASE (Systems Management Application Service Element)* auf, das direkt die Anwendungsprozesse des Netzmanagements unterstützt. Die Dienstprimitive werden auf diejenigen von ACSE oder ROSE abgebildet.

3.2.2.2 Dienstelemente, die von Anwendungen genutzt werden

MHS

Das Dienstelement *MHS (Message Handling Systems)* stellt Dienstprimitive bereit für einen elektronischen Briefdienst (Electronic Mail), allgemeiner ausgedrückt, für einen Nachrichtenaustauschdienst. Der angebotene Dienst wird auch als *X.400-Dienst* bezeichnet nach der CCITT-Empfehlung, in der das Modell des *Nachrichtenaustauschsystems (Message Transfer System, MTS)* beschrieben ist. Ein Basisdienst stellt Grundfunktionen bereit, die um Funktionen optionaler Dienste ergänzt werden können. Zu den Funktionen des Basisdienstes gehören die eindeutige Identifikation jeder Nachricht und die negative Quittierung, wenn eine Nachricht nicht zugestellt werden kann. Die Nachrichten können gesprochen sein oder Informationen nach Telex-, Teletex-, Telefax- oder Bildschirmtextkonventionen enthalten. Zudem werden die Zeitpunkte der Annahme und Auslieferung von Nachrichten festgehalten. Der Zugang zum Nachrichtenaustauschsystem kann durch Paßwörter gesichert werden. Das Dienstelement MHS benutzt die Dienstelemente ROSE, RTSE und ACSE [2],[5].

Directory Service

Bei ISO und CCITT wird an der Standardisierung des *Directory Service* gearbeitet. Mit diesem Dienst sollen Informationen über das Netz zugänglich gemacht werden, z. B. über die an einem Netz angeschlossenen Knoten. In dieser Form ist der Directory Service der Benutzung eines Telefonbuchs vergleichbar. Darüber hinaus sollen z. B. Informationen über die von verschiedenen Knoten unterstützten Dienste zugänglich sein, was den Gelben Seiten ("Yellow Pages") entspricht. Ob durch den Directory Service auch Informationen über aktuelle Zustände von Netzknoten gegeben werden sollen oder ob diese Aufgabe vom Directory Service abgetrennt und dem Netzmanagement zugeordnet wird, ist noch nicht endgültig entschieden [5].

SMASE

Für das Netzmanagement wird das Dienstelement *SMASE (Systems Management Application Service Element)* standardisiert, das einen für die verschiedenen Aufgaben des Netzmanagements geeigneten Dienst bereitstellt. Dieses Dienstelement nimmt nur den von CMISE bereitgestellten Dienst in Anspruch.

FTAM, RDA, TP-ASE, JTM und VT

In den fünf Standards *FTAM (File Transfer, Access and Management), RDA (Remote Database Access), TP-ASE (Transaction Processing Application Service Element), JTM (Job Transfer and Manipulation)* und *VT (Virtual Terminal)* werden Dienste vereinbart, um bestimmte Aufgaben in einem verteilten System zu erledigen, die von lokalen Systemen her bekannt sind.

Der Sinn des Dienstelements *VT (Virtual Terminal)* liegt darin, Anwendungsprogramme und Terminals beliebig kombinieren zu können. Sowohl im Anwendungsprozeß für das reale Terminal als auch im Anwendungsprogramm werden für alle Ein- und Ausgaben die im standardisierten Dienst festgelegten Dienstprimitive benutzt. Das reale Verhalten des Kommunikationspartners bleibt dadurch verborgen. Bisher wurde nur ein Basisdienst für zeichenorientierte Terminals standardisiert [4].

Im Dienstelement *JTM (Job Transfer and Manipulation)* wird ein allgemeiner Dienst definiert, um einen Job auf einen Rechner zu laden und seine Ausführung zu beeinflussen. Die Dienstelemente VT und JTM benutzen das Dienstelement ACSE.

Das Dienstelement *TP-ASE (Transaction Processing Application Service Element)* bietet einen Dienst zur verteilten Transaktionsbearbeitung. TP-ASE benutzt dabei die Dienstelemente CCR zur Regelung konkurrierender Zugriffe auf Daten und ACSE für die Verbindungssteuerung.

RDA (Remote Database Access) stellt einen Dienst für Datenbankzugriffe in einem verteilten System bereit. Dieses Dienstelement benutzt ebenfalls die Dienstelemente CCR und ACSE [5].

FTAM (File Transfer, Access and Management) ist ein Dienst, um Dateien in einem verteilten System zu übertragen und um auf entfernte Dateien zuzugreifen und sie zu manipulieren. Alle Operationen beziehen sich auf Dateien in einem *virtuellen Dateisystem (Virtual Filestore, VFS)*, das im Standard eingeführt wird. Im Anwendungsprozeß findet dann die Abbildung vom virtuellen auf das reale Dateisystem statt. Im virtuellen Dateisystem sind Attribute der Dateien wie z. B. Name, Zeitpunkt der Erzeugung oder der letzten Änderung, mögliche Operationen auf die Datei, Informationen zur Struktur und Größe der Datei abgelegt. Weitere Attribute regeln die Zugriffsrechte auf Dateien und halten den momentanen Zustand bei Zugriffen auf Dateien fest.

Nicht jede Implementierung muß alle im Standard festgelegten Teile des Dienstes enthalten. Deswegen wurden die Dienstprimitive von FTAM verschiedenen *Funktionseinheiten (Functional Units)* zugeordnet, von denen jeweils mehrere zusammen eine *Dienstklasse (Service Class)* bilden. Insgesamt gibt es fünf Klassen (Transfer Class, Access Class, Management Class, Transfer and Management Class, Unconstrained Class), die verschiedene Teile des gesamten Dienstes anbieten. Die erste Klasse ermöglicht nur die Übertragung von Dateien, die zweite die Änderung von Zugriffsrechten und die dritte die Änderung der anderen Dateiattribute. Die vierte Klasse bilden denselben Dienst wie die erste und dritte Klasse zusammen, in der letzten Klasse ist eine beliebige Kombination von Funktionseinheiten erlaubt. Welche Dienstklasse benutzt werden soll, wird beim Verbindungsaufbau zwischen den Verarbeitungsinstanzen ausgehandelt. FTAM benutzt immer das Dienstelement ACSE, für bestimmte Dienstklassen wird auch das Dienstelement CCR benötigt [7].

MMS

Der Standard *MMS (Manufacturing Message Specification)* wurde für die Fertigungsautomatisierung geschaffen. Der von MMS erbrachte Dienst soll die Kommunikation zwischen verschiedenen Rechnern in der Fertigung unterstützen, wobei das MMS zugrundeliegende Modell besonders die Kommunikation zwischen einem Rechner mit Leitfunktion, z. B. ein Zellrechner, und einer Steuerung berücksichtigt. Ein Zellrechner muß in der Lage sein, Programme und Daten in eine Steuerung zu laden und wieder abzuholen. Er muß Programme in einer Steuerung starten und stoppen können, die Steuerung überwachen und ihre Ressourcen nutzen und verwalten. Außerdem muß die Steuerung bei bestimmten Ereignissen vorher festgelegte Funktionen ausführen und den Zellrechner informieren können, wobei sowohl die Ereignisse als auch die Reaktion der Steuerung vom Zellrechner bestimmt werden. Für alle diese Aufgaben stellt MMS geeignete Dienstprimitive bereit. In Bild 3.2.3 wird das hier beschriebene Zusammenwirken von Zellrechner, Steuerung und Kommunikationssystem noch einmal zusammengefaßt. Im Bild wird auch die Anordnung von MMS-Client, MMS-Server, die die beiden MMS-User darstellen, und MMS-Provider gezeigt.

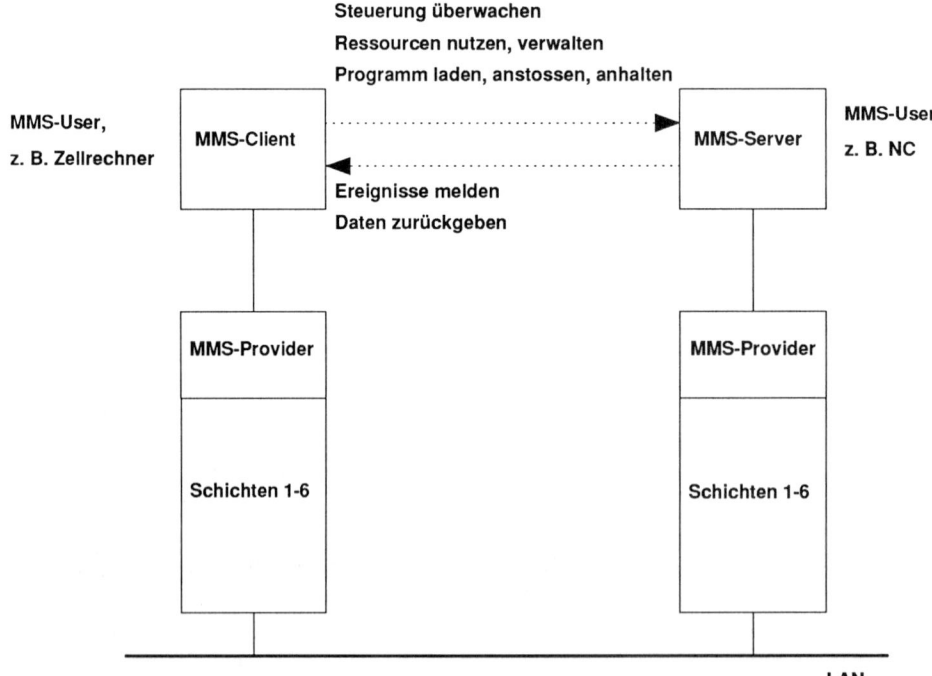

Bild 3.2.3:   Benutzung des MMS-Dienstes durch Zellrechner und Steuerung

Wie in FTAM wurde in MMS eine virtuelle Maschine definiert, auf die alle Operationen angewendet werden und deren Reaktion auf die einzelnen Operationen festgelegt ist. In MMS heißt diese virtuelle Maschine *VMD (Virtual Manufacturing Device)*, sie stellt eine allgemeine und abstrakte Maschine dar. Die Abbildung von der virtuellen auf die reale Maschine muß der Anwendungsprozeß leisten, die reale Maschine ist damit nicht mehr sichtbar.

Die VMD besteht aus einzelnen Objekten, insgesamt sind 16 Objekttypen in MMS definiert mit jeweils mehreren Operationen. Ein einzelner Objekttyp oder auch mehrere Objekttypen mit den zugehörigen Operationen beschreiben einen Teil der Eigenschaften und Fähigkeiten der VMD. Insgesamt kann eine VMD acht Funktionsbereiche unterstützen, wobei im allgemeinen nur eine Auswahl unterstützt wird. Bild 3.2.4 zeigt die acht Bereiche.

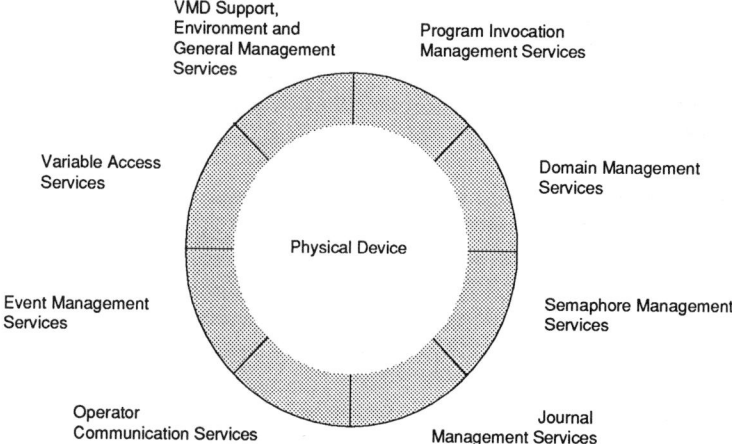

Bild 3.2.4:   Funktionsbereiche der MMS-Dienste

Environment and General Management Services dienen der Verbindungssteuerung, insbesondere wird beim Verbindungsaufbau ausgehandelt, welche Objekttypen die VMD unterstützt und welche Operationen erlaubt sind.

VMD Support Services erlauben, den Zustand der VMD abzufragen.

Domain Management Services bieten Dienste, um Programm- und Datenbereiche zu laden und zu verwalten.

Program Invocation Management Services stellen Dienste bereit, mit denen Programme erzeugt, gestartet, angehalten und gelöscht werden können. Dabei kann ein Programm aus mehreren Modulen bestehen.

Variable Access Services erlauben den Zugriff auf Variablen der VMD. Diese Variablen können sowohl statische Informationen, z. B. über den Herstellernamen der realen Maschine, enthalten als auch dynamische Information, z. B. für die Programmausführung.

Event Management Services ermöglichen die Vereinbarung von Ereignissen, auf die die VMD bestimmte Funktionen ausführen soll. Dazu gehört auch, Alarmmeldungen auszulösen oder bestimmte Quittungen auszusenden.

45

Semaphore Management Services erlauben den koordinierten Zugriff auf Ressourcen, d. h. den wechselseitigen Ausschluß innerhalb kritischer Bereiche.

Operator Communication Services unterstützen die Kommunikation mit der (virtuellen) Bedienkonsole der VMD.

Journal Management Services bieten Dienste, um Ereignisse und Aktivitäten in der VMD protokollieren zu lassen und die entstehenden Dateien zu lesen und zu bearbeiten.

In *Companion Standards* werden für bestimmte Anwendungen wie Roboter-Steuerungen, Numerische Steuerungen, Speicherprogrammierbare Steuerungen und Prozeßleitsysteme Funktionsbereiche aus MMS ausgewählt. In Companion Standards werden auch weitere Objekte und Operationen definiert. Um zu MMS kompatibel zu bleiben, geschieht dies auf der Basis der in MMS bekannten Objekte und Operationen. Außerdem werden anwendungsspezifische Standardnamen und Folgen von Operationen definiert.

MMS benutzt für die Verbindungssteuerung die Dienste von ACSE.

3.2.3 Allgemeine Funktionen auf der Verarbeitungsschicht

3.2.3.1 Beispiel für die Nutzung von MMS

An einem Beispiel sollen allgemeine Funktionen auf der Verarbeitungschicht erläutert werden. Wenn ein Zellrechner ein Programm in eine Steuerung laden und ausführen lassen will, kann er das mit der in Bild 3.2.5 gezeigten Folge von MMS-Dienstprimitiven tun; in Bild 3.2.5 werden der besseren Übersicht wegen nur die Request-Primitive, die der Zellrechner absetzt, dargestellt. Zu jedem Dienstprimitiv wird stichwortartig beschrieben, welche Aktion bewirkt werden soll [6].

Initiate	Verbindung aufbauen und Kontextparameter aushandeln
InitiateDownloadSequence	Bereich für Daten oder Programm in der Steuerung bereitstellen und vorbereiten.
DownloadSegment	Laden der Daten oder des Programms, im allgemeinen mit mehreren Aufträgen
TerminateDownloadSegment	Ladevorgang ist abgeschlossen, übrige Ressourcen freigeben
CreateProgramInvocation	Lauffähiges Programm erzeugen
Start	Programm starten
GetProgramInvocationAttributes	Programmstatus überprüfen
DeleteProgramInvocation	Programm löschen
Conclude	Verbindung abbauen

Bild 3.2.5:   Beispiel für eine Folge von MMS-Aufträgen, die ein Zeilrechner an eine speicherprogrammierbare Steuerung schickt

3.2.3.2 Adressierung

Alle Dienste auf der Verarbeitungsschicht sind verbindungsorientiert, weshalb sie immer das Dienstelement ACSE enthalten. Zwar sind in den Dienstelementen wie MMS Dienstprimitive für den Verbindungsauf- und -abbau vorhanden (im Beispiel sind dies die Primitive *Initiate* und *Conclude*), doch werden diese Dienstprimitive immer auf entsprechende ACSE-Dienstprimitive abgebildet.

Die Adressierungsmechanismen sind auf der Verarbeitungsschicht ähnlich wie auf einer allgemeinen Schicht N, bei der durch die (N)-Instanz [(N)-Entity] und den (N)-Dienstzugangspunkt [(N)-Service Access Point, (N)-SAP] die (N+1)-Instanz eindeutig adressiert wird. Auf der Verarbeitungsschicht gibt es zwar keine Dienstzugangspunkte mehr, doch wird auch jeder Verarbeitungsinstanz (Application Entity, AE) genau ein Anwendungsprozeß (Application Process, AP) zugeordnet. Jedem *Dienstzugangspunkt auf der Darstellungsschicht (P-SAP)* ist genau eine Verarbeitungsinstanz zugeordnet, somit ist durch die Angabe des Dienstzugangspunktes der Anwendungsprozeß eindeutig bezeichnet. Allerdings wird beim Aufbau der Verbindung nicht ein einzelner Dienstzugangspunkt, sondern eine Adresse auf der Darstellungsschicht angegeben, womit eine ganze Gruppe von Dienstzugangspunkten beschrieben wird, die alle demselben Anwendungsprozeß zugeordnet sind.

Für die Adressierung stehen verschiedene Parameter zur Verfügung:

AP-Title	bezeichnet einen Anwendungsprozeß
AE-Qualifier	erlaubt, verschiedene Verarbeitungsinstanzen eines Anwendungsprozesses zu unterscheiden
AE-Title	wird aus AP-Title und AE-Qualifier gebildet und bezeichnet eine Verarbeitungsinstanz
P-Address	Adresse auf der Darstellungsschicht, bezeichnet eine Gruppe von Dienstzugangspunkten (P-SAPs)

Die Zuordnung zwischen AE-Title und P-Address ist eindeutig. Außerdem ist im Standard vorgesehen, daß mehrere gleiche Anwendungsprozesse vorhanden sein können und auch mehrere gleiche Verarbeitungsinstanzen. Sie können durch die Parameter Application Process Invocation Identifier und Application Entity Invocation Identifier unterschieden werden.

Für den Verbindungsaufbau genügt es, wenn ein Anwendungsprozeß denjenigen Anwendungsprozeß, mit dem er kommunizieren will, kennt, also den AP-Title. Auf der Verarbeitungsschicht muß ein Zugang zu einer *Application Title Directory Facility* genannten Funktion bestehen, deren Aufgabe es ist, die Adressierung zu unterstützen. Dabei spielt es keine Rolle, ob die Funktion im selben Rechner oder in einem anderen Rechner im Netz erbracht wird. Die Funktion muß zu einem AP-Title die zugeordneten AE-Titles zurückgeben und zu einem AE-Title die zugeordnete P-Address. Dabei läßt der Standard offen, ob der Anwendungsprozeß die Adreßinformation vervollständigt oder ob dies erst auf der Verarbeitungsschicht geschieht, spätestens durch das Dienstelement ACSE muß die richtige P-Address ermittelt werden. Die Beziehungen zwischen Anwendungsprozeß (AP), Verarbeitungsinstanz (AE), Adresse auf der Darstellungsschicht (P-Address) und Darstellungsinstanz (PE) sind in Bild 3.2.6 dargestellt.

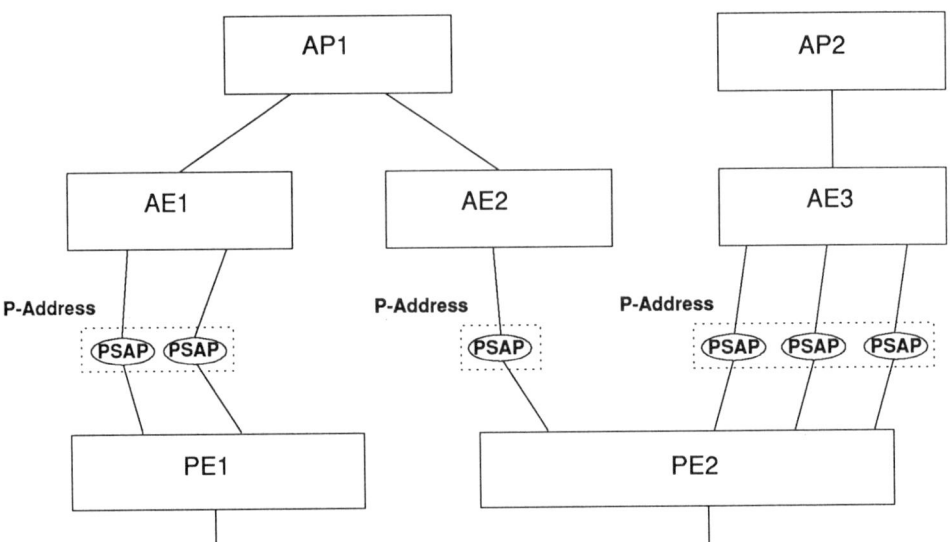

Bild 3.2.6:   Adressierung von Verarbeitungsinstanzen und Anwendungsprozessen

3.2.3.3 Anwendungskontext

Beim Aufbau einer neuen Verbindung muß zunächst vereinbart werden, welche Dienstelemente auf der Verbindung unterstützt werden sollen. Bei den verschiedenen Dienstelementen muß nicht jede Implementierung alle Dienstprimitive unterstützen, oft wäre dies auch nicht sinnvoll. Damit ist es aber notwendig, sich beim Verbindungsaufbau auf die speziell für diese Verbindung erlaubten Dienstprimitive zu einigen. Zudem sind in verschiedenen Dienstelementen bestimmte Optionen vorgesehen, von denen bestimmte ausgewählt werden können. Die meisten Kommunikationsbeziehungen auf der Verarbeitungsschicht sind asymmetrisch, so wie im Beispiel in Abschnitt 3.2.3.1, wo Zellrechner und Steuerung die Rollen von Client und Server einnehmen. Auch diese Rollenverteilung muß beim Verbindungsaufbau festgelegt werden.

Allgemein legt der Kontext Regeln für den Informationsaustausch zwischen Verarbeitungsinstanzen fest, die über die Regeln hinausgehen, die bereits durch Protokolle auf den verschiedenen Schichten festgelegt wurden. Auf der Verarbeitungschicht wird dabei entweder eine Auswahl aus verschiedenen Funktionsklassen getroffen wie bei FTAM, oder es werden alle unterstützten Dienstprimitive und Optionen einzeln ausgehandelt, wie das bei MMS geschieht.

Die Vereinbarung der erlaubten Dienstprimitive oder Funktionsklassen geschieht üblicherweise durch ein Bitmuster, mit dem die den Verbindungsaufbauwunsch sendende Station die gewünschten Fähigkeiten beschreibt. Die empfangende Station gibt in der Antwort die von ihr unterstützten Dienstprimitive oder Funktionsklassen in einem gleich strukturierten Bitmuster an. Die sendende Station erfährt so, welche Dienstprimitive sie benutzen kann. Sollten die Fähigkeiten der empfangenden Station zu gering sein, kann die Ursprungsstation die Verbindung wieder abbauen.

3.2.3.4 Vereinbarungen über die Syntax

Die Vereinbarung der Syntax gehört eigentlich noch zum Aushandeln des Kontexts, der Wichtigkeit wegen wird sie aber in einem eigenen Abschnitt dargestellt.

Der Datenaustausch zwischen zwei Stationen kann auf zwei Arten gesehen werden, zur Beschreibung des Datenaustausches sind somit auch zwei Arten von Syntax vorhanden.

Der Datenaustausch kann als *logischer Datenaustausch* gesehen werden, bei dem *Protokolldateneinheiten (Protocol Data Units, PDUs)* als *Datenstrukturen* ausgetauscht werden. Diese Protokolldateneinheiten sind in einer zwischen den Partnerinstanzen vereinbarten abstrakten Syntax beschrieben, wobei die Benutzung bestimmter Elemente der Syntax zugelassen oder ausgeschlossen werden kann. Die abstrakte Syntax ist völlig unabhängig von der verwendeten Transfersyntax für die physikalische Übertragung. In der abstrakten Syntax wird also nicht ein Bitstrom beschrieben, sondern strukturierte Datenbereiche, z. B. ein Feld mit einer bestimmten Anzahl von Gleitkommavariablen.

Der Datenaustausch kann auch als *physikalischer Datenaustausch* angesehen werden. Durch die vereinbarte Transfersyntax wird festgelegt, wie die in der abstrakten Syntax beschriebenen Protokolldateneinheiten für die physikalische Übertragung kodiert werden, das heißt, die Bedeutung des entstehenden *Bitstroms* wird beschrieben. Bei der Kodierung werden nicht nur die Werte der einzelnen Elemente einer Protokolldateneinheit umgesetzt, sondern auch die Strukturinformation wird in der Transfersyntax angegeben. Dadurch ist es möglich, auf der Empfängerseite aus dem Bitstrom Protokolldateneinheiten richtig zu dekodieren, die nicht explizit vorher vereinbart wurden.

Voraussetzung dafür ist allerdings, daß sowohl die abstrakte Syntax als auch die Transfersyntax beim Verbindungsaufbau richtig ausgehandelt wurden. Für diese Aufbauphase gibt es ein Minimum an allgemein vereinbarter abstrakter Syntax und Transfersyntax, die auch von den im einzelnen verwendeten Dienstelementen unabhängig sind. Für den weiteren Datenaustausch gibt es dagegen für jedes Dienstelement eine eigene abstrakte Syntax und eine eigene Transfersyntax, die Kodierung auf der Darstellungsschicht hängt also von dem verwendeten Dienstelement ab.

3.2.3.5 Virtuelle Maschine

In MMS wurde eine virtuelle Maschine definiert, die VMD (Virtual Manufacturing Device). Die VMD ist eine allgemeine, abstrakte Beschreibung einer Steuerung mit ihren Eigenschaften und Fähigkeiten, also der Maschine, die im allgemeinen die Rolle des Servers übernimmt. Die VMD ist für verschiedene Anwendungen konfigurierbar, auch während eine Verbindung besteht, kann die VMD dynamisch geändert werden. Beim Verbindungsaufbau werden die Eigenschaften und Fähigkeiten der VMD und die Anfangskonfiguration ausgehandelt.

Der Vorteil einer virtuellen Maschine liegt darin, daß der Anwendungsprozeß auf der Client-Seite unabhängig von der realen Maschine auf der Server-Seite bleibt. Alle Dienstprimitive bewirken Operationen auf die virtuelle Maschine, die Abbildung der virtuellen auf die reale Maschine ist allein Aufgabe des Anwendungsprozesses auf der Server-Seite. Bild 3.2.7 zeigt, wie eine reale Maschine durch die virtuelle Maschine verborgen wird.

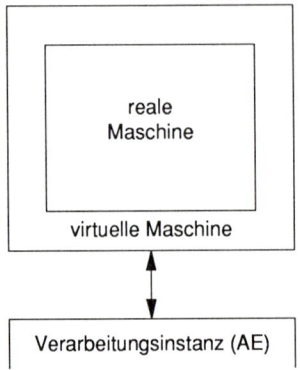

Bild 3.2.7:   Abbildung der realen Maschine durch die virtuelle Maschine

Dasselbe Prinzip wie bei der VMD in MMS findet sich in FTAM mit dem *virtuellen Dateisystem (Virtual Filestore, VFS)*, ebenso bei RDA, wo allgemeine Operationen auf eine *virtuelle Datenbank* definiert sind und ebenso beim Dienstelement *VT (Virtual Terminal)*, wie der Name schon sagt.

3.2.3.6 Koordination auf der Verarbeitungsschicht

Auf der Verarbeitungsschicht gibt es, wie beschrieben, mehrere Dienstelemente, die teilweise aufeinander aufbauen. Dadurch ergeben sich mehrere Aufgaben. So muß sichergestellt sein, daß die in einem Anwendungsprozeß erzeugten Aufträge die richtigen Dienstelemente in der richtigen Reihenfolge durchlaufen und ebenso die Quittungen, wobei diese Aufgabe für jede Verbindung getrennt gelöst werden muß. Diese Aufgabe für eine einzige Verbindung und die Behandlung von Fehlersituationen über mehrere Dienstelemente hinweg übernimmt die *Single Association Control Function (SACF)*. Diese SACF für eine Verbindung, zusammen mit den von ihr verwalteten Dienstelementen, wird als *Single Association Object (SAO)* bezeichnet [1].

Aufträge verschiedenen Verbindungen zuzuordnen, SAOs zu erzeugen und zu löschen und der Zugang zu verschiedenen Katalogen, z. B. für die Zuordnung AE-Title - P-Address, sind Aufgaben, die eine Funktion namens *Multiple Association Coordination Function (MACF)* für eine Verarbeitungsinstanz erledigt. Die Struktur einer Verarbeitungsinstanz ist in Bild 3.2.8 beispielhaft dargestellt.

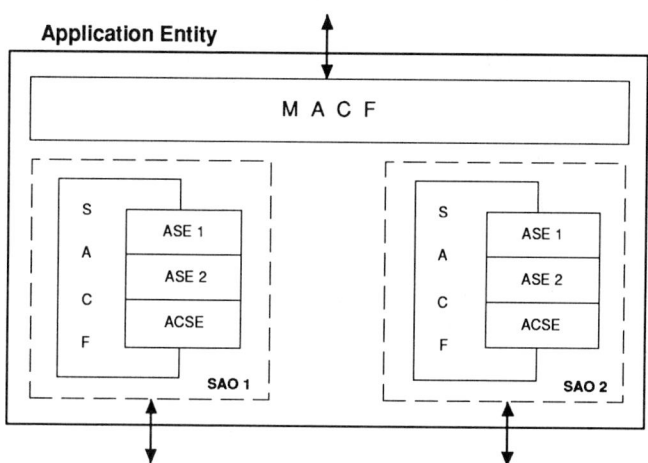

Bild 3.2.8:   Struktur einer Verarbeitungsinstanz

3.2.4 Normung

Die Normung auf der Verarbeitungsschicht ist noch nicht abgeschlossen, die hier be-schriebenen Dienstelemente und allgemeinen Prinzipien orientieren sich an dem Stand der Normung 1988/89. Die Normung ist zwischen *ISO* und *CCITT* koordiniert, auch andere Normungsgremien wie *IEEE* oder *ECMA* stimmen ihre Aktivitäten mitt-lerweile mit ISO und CCITT ab. Dem Literaturverzeichnis folgt eine Liste der für die Verarbeitungsschicht wichtigen Normen.

3.2.5 Implementierungen

Die Erfahrung mit bisherigen Implementierungen auf der Verarbeitungsschicht zeigt, daß die Trennung der einzelnen Dienstelemente und auch die Implementierung von SACF und MACF nicht so streng durchgeführt wird. Vielmehr werden oft mehrere Dienstelemente zusammen mit den nötigen Koordinierungsfunktionen implementiert, insbesondere, wenn nur kleine Bereiche aus einzelnen Dienstelementen implementiert werden. Auch die strikte Trennung zwischen der Verarbeitungs- und der Darstellungs-schicht, was die abstrakte Syntax und die Umsetzung in die Transfersyntax angeht, wird in Implementierungen nicht immer so durchgeführt, stattdessen werden Funktionen beider Schichten zusammen implementiert.

Aus Erfahrungen mit der Implementierung der Schichten 2b bis 4 zeigt sich, daß eine strenge Trennung der einzelnen Schichten in der Implementierung in der Regel zu Lasten der Geschwindigkeit geht, z. B. weil große Datenblöcke kopiert werden müssen. Die Aufteilung in einzelne Schichten sollte deshalb als logische Strukturierung gesehen werden, die in der Implementierung einzuhalten ist, soweit dies möglich und sinnvoll ist.

3.2.6 Literaturverzeichnis

[1] M. Bever: OSI Application Layer - Entwicklungsstand und Tendenzen
Tutorium Kommunikation in verteilten Systemen,
Stuttgart 1989.

[2] K. Eckardt, Standard-Architekturen für Rechnerkommunikation
R. Nowak: Band 7.1 Handbuch der Informatik, München/Wien 1988.

[3] H. Folts: OSI Remote and Reliable Operations,
IEEE Network Magazine, Mai 1989, S. 32.

[4] H. Folts: Virtual Terminal Service, IEEE Network Magazine,
Juli 1989, S. 40.

[5] J. McConnell, Office communications, Computer Communications,
C. Manros: Vol. 12 No. 2 (1989), S. 61 - 68.

[6] J. Nonnast: Untersuchung von Gateways zwischen verschiedenen
Protokollarchitekturen in der Fertigungsautomatisierung,
Semesterarbeit 850 am IND, Universität Stuttgart.

[7] P. Parisot: Transfert de fichiers sur le Réseau Numérique à Intégration
de Services, Mitteilungen AGEN, Nr. 49 (1989), S. 11 - 16.

[8] K. Schwarz: Manufacturing Message Specification (MMS),
Automatisierungstechnische Praxis atp 31 (1989),
S. 23 - 29.

3.2.7 Normen

Die ISO-Standards gehören alle zur Gruppe Information Processing Systems - Open Systems Interconnection, diese Angabe zur Einordnung des Standards wird in der Liste nicht mehr aufgeführt.
Die Nummerierungen von CCITT-Empfehlungen entsprechen dem Blue Book.

Normen zum OSI-Referenzmodell und zur Verarbeitungsschicht allgemein

ISO 7498, CCITT X.200	Basic Reference Model
ISO 7498-3	Basic Reference Model - Part 3: Naming and Addressing.
ISO 9545	Application Layer Structure

Normen zu den verschiedenen Dienstelementen der Verarbeitungsschicht

ISO 8649, CCITT X.217	Service Definition for the Association Control Service Element
ISO 8650, CCITT X.227	Protocol Specification for the Association Control Service Element
ISO 9072-1, CCITT X.218	Remote Operations: Model, Notation and Service Definition
ISO 9072-2, CCITT X.228	Remote Operations: Protocol Specifications
ISO 9066-1, CCITT X.219	Reliable Transfer: Model and Service Definition
ISO 9066-2, CCITT X.229	Reliable Transfer: Protocol Specification
ISO 9804-2	Commitment, Concurrency and Recovery: Service Definition
ISO 9805-2	Commitment, Concurrency and Revovery: Protocol Specification

ISO 9595-2	Management Service Definition - Part 2: Common Management Information Service
ISO 9596-2	Management Information Protocol Specification - Part 2: Common Management Information Protocol
ISO 8571	File Transfer, Access and Management - Part 1: General Introduction Part 2: Virtual Filestore Part 3: File Service Definition Part 4: File Protocol Specification
ISO 9594, CCITT X.500	Directory Service - Part 1: Overview of Concepts, Model and Services Part 2: Models Part 3: Abstract Service Definition Part 4: Procedures for Distributed Operation Part 5: Protocol Specifications Part 6: Selected Attribute Types Part 7: Selected Object Classes Part 8: Authentication Framework
ISO 9506	Manufacturing Message Specification - Part 1: Service Definition Part 2: Protocol Specification
ISO 9065, CCITT X.400	Message Handling Systems
ISO 8831	Job Transfer and Manipulation Concepts and Services
ISO 8832	Specification for the Basic Class Protocol for Job Transfer and Manipulation
ISO 9040	Virtual Terminal Service, Basic Class
ISO 9041	Virtual Terminal Protocol, Basic Class
ISO 9579	Remote Database Access and Protocol

ISO 10026   Distributed Transaction Processing
                                   Part 1: Model
                                   Part 2: Service Definition
                                   Part 3: Protocol Specification

Normen zur Darstellungsschicht

ISO 8822,   Connection-oriented Service Definition
CCITT X.216

ISO 8823,   Connection-oriented Protocol Specification
CCITT X.226

Normen zur Beschreibung der Abstrakten Syntax und der Kodierregeln

ISO 8824   Specification of Abstract Syntax Notation One (ASN.1)
CCITT X.208

ISO 8825   Specification of Basic Encoding Rules for Abstract Syntax
CCITT X.209   Notation One (ASN.1)

3.3 Manufacturing Message Specification, MMS (ISO 9506)

3.3.1 Einleitung

Der Standard ISO 9506 (Manufacturing Message Specification, MMS) ist ein Dienstelement der Verarbeitungsschicht (Application Layer) - Schicht 7 - des ISO/OSI-Referenzmodells und spezifiziert den Nachrichtenaustausch zwischen programmierbaren Einrichtungen (programmable devices) im Bereich der computerintegrierten Fertigung (Computer Integrated Manufacturing, CIM).

Das Ziel des Standards MMS ist die Unterstützung der Offenen Kommunikation (Open Systems Interconnection). Damit soll die informationstechnische Anbindung von Systemen unterschiedlicher Hersteller, unterschiedlicher Komplexität und Technologie ermöglicht werden.

3.3.1.1 Gliederung des Standards ISO 9506 (MMS)

Der Standard MMS besteht aus mehreren Teilen. Die Teile 1 und 2 bilden die Basis des Standards (MMS-Core), auf den MMS-begleitende Standards (Companion Standards to MMS) aufbauen (Bild 3.3.1). Der *MMS-Core* definiert die Syntax und Semantik für einen anwendungsunabhängigen Nachrichtenaustausch. Die Companion Standards treffen bzgl. dieser allgemeinen Syntax und Semantik anwendungsspezifische Festlegungen (z. B. für numerisch gesteuerte Werkzeugmaschinen oder Robotersteuerungen) [3], [4].

MMS-Core:

- ISO 9506-1 (Service Definition)

- ISO 9506-2 (Protocol Specification)

Companion Standards to MMS:

- ISO IS 9506-3 (Robot Specific Message System) (RC-CS)
- ISO DP 9506-4 (Numerical Control Message Specification) (NC-CS)
- und weitere

ISO 9506 (Manufacturing Message Specification, MMS)

Bild 3.3.1:   Teile des Standards ISO 9506
(Manufacturing Message Specification MMS)

Der Teil 1 der Spezifikation (ISO 9506-1, Service Definition) [1] definiert welche

- MMS-Dienste zur Verfügung stehen,
- Parameter übergeben werden müssen,
- Bedeutung diese Parameter haben,
- Sequenzen erlaubt sind.

Im Teil 2 der Spezifikation (ISO 9506-2, Protocol Specification) [2] werden

- die MMS-Protokolldateneinheiten (Protocol Data Unit, PDU),
- die Zuordnung der MMS-Dienste zu den *MMS-PDUs*,
- die Abbildung der MMS-Dienste auf Dienste der Schicht 7a (Association Control Service Element, ACSE) und Dienste der Schicht 6 (Presentation) spezifiziert.

3.3.1.2 Client-Server-Prinzip

Der Nachrichtenaustausch zwischen den an der Kommunikation beteiligten Partnern basiert auf dem *Client-Server-Prinzip*. Der MMS-Server stellt dabei dem MMS-Client eine vorgegebene Funktionalität zur Verfügung (z. B. Laden, Starten und Löschen eines NC-Programms). Diese für den *MMS-Client* sichtbare Funktionalität wird von diesem durch Nachrichten (messages) an den *MMS-Server* angesprochen. Diese Nachrichten werden im Standard MMS definiert (MMS-Services, MMS-Dienste). Die MMS-Dienste werden durch Dienstprimitive (service primitives), die zwischen dem MMS-Anwender (MMS-User) und dem MMS-Provider ausgetauscht werden, angefordert (Bild 3.3.2).

Die Begriffe *Client* und *Server* werden in MMS wie folgt definiert:

"Server: The peer communicating entity which behaves as a *VMD* for a particular service request instance."

"Client: The peer communicating entity which makes use of a *VMD* for some particular purpose via a service request instance."

Für das Verständnis wichtig ist die Tatsache, daß diese Client- bzw. Serverrolle eines *MMS-Users* im Zusammenhang mit dem verwendeten MMS-Dienst und dem *VMD* (Virtual Manufacturing Device) zu sehen ist. Der Begriff VMD wird im Abschnitt "Abstraktes Modell einer fertigungstechnischen Einrichtung" ausführlich erläutert. Es ist durchaus möglich, daß ein *MMS-User* während einer Applikationsbeziehung (Application Association, *AA*) beide Rollen einnehmen kann. Dabei ist der *MMS-Server* der Partner einer Applikationsbeziehung, der sich während des Ablaufs einer MMS-Dienstanforderung (*MMS-Service.Request*) wie das im Standard MMS definierte *VMD* verhält.

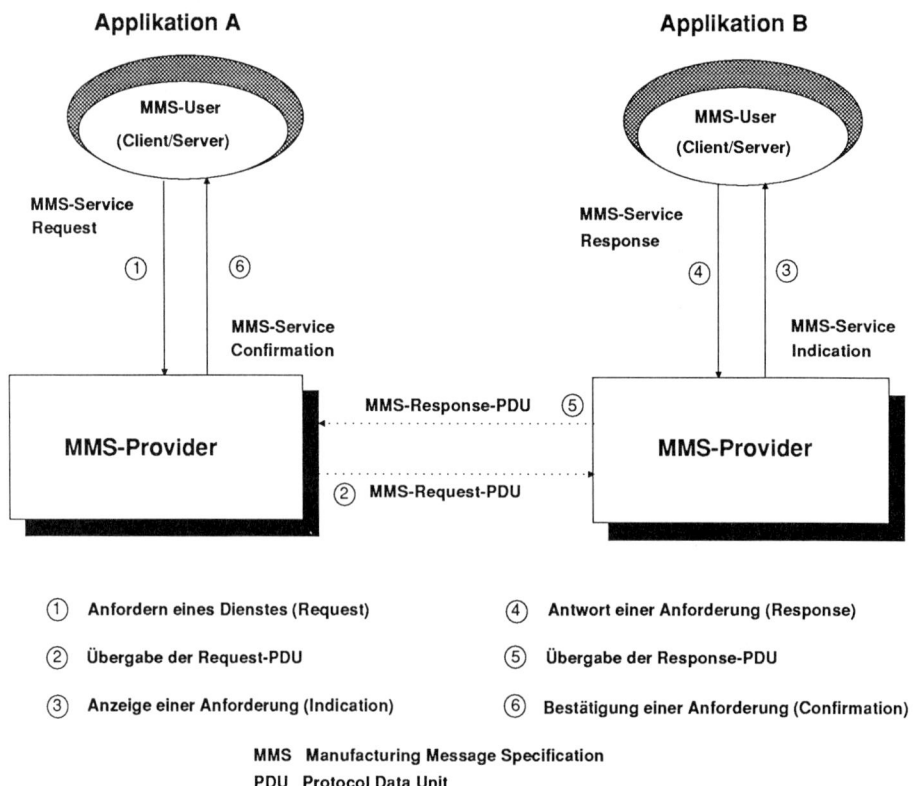

Bild 3.3.2:   Client-Server Prinzip in MMS

3.3.2 Modellbildung mit Hilfe abstrakter Objekte

MMS verwendet zur Definition der dem Anwender zur Verfügung stehenden MMS-Dienste (*MMS-Services*) eine Beschreibungsform, die als Abstract Object Modelling bezeichnet wird. Durch diese Technik ist eine anwendungsunabhängige Beschreibung bzw. Definition der MMS-Dienste möglich. Dabei werden in MMS [1]

- ein abstraktes Modell des *MMS-Servers*,
- die extern sichtbare Funktionalität des *MMS-Servers*,
- die gültigen Dienstprimitive, deren Parameter und Sequenzen definiert.

Diese Beschreibungsform *Abstract Object Modelling* wird im folgenden, soweit es für das Verständnis des Standards MMS erforderlich ist, erläutert.

Der Grundgedanke dieser Technik ist die Beschreibung der für die Betrachtung relevanten Gegebenheiten durch ein abstraktes Modell, das aus **Objekten** besteht [5]. Ein Objekt bildet eine Einheit, bestehend aus einem Informations- (Datenteil) und einem Funktionsteil. In der Informatik werden diese Funktionen auch als Methoden bezeichnet (Methodenteil). Der Informationsteil beinhaltet die Attribute (Merkmale) des Objekts, die dem Benutzer zugänglich sind. Dabei kann ein Attribut Werte eines vorgegebenen Werteraums annehmen. Der Zugang zum Informationsteil ist dem Benutzer nur durch die im Funktionsteil des Objekts festgelegten Methoden möglich. Angesprochen werden diese Methoden durch dafür definierte Nachrichten (messages) mit festgelegten Parametern, die vom Benutzer an das Objekt gesendet werden. Die Darstellung, d. h. die Implementierung dieser Informationen und der Methoden, bleiben dem Benutzer des Objekts verborgen. Das Ergebnis des Zugriffs auf das Objekt wird ihm durch eine Nachricht mitgeteilt. Die Auswirkungen auf das Objekt werden durch Änderungen der Attributwerte im Informationsteil des Objekts festgehalten. Der Benutzer des Objekts hat die Möglichkeit, mit Hilfe einer Nachricht an das Objekt, die aktuellen Attributwerte anzufordern (Bild 3.3.3). Objekte mit identischen Attributen und Methoden werden in Objektklassen zusammengefaßt. Ein bestimmtes Objekt einer Objektklasse wird als Exemplar dieser Objektklasse bezeichnet.

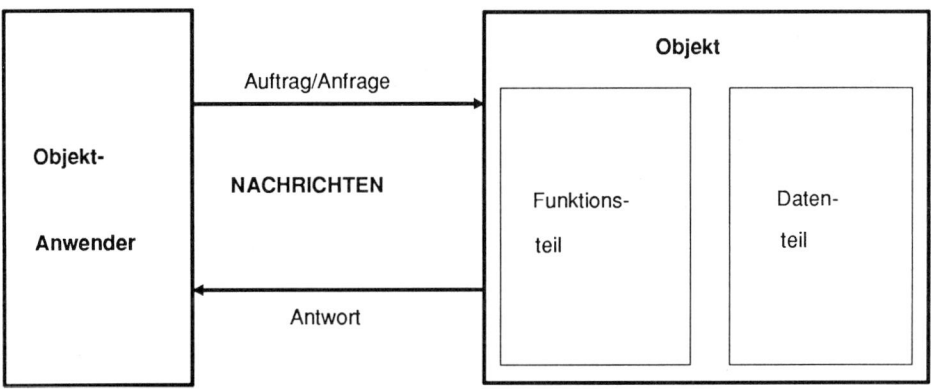

- Ein Objekt besteht aus Funktions- und Datenteil

- Zugang zum Datenteil nur über den Funktionsteil möglich

- Funktionen werden durch Nachrichten angesprochen

- Reale Gegebenheiten werden auf ein abstraktes Objektmodell abgebildet

Bild 3.3.3:   Der Begriff Objekt.

3.3.3   Abstraktes Modell einer fertigungstechnischen Einrichtung

MMS definiert generische, anwendungsunabhängige Dienste, die dem *MMS-User* zur Verfügung stehen. Zur Definition dieser Dienste definiert MMS ein abstraktes Modell einer virtuellen Fertigungseinrichtung, welches keine anwendungsspezifische Gegebenheiten berücksichtigt. Dieses Modell wird in MMS als *VMD (Virtual Manufacturing Device)* bezeichnet. Das *VMD* besteht aus Exemplaren in MMS definierter Objektklassen.

3.3.3.1   MMS-Objektklassen

MMS definiert zur Modellierung einer fertigungstechnischen Einrichtung (Gerät, Maschine) folgende Objektklassen:

* VMD,
* Domain,
* Program Invocation,
* Unnamed Variable,
* Named Variable,
* Scattered Access,
* Named Variable List,
* Named Type,
* Semaphore,
* Semaphore Entry,
* Operator Station,
* Event Condition,
* Event Action,
* Event Enrollment,
* Journal,
* Journal Entry.

Das *VMD* stellt das abstrakte Modell einer Fertigungseinrichtung dar, z. B. das Modell einer numerisch gesteuerten Fräsmaschine.

Die Objektklasse Domain kann als ein allgemeiner (Daten-)Block angesehen werden, in dem Beschreibungsdaten wie z. B. Werkzeugkorrekturdaten, oder Anweisungen wie z. B. ein NC-Programm, abgelegt werden.

Die Objektklasse Program Invocation ermöglicht die Kontrolle eines Programms. Dabei werden die Anweisungen eines Programms in einem oder mehreren Exemplar(en) der Objektklasse *Domain* abgelegt, das (die) über ein Exemplar der Objektklasse *Program Invocation* miteinander verknüpft wird (werden).

Die Gruppe der Objektklassen Unnamed Variable, Named Variable, Scattered Access, Named Variable List und Named Type dienen der Beschreibung und Handhabung von Variablen.

Mit Hilfe der Objektklassen Semaphore und Semaphore Entry wird die Synchronisation konkurrierender Zugriffe auf ein gemeinsames Betriebsmittel unterstützt.

Lokale Eingaben, z. B. einer Bedienperson am Bedienfeld einer Steuerung, werden von der Objektklasse Operator Station unterstützt bzw. ermöglicht.

Der Bereich der Ereignismeldungen bzw. Alarmmeldungen wird von den Objektklassen Event Condition, Event Action und Event Enrollment abgedeckt. Das in MMS mit diesen Objektklassen definierte Modell für die Handhabung festgelegter Ereignisse (Event Management Model) ermöglicht die Implementierung sehr komplexer, ereignisgesteuerter Abläufe.

Mit Hilfe der Objektklassen Journal und Journal Entry können gezielt Informationen aufgezeichnet und bei Bedarf vom *MMS-Client* abgerufen werden.

Die allgemeine Beschreibung einer MMS-Objektklasse erfolgt in der folgenden Form:

```
Object: (name of class)
      Key Attribute: (name of attribute type (values))
      :
      :
      Attribute: (name of attribute type (values))
      :
      :
      Attribute: (name of attribute type (values))
      Constraint: (constraint expression)
            Attribute: (name of attribute type (values))
            Attribute: (name of attribute type (values))
            :
```

Key Attribute:
Jedes Exemplar einer Objektklasse (Objekt) muß innerhalb dieser Klasse eindeutig identifizierbar sein. Dazu enthält jede Objektklasse ein oder mehrere sogenannte *Key Attributes*. In MMS enthalten die Objektklassen nur ein *Key Attribute*, das in der Regel den Namen des Exemplars enthält.
Der Objektname wird im Abschnitt "Identifizierung eines MMS-Objekts" näher behandelt.

Constraint (Einschränkung):
Objektklassen können Attribute enthalten, die nur vorhanden bzw. gültig sind, falls ein anderes Attribut einen bestimmten Wert annimmt.
Diese Attribute werden nach Angabe der Einschränkung (*constraint expression*) eingerückt aufgelistet.

Reference Attribute:
Einige Objektklassen enthalten Attribute, die auf Exemplare anderer Objektklassen verweisen. Diese Attribute, sogenannte *Reference Attributes* ermöglichen eine Verkettung einzelner Exemplare einer Objektklasse. Die Realisierung dieser Verkettung ist eine rein lokale Angelegenheit und ist dem *MMS-Client* nicht zugänglich.

Mit Hilfe der Objektklassen bzw. mit Exemplaren dieser Objektklassen definiert MMS das abstrakte (virtuelle) Modell einer fertigungstechnischen Einrichtung (*VMD*). Das *VMD* berücksichtigt nur die für die informationstechnische Anbindung relevanten Aspekte einer realen Maschine.

Das *VMD* besteht aus einer Auswahl einzelner Exemplare der in MMS definierten Objektklassen.

Die formale Beschreibung des *VMD* sieht wie folgt aus:

Object: VMD
      Key Attribute: Executive Function
      Attribute: Vendor Name
      Attribute: Model Name
      Attribute: Revision
      Attribute: List Of Abstract Syntaxes Supported
      Attribute: Logical Status (STATE-CHANGES-ALLOWED, NO-STATE-
                      CHANGES-ALLOWED, ...)
      Attribute: List Of Capabilities
      Attribute: Physical Status (OPERATIONAL,...)
      Attribute: List Of Program Invocations
      Attribute: List Of Domains
      Attribute: List Of Transaction Objects
      Attribute: List Of Upload State Machines (ULSM)
      Attribute: Lists Of Other VMD-specific Objects
      Attribute: Additional Details

In dieser Beschreibung der Objektklasse *VMD* sind die bereits erläuterten *Reference Attributes* mit *List Of .....* gekennzeichnet. Bzgl. der Semantik der einzelnen Attribute wird auf den Teil 1 des Standards MMS (ISO 9506-1) verwiesen /1/.

3.3.3.2 Allgemeine Merkmale eines MMS-Objekts

Für das Verständnis der MMS-Dienste ist es wichtig, allgemeine Merkmale, wie die Identifizierung, das Erzeugen, das Manipulieren, das Löschen und die Sichtbarkeit eines MMS-Objekts zu kennen.

Identifizierung eines MMS-Objekts:

MMS-Objekte werden - mit Ausnahme der Objekte der Objektklasse *Unnamed Variable*, die über eine Adresse identifiziert werden - mit einem Namen versehen, der eine eindeutige Identifizierung des Objekts innerhalb des gültigen Namensbereichs und der Objektklasse, der das Objekt angehört, ermöglicht (Bild 3.3.4).

In MMS werden die folgenden drei Namensbereiche definiert:
- *VMD* (VMD-spezifisch),
- *Domain* (Domain-spezifisch),
- *Application Association* (AA-spezifisch).

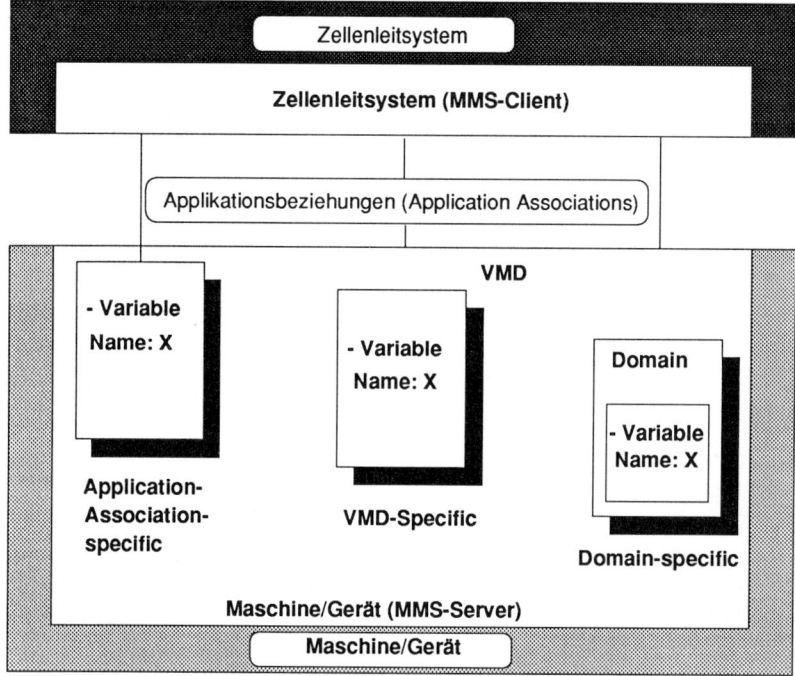

VMD   Virtual Manufacturing Device

Bild 3.3.4:   Gültige Namensbereiche eines MMS-Objekts
               (Beispiel:Exemplare der Objektklasse Variable)

Tabelle 1 gibt für die Objektklassen, deren Exemplare über einen Namen identifiziert werden, die zulässigen Namensbereiche an. Daraus ist ersichtlich, daß für einige Objektklassen nur bestimmte Namensbereiche zulässig sind.

Erzeugen eines MMS-Objekts:

Die meisten der in MMS definierten Objekte können entweder statisch (statische Objekte) oder dynamisch (dynamische Objekte) erzeugt werden.

Ein statisches Objekt wird durch die Implementierung angelegt und erhält einen vom Hersteller oder durch einen Companion Standard festgelegten Namen.

Ein dynamisches Objekt kann durch

* einen geeigneten MMS-Dienst (z. B. *CreateProgramInvocation*),
* eine lokale Aktion (z. B. durch eine Bedienfeldeingabe),
* die Ausführung einer *Program Invocation* (z. B. Kontrollinformationen, die während der Bearbeitung eines Programms vom *MMS-Server* zur Verfügung gestellt werden)

erzeugt werden (siehe auch 3.3.6 Beispiel).

Objektklasse	zulässige Namensbereiche		
	VMD	Domain	AA
Named Variable	X	X	X
Scattered Access	X	X	X
Named Variable List	X	X	X
Named Type	X	X	X
Semaphore	X	X	
Event Condition	X	X	X
Event Action	X	X	X
Event Enrollment	X	X	X
Journal	X		X
Domain	X		
Program Invocation	X		
Operator Station	X		

Tabelle 1: Objektklassen und deren zulässigen Namensbereiche

Löschen eines MMS-Objekts:

MMS-Objekte können durch

- einen geeigneten MMS-Dienst (z. B. *DeleteProgramInvocation*),
- eine lokale Aktion,
- die Ausführung einer *Program Invocation*

gelöscht werden.

Beim Löschen eines Objekts mit einem MMS-Dienst ist das Attribut *MMS Deletable* zu beachten. *MMS Deletable* zeigt an, ob das Objekt vom *MMS-Client* mit Hilfe eines geeigneten MMS-Dienstes gelöscht werden darf (*MMS Deletable* gleich TRUE) oder nicht (*MMS Deletable* gleich FALSE).

Domain- oder AA-spezifische Objekte werden beim Löschen der *Domain* bzw. der *Application Association* ebenfalls gelöscht (auch wenn das Attribut *MMS Deletable* den Wert FALSE hat).

Sichtbarkeit eines MMS-Objekts:

Der Namensbereich eines MMS-Objekts bestimmt auch die Sichtbarkeit des Objekts. Ein VMD- oder Domainspezifisches Objekt kann von mehreren *Application Associations* referenziert werden. Ein AA-spezifisches Objekt ist jedoch nur über die *Application Association* ansprechbar, die diesem Objekt zugeordnet ist.

Ändern eines Attributwertes eines MMS-Objekts :

Der Wert eines Attributes kann durch
MMS-Dienste,

* lokale Aktionen,
* Ausführung einer *Program Invocation*

verändert werden.

Die Implementierung des **VMD** soll, falls möglich, den unterbrechungsfreien Zugriff auf ein MMS-Objekt gewährleisten.

3.3.4 MMS-Dienste (MMS-Services)

Für die meisten der oben angeführten MMS-Objektklassen werden in MMS Dienste (*MMS-Services*) definiert, die dem *MMS-Client*

* das dynamische Erzeugen eines Exemplars einer Objektklasse,
* das dynamische Löschen eines Exemplars einer Objektklasse,
* die Manipulation der Attributwerte,
* die Abfrage einzelner Attributwerte eines Exemplars

ermöglichen.

Des weiteren werden MMS-Dienste für allgemeine Aufgaben, wie

* Verbindungsauf- und abbau,
* Rücknahme eines angeforderten MMS-Dienstes,
* Meldung eines Protokollfehlers

definiert, die nicht an eine bestimmte Objektklasse gebunden sind.

MMS-Dienste einer Objektklasse können nicht auf Exemplare einer anderen Klasse angewendet werden (Bild 3.3.5).

Sämtliche MMS-Dienste können in Dienste unterschieden werden, die vom Empfänger quittiert (confirmed services) und solche die vom Empfänger nicht quittiert (unconfirmed services) werden.

Unconfirmed MMS-Services sind

* *Information Report,*
* *Unsolicited Status,*
* *Event Notification*

und stehen dem *MMS-Server* zur Meldung von durch MMS, die Implementierung, den *MMS-Client* oder Companion Standards festgelegten Ereignissen zur Verfügung.

MMS-Objektklassen	MMS-Dienstklassen	
	Environment and General Management Service	(5)
VMD	VMD Management Services	(6)
Domain	Domain Management Services	(12)
Program Invocation	Program Invocation Services	(8)
Variable Access Manag. Model (5 Objects)	Variable Access Services	(14)
Semaphore Manag. Model (2 Objects)	Semaphore Management Services	(7)
Operator Station	Operator Communication Services	(2)
Event Management Model (3 Objects)	Event Management Services	(19)
Journal Management Model (2 Objects)	Journal Management Services	(6)
	File Access Services	(1)
( ) Anzahl der MMS-Dienste	File Management Services	(6)

Bild 3.3.5:   MMS-Objektklassen und MMS-Dienstklassen

Beim MMS-Dienst *Information Report* übermittelt der *MMS-Server* dem *MMS-Client* den Wert bzw. die Werte und die Beschreibungsdaten einer bzw. mehrerer Variablen. Bzgl. der Ursache der Meldung werden in MMS keine Festlegungen getroffen. Mit Hilfe des MMS-Dienstes *Unsolicited Status* kann der *MMS-Server* die aktuellen Werte der Attribute *Logical Status* und *Physical Status* des *VMD* dem *MMS-Client* unaufgefordert mitteilen. Der MMS-Dienst *Event Notification* unterscheidet sich von diesen grundsätzlich dadurch, daß der *MMS-Client* die Ursache der Meldung festlegen bzw. ermitteln kann.

Sämtliche objektorientierten MMS-Dienste, die dem *MMS-Client* zur Verfügung stehen, sind *confirmed MMS-Services*. Bei den *confirmed MMS-Services* muß zwischen Diensten unterschieden werden, die vom *MMS-Client* oder vom *MMS-Server* verwendet werden können. Z. B. kann der MMS-Dienst *Create Program Invocation* zum Erzeugen eines Exemplars der Objektklasse *Program Invocation* nur vom *MMS-Client* verwendet werden. Der MMS-Dienst *Download Segment* kann z. B. nur vom *MMS-Server* verwendet werden, um den *MMS-Client* aufzufordern, einen Datenblock (*Domain*) zu senden (Bild 3.3.6).

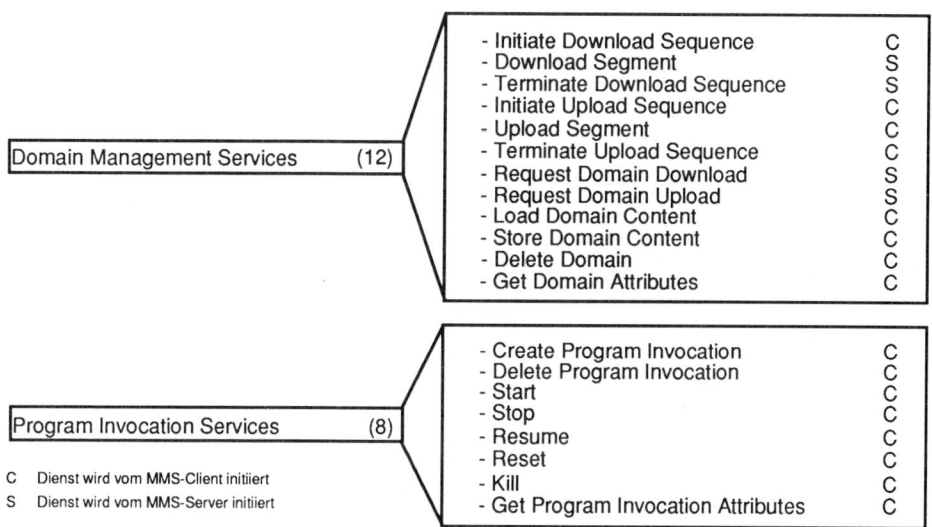

Domain Management Services (12)	
- Initiate Download Sequence	C
- Download Segment	S
- Terminate Download Sequence	S
- Initiate Upload Sequence	C
- Upload Segment	C
- Terminate Upload Sequence	C
- Request Domain Download	S
- Request Domain Upload	S
- Load Domain Content	C
- Store Domain Content	C
- Delete Domain	C
- Get Domain Attributes	C

Program Invocation Services (8)	
- Create Program Invocation	C
- Delete Program Invocation	C
- Start	C
- Stop	C
- Resume	C
- Reset	C
- Kill	C
- Get Program Invocation Attributes	C

C   Dienst wird vom MMS-Client initiiert
S   Dienst wird vom MMS-Server initiiert

Bild 3.3.6:   MMS-Dienstklassen und deren MMS-Dienste
(Domain Management und Program Invocation Services)

3.3.5 *Conformance*-Betrachtungen

Einige MMS-Dienste sind derart komplex, daß heutige Fertigungseinrichtungen im allgemeinen nicht in der Lage sind, diese zu erbringen. Darüber hinaus wird bei den meisten Implementierungen nur eine Untermenge der in MMS definierten Dienste benötigt. Aus diesem Grunde ist es erforderlich, daß von MMS, vom Anwender, vom Hersteller und/oder von Companion Standards Festlegungen bzgl. der zu erbringenden bzw. implementierten MMS-Dienste getroffen werden.

3.3.5.1 Mindestanforderungen an eine MMS-konforme Implementierung

In MMS wird an eine MMS-konforme Implementierung unter anderem folgende Mindestanforderung gestellt:

* die MMS-Dienste *Abort* und *Reject* müssen unterstützt werden.
* falls ein MMS-Dienst der Dienstklasse *Variable Access* unterstützt wird, müssen die einfachen Datentypen Integer, Boolean, BitString, OctetString, IA5String (ASCII-String), VisibleString und GeneralizedTime ebenfalls unterstützt werden.

Bzgl. der Definition der aufgeführten Datentypen wird auf [1] und [2] verwiesen.

Weitere Mindestanforderungen sind von den Rollen abhängig, die ein *MMS-User* in der Implementierung während einer Applikationsbeziehung einnehmen kann. Da diese Anforderungen für die *Conformance*-Beurteilung einer MMS-Implementierung von Bedeutung sind, wird auf den Abschnitt "Conformance" des Standards MMS verwiesen.

3.3.5.2 *Conformance Building Block* (CBB)

MMS ermöglicht den MMS-Anwendern (*MMS-User*) beim Aufbau einer Applikationsbeziehung, Informationen über die von ihnen unterstützten MMS-Diensten auszutauschen. Dazu werden bei Verwendung des MMS-Dienstes *Initiate* vom rufenden *MMS-User* (Initiator der Applikationsbeziehung) unter anderem die von ihm unterstützten MMS-Dienste in einem Bitstring, dem Service-CBB, als Parameter an den *MMS-Provider* übergeben. Der *MMS-Provider* kann diesen *Service-CBB* seinen Möglichkeiten entsprechend verändern (Bildung der Schnittmenge). Falls der gerufene *MMS-User* nach Erhalt der *Initiate Indication* die Applikationsbeziehung akzeptiert, übergibt er dem lokalen *MMS-Provider* in der *Initiate Response* seinen *Service-CBB*, den der lokale *MMS-Provider* ebenfalls verändern kann. Durch diesen Mechanismus ist es möglich, während der Laufzeit festzustellen, welche MMS-Dienste bei dieser Applikationsbeziehung von den beteiligten *MMS-Users* unterstützt werden.

Im *Service-CBB* ist jedem MMS-Dienst ein Bit zugeordnet (Bild 3.3.7). Wird ein MMS-Dienst unterstützt, wird das diesem MMS-Dienst zugeordnete Bit gesetzt.

Bit   Zugeordneter MMS-Dienst

Bit		Zugeordneter MMS-Dienst
0	1	Status
1	0	Get Name List
2	1	Identify
3	0	Rename
4	1	Read
5	1	Write
6	0	Get Variable Access Attributes
7	0	Define Named Variable
8	0	Define Scattered Access
9	0	Get Scattered Access Attributes
10	0	Delete Variable Access
⋮		
84	1	Cancel

Bit gesetzt (1):   MMS-Dienst wird unterstützt

Bit nicht gesetzt (0): MMS-Dienst wird nicht unterstützt

Bild 3.3.7:   MMS Service-Conformance Building Block (Service-CBB)

Dabei bedeutet "unterstützt" für MMS-Dienste der Kategorie *Confirmed Services*, daß der *MMS-User* in der Lage ist

- die *Service Indication* entgegenzunehmen,
- die in MMS bei der Definition des MMS-Dienstes festgelegte Prozedur zu erbringen und
- die entsprechende *Service Response* abzusenden.

Für einen MMS-Dienst der Kategorie *Unconfirmed Service* bedeutet "unterstützt", daß die *Service Indication* entgegengenommen werden kann.

3.3.6 Beispiel

In dem folgenden Beispiel werden MMS-Dienste der Dienstklasse *Program Invocation Management* ausführlich erläutert.

Bei dem Beispiel wird vorausgesetzt, daß sich die erforderlichen Teile eines ausführbaren Programms bereits in der Steuerung befinden. Diese Teile müssen in Exemplaren der dafür vorgesehenen Objektklasse *Domain* abgelegt sein. Dies kann z. B. durch MMS-Dienste der Dienstklasse *Domain Management* erfolgt sein.

3.3.6.1 Objektklasse *Program Invocation*

Mit Hilfe eines Exemplars der Objektklasse *Program Invocation* werden dem *MMS-Client* Kontrollinformationen über das zugeordnete Programm (z. B. NC-Programm) zur Verfügung gestellt. Die folgende Beschreibung beschränkt sich auf das für das Verständnis Notwendige. Die Objektklasse *Program Invocation* hat folgende Attribute:

```
Object: Program Invocation
        Key Attribute: Program Invocation Name
        Attribute: State (IDLE, STARTING, RUNNING, STOPPING, STOPPED,
                          RESUMING, RESETTING, UNRUNNABLE)
        Attribute: List Of Domain References
        Attribute: MMS Deletable (TRUE, FALSE)
        Attribute: Reusable (TRUE, FALSE)
        Attribute: Monitor (TRUE, FALSE)
        Constraint: Monitor = TRUE
                Attribute: Event Condition Reference
                Attribute: Event Action Reference
                Attribute: Event Enrollment Reference
        Attribute: Execution Argument
        Attribute: Additional Detail
```

Program Invocation Name: Jedes Exemplar der Objektklasse *Program Invocation* wird durch einen Namen identifiziert.

State: Der Wert des Attributes *State* gibt den aktuelle Zustand des Exemplars an. Eine ausfürliche Beschreibung der Zustände erfolgt in [1]. Das Zustandsdiagramm in Bild 8 zeigt die wichtigsten Zustände und Zustandsübergänge.

List Of Domain: Sämtliche zu diesem Exemplar gehörenden Exemplare der Objektklasse *Domain* werden in dieser Liste aufgeführt.

MMS Deletable: Der Wert dieses Attributes legt fest, ob das Objekt mit Hilfe des MMS-Dienstes *Delete Program Invocation* gelöscht werden kann (*MMS Deletable* gleich TRUE) oder nicht (*MMS Deletable* gleich FALSE).

Reusable: Der Wert dieses Attributes bestimmt unter anderem den zulässigen Zustandsübergang bei Erreichen des Programmendes (Bild 3.3.8).

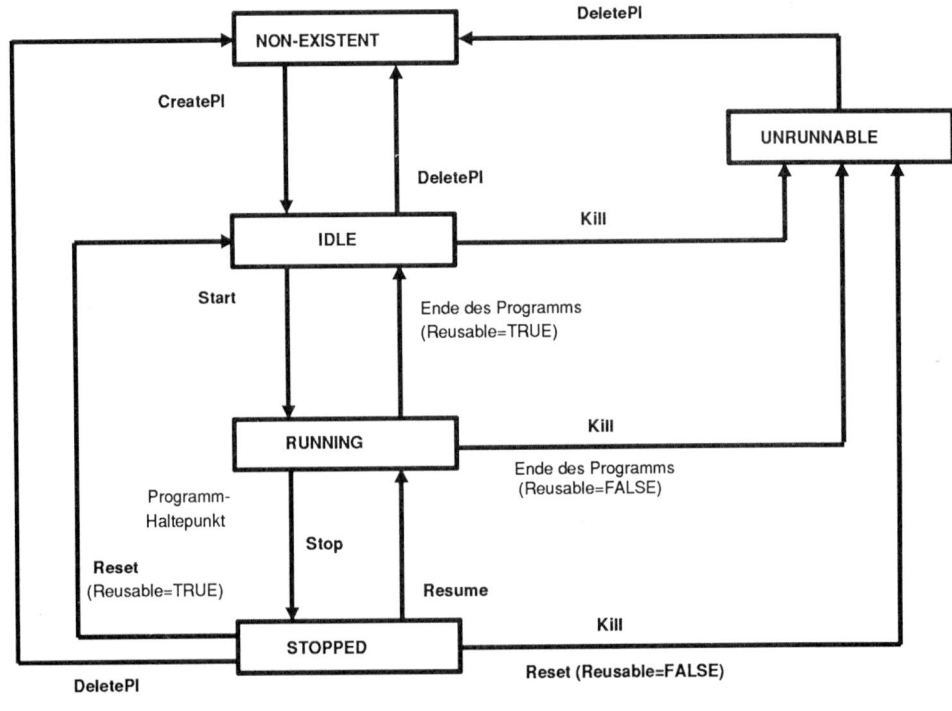

PI	Program Invocation
Start	**MMS-Server bearbeitet Start.Indication fehlerfrei**
Ende des Programms	Erreichen des Programmendes als lokales Ereignis

Bild 3.3.8:   Zustandsdiagramm einer Program Invocation

Monitor: Mit Hilfe dieses Attributes wird festgelegt, ob bei Verlassen des Zustandes RUNNING der *MMS-Client* benachrichtigt wird (*Monitor* gleich TRUE) oder nicht (*Monitor* gleich FALSE). Auf die Attribute *Event Condition Reference, Event Action Reference* und *Event Enrollment Reference* wird hier nicht eingegangen und auf [1] verwiesen.

Execution Argument: Der Inhalt dieses Attributes wird beim Starten des Programms diesem übergeben. Festlegungen bzgl. des Inhalts werden in MMS nicht getroffen.

Additional Detail: Dieses Attribut ermöglicht Erweiterungen durch Companion Standards.

3.3.6.2 Dienstklasse *Program Invocation Management*

MMS definiert für die Handhabung eines Programms (Objektklasse *Program Invocation*) 8 Dienste, die alle vom *MMS-Client* initiiert und vom *MMS-Server* bearbeitet und quittiert werden müssen (**confirmed services**). Diese Dienste werden im folgenden Abschnitt kurz erläutert.

3.3.6.3 Dienste der Dienstklasse *Program Invocation Management*

Create Program Invocation: Dieser Dienst wird vom *MMS-Client* zum Erzeugen eines Exemplars der Objektklasse *Program Invocation* verwendet. Dabei sind die für den Ablauf eines Programms erforderlichen Maßnahmen vom *MMS-Server* durchzuführen.

Delete Program Invocation: Der *MMS-Client* kann mit diesem Dienst das Löschen eines Exemplars der Objektklasse *Program Invocation* veranlassen.

Start: Ein mit *Create Program Invocation* erzeugtes Exemplar der Objektklasse *Program Invocation*, das sich im Zustand IDLE befindet, geht, nach Empfang des MMS-Dienstes *Start* und bei fehlerfreier Bearbeitung des Dienstes durch den *MMS-Server*, in den Zustand Running über. Dies bedeutet, daß der *MMS-Server* die Bearbeitung des Programms durch entsprechende lokale Maßnahmen angestossen hat.

Stop: Mit diesem Dienst kann der *MMS-Client* den Zustandsübergang vom Zustand Running in den Zustand Stopped veranlassen. Dies bewirkt das Anhalten des laufenden Programms.

Resume: Kann vom *MMS-Client* verwendet werden, um den Zustandsübergang vom Zustand Stopped in den Zustand Running zu veranlassen. Der *MMS-Server* sorgt dafür, daß die Bearbeitung des angehaltenen Programms fortgesetzt wird.

Reset: Bewirkt den Zustandsübergang vom Zustand STOPPED in den Zustand IDLE, falls das Attribut *Reusable* gleich TRUE ist, oder in den Zustand UNRUNNABLE, falls das Attribut *Reusable* gleich FALSE ist. Die erforderlichen lokalen Maßnahmen sind vom *MMS-Server* durchzuführen bzw. zu aktivieren.

Kill: Mit diesem Dienst erzwingt der *MMS-Client* den Übergang von einem beliebigen Zustand in den Zustand UNRUNNABLE.

Get Program Invocation Attributes: Mit diesem Dienst kann der *MMS-Client* Werte bestimmter Attribute eines Exemplars der Objektklasse *Program Invocation* anfordern.

3.3.6.4 Szenarium

Bei diesem Szenarium wird nur der einfache, fehlerfreie Ablauf berücksichtigt (Bild 3.3.9).

1) Der *MMS-Client* fordert vom *MMS-Server* das Erzeugen eines Exemplars der Objektklasse *Program Invocation* an (*CreateProgram Invocation Request* mit den Parametern *Program Invocation Name, List Of Domain Names* und - falls er eine Mitteilung beim Verlassen des Zustands RUNNING wünscht - *Monitor*). Der *MMS-Server* überprüft nach Empfang des *CreateProgramInvocation Indication* die Parameter und teilt dem *MMS-Client* das Ergebnis mit (*CreateProgramInvocation Response*).

2) Nach positiver Quittierung wird vom *MMS-Client* die Bearbeitung des Programms mit *Start Request* (Parameter *Program Invocation Name* und optional *Execution Argument*) angefordert. Der *MMS-Server* führt die erforderlichen Überprüfungen und Aktivitäten durch. Das Ergebnis teilt er dem *MMS-Client* mit *Start Respose* mit.

3) Das Programmende teilt der *MMS-Server* dem *MMS-Client* mit Hilfe des MMS-Dienstes *Event Notification* mit (Annahme: *Monitor* gleich TRUE).

4) Mit *DeleteProgramInvocation Request* (Parameter *Program Invocation Name*) veranlaßt der *MMS-Client* das Entfernen des Objekts. Die notwendigen lokalen Aktivitäten werden vom *MMS-Server* durchgeführt bzw. angestoßen.

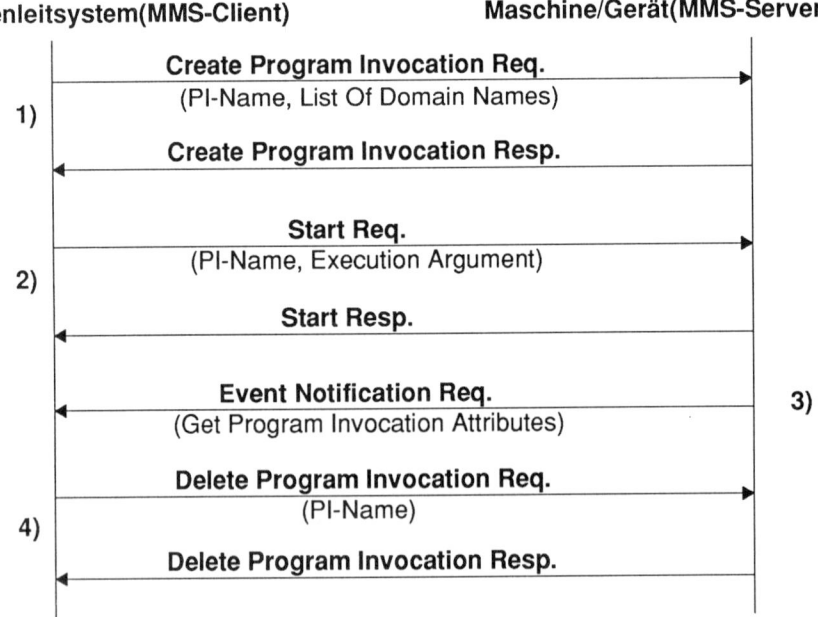

Zellenleitsystem(MMS-Client)   **Maschine/Gerät(MMS-Server)**

Bild 3.3.9:   Erzeugen, Starten und Löschen eines Programms

3.3.7 Literatur

[1] ISO/IEC 9506-1:   Manufacturing Message Specification
                           Part 1 - Service Definition

[2] ISO/IEC 9506-2:   Manufacturing Message Specification
                           Part 2 - Protocol Specification

[3] ISO/IEC DIS 9506-3:   Manufacturing Message Specification (Preliminary)
                           Part 3 - Robot Specific Message System

[4] ISO/IEC DP 9506-4:   Manufacturing Message Specification
                           Part 4 - Numerical Control Message Specification

[5] G.Barth, C.Welsch: Objektorientierte Programmierung
                           (Object-Oriented Programming),
                           Informationstechnik it 6/88,R. Oldenbourg Verlag, 1988

3.4 Begleitende Standards zu ISO 9506 (Manufacturing Message Specification, MMS)

3.4.1 Einleitung

MMS ist ein Kommunikationsstandard für Anwendungen im fertigungstechnischen Bereich und spezifiziert die Syntax und die Semantik für einen allgemeinen Nachrichtenaustausch zwischen diesen Anwendungen. Dabei werden keine anwendungsspezifischen Festlegungen getroffen. "Anwendungsspezifisch" ist in diesem Zusammenhang nicht auf die Implementierung eines speziellen Anwendungsprozesses bezogen, sondern auf einen speziellen Anwendungsbereich, wie z. B. auf den Bereich der numerisch gesteuerten Werkzeugmaschinen.

Diese anwendungsspezifischen Festlegungen werden von MMS-begleitenden Standards erbracht. Diese Standards werden als *Companion Standards (CS) zu MMS* bezeichnet. Als Beispiele seien der Companion Standard für den Bereich Robotersteuerung (Robot Control Companion Standard, RC-CS) und der Companion Standard für den Bereich numerisch gesteuerte Werkzeugmaschinen (Numerical Control Companion Standard, NC-CS) erwähnt.

3.4.2 Richtlinien für Companion Standards

Companion Standards verwenden als Grundlage den Basisteil des Standards MMS, der als *MMS-Core* bezeichnet wird und sich aus den Teilen ISO 9506-1 (Service Definition) [1] und ISO 9506-2 (Protocol Specification) [2] zusammensetzt. Der *MMS-Core* legt fest, daß für den Bedarf eines Companion Standards mindestens eine der folgenden Bedingungen erfüllt sein muß:

- Es existiert der Bedarf eines Informationsmodells für diesen Anwendungsbereich und kein bestehender Companion Standard definiert Erweiterungen der im *MMS-Core* definierten Objektklassen oder definiert neue anwendungsspezifische Objektklassen, welche den Bedarf vollständig abdecken.
- Es besteht der Bedarf, die Semantik einzelner MMS-Dienste zu erweitern und kein bestehender MMS Companion Standard definiert bzw. beabsichtigt identische Semantikerweiterungen.
- Die im *MMS-Core* standardisierten Objektnamen reichen für den Anwendungsbereich nicht aus.

Im *MMS-Core* wird ausdrücklich darauf hingewiesen, daß fehlende Festlegungen bzgl. einer für den Anwendungsbereich spezifischen Auswahl der im *MMS-Core* definierten Dienste den Bedarf für einen neuen Companion Standard nicht rechtfertigen.

Aus dieser Aufzählung sind bereits die wichtigsten Aufgaben eines Companion Standards ersichtlich. Dazu wird im *MMS-Core* folgende Vorgehensweise, die sich in der Gliederung eines Companion Standards wiederfindet, vorgegeben /1/. Dabei ist zwischen einem MMS-unabhängigen und einem MMS-bezogenen Teil zu unterscheiden. Der MMS-unabhängige Teil liefert

- die Beschreibung des Anwendungsbereichs in dem der Companion Standard angewendet werden kann (z. B. Robotersteuerung),
- die Definition eines abstrakten Informationsmodells des Anwendungsbereiches,
- die Beschreibung anwendungsspezifischer Funktionen (z. B. Laden, Starten und Löschen eines Programms).

Der MMS-bezogene Teil eines Companion Standards beschreibt

- die Abbildung des anwendungsspezifischen Informationsmodells auf ein *Virtual Manufacturing Device (VMD; z. B. auf das NC-CS-VMD)*,
- die Abbildung anwendungsspezifischer Objekte auf Exemplare der im *MMS-Core* definierten Objektklassen (z. B. Abbildung eines NC-Programms auf ein Exemplar der Objektklasse *Program Invocation* in Verbindung mit Exemplaren der Objektklasse *Domain*)
- die Abbildung der anwendungsspezifischen Funktionen auf MMS-Dienste

und definiert, falls erforderlich,

- neue abstrakte Objektklassen bzw. Erweiterungen bestehender MMS-Objektklassen, um die Abbildung anwendungsspezifischer Objekte zu ermöglichen,
- neue MMS-Dienste bzw. Erweiterungen vorhandener MMS-Dienste,
- anwendungsspezifische, vordefinierte Exemplare der zur Verfügung stehenden Objektklassen,
- anwendungsspezifische Conformance-Klassen. Eine *Conformance*-Klasse stellt eine festgelegte Auswahl der zur Verfügung stehenden MMS-Dienste dar.

Diese Vorgehensweise wird am Beispiel des Companion Standards für den Anwendungsbereich Robotersteuerung (RC-CS) in Bild 3.4.1 dargestellt [3].

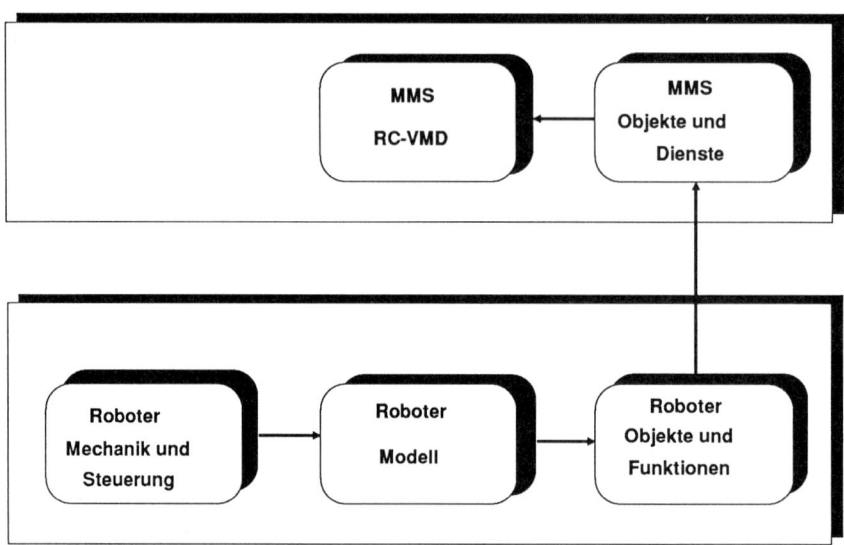

RC   Robot Control
VMD   Virtual Manufacturing Device
MMS   Manufacturing Message Specification

Bild 3.4.1:   Erstellen eines RC-VMD's

Für einige MMS-Objektklassen werden im *MMS-Core* Zustandsdiagramme definiert. Diese können durch einen Companion Standard mit Hilfe neuer Unter-Zustände (*substates*) verfeinert werden.

Bei Erweiterung vorhandener MMS-Objektklassen sind die im *MMS-Core* festgelegten Richtlinien einzuhalten. Dabei ist zu beachten, daß nicht alle MMS-Objektklassen durch zusätzliche Attribute erweitert werden dürfen. Z. B. besteht für die MMS-Objektklasse *Named Variable* keine Erweiterungsmöglichkeit. Erweiterungen sind bei den MMS-Objektklassen *VMD, Domain, Program Invocation, Operator Station, Event Condition, Event Action, Event Enrollment* und *Journal Entry* möglich.

Zusätzlich soll in jedem Companion Standard eine beispielhafte Anwendung als informativer Anhang vorhanden sein.

3.4.3 Stand der Normungsaktivitäten einzelner Companion Standards

Bei der Erstellung geeigneter Companion Standards arbeiten nationale und internationale Normungsgremien eng zusammen. Gegenwärtig beschäftigen sich diese mit Companion Standards für die anwendungsspezifischen Bereiche Maschinensteuerung (NC), Robotersteuerung (RC), Speicherprogrammierbare Steuerung (SPS) und Prozeßleittechnik (PLT). Im Bild 3.4.2 ist der Weg eines Entwurfsvorschlags (Commitee Draft, *CD*) zu einem internationalen Standard (International Standard, *IS*) dargestellt. Die Zeitangaben sind als durchschnittliche Richtwerte anzusehen [5].

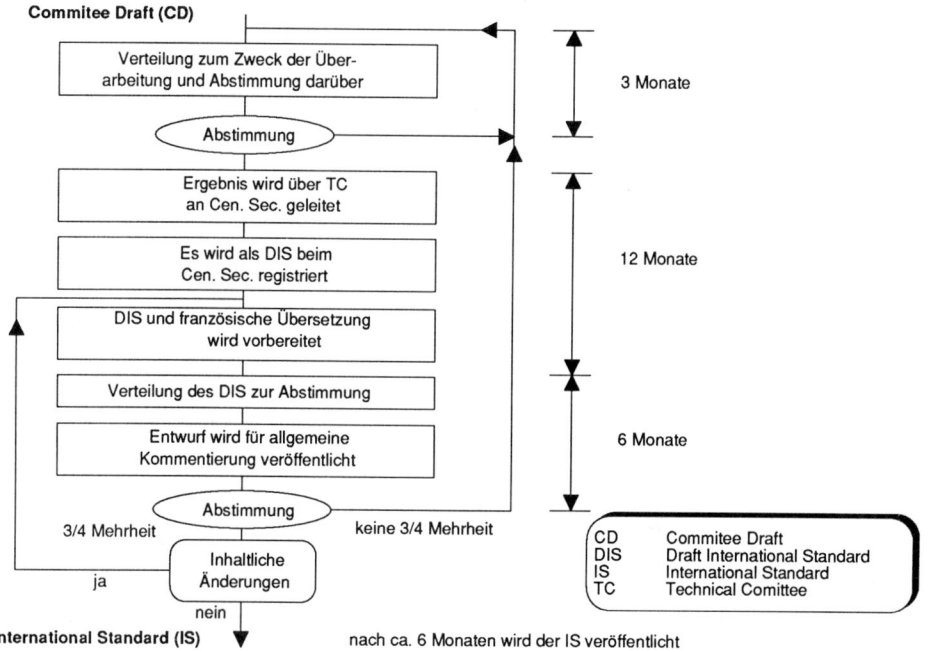

Bild 3.4.2:   Der Weg vom Commitee Draft zum International Standard

3.4.3.1 Stand der Normung des NC Companion Standard zu MMS (NC-CS)

Am 13.4.1989 wurde der NC-CS als CD an die Mitglieder der beteiligten Gremien verteilt. Diese hatten die Aufgabe konstruktive Kommentare für die nächste Sitzung des ISO TC 184/SC 1/WG 3 vom 23.10.1989 bis zum 26.10.1989 in Paris auszuarbeiten. Die vorgebrachten Kommentare bewirkten eine elementare Umgestaltung des NC-CS. Bei der Sitzung wurde vereinbart, daß

- ein neues NC-CS-VMD Modell erarbeitet wird, welches die Möglichkeit berücksichtig, daß eine NC mehrere Maschinen steuern kann;
- nur mehr zwei *NC-Conformance*-Klassen definiert werden;

- der NC-CS aus einem allgemeingültigen Teil, der den gesamten Bereich der numerisch gesteuerten Werkzeugmaschinen abdecken soll, und aus einem Anhang, der eine Verfeinerung dieses Bereichs in z. B. numerisch gesteuerte Fräsmaschinen, numerisch gesteuerte Drehmaschinen usw. vornimmt;
- im generischen Teil werden keine NC-spezifischen Objektklassen und somit auch keine NC-spezifischen Dienste eingeführt.

3.4.3.2 Stand der Normung des RC Companion Standard zu MMS (RC-CS)

Der am 10.2.1989 als *CD* zur Diskussion veröffentlichte RC-CS wurde in der Sitzung des ISO TC 184/SC 2/WG 6 vom 13.11.1989 bis zum 14.11.1989 in Frankfurt zur Abstimmung vorgelegt. Die Abstimmung ergab 7 Zustimmungen ohne zusätzliche Kommentare, 4 Zustimmungen mit zusätzlichen Kommentaren und 1 Ablehnung mit zusätzlichen Kommentaren (Delegation der Bundesrepublik Deutschland). Die Ablehnung der deutschen Delegation wurde durch die ungenügende Berücksichtigung der Möglichkeit, daß eine Robotersteuerung mehrere Roboterarme versorgen kann, begründet. Ferner wurde auf die fehlende Harmonisierung des RC-CS mit anderen Companion Standards (z. B. mit dem NC-CS) hingewiesen. Diese Ablehnung wurde zur Kenntnis genommen. Es wurde mit diesem Abstimmungsergebnis beschlossen den RC-CS nach nochmaliger Durchsicht der Mitglieder als *DIS* an das ISO TC 184/SC 2 weiterzuleiten. Es ist damit zu rechnen, daß der RC-CS Ende des Jahres 1991 als *IS* zur Diskussion veröffentlicht wird.

3.4.3.3 Stand der Normung des SPS Companion Standard zu MMS

Der Companion Standard für Speicherprogrammierbare Steuerungen (*Programable Logic Control, PLC*) wurde als *CD* an die Mitglieder des Standardisierungsgremiums IEC/SC 65/WG 6 zur Durchsicht und Kommentierung verteilt.

3.4.3.4 Stand der Normung des PLT Companion Standard zu MMS (PIMS-CS)

Der Companion Standard für Prozeßleittechnik (Process Industry Message Specification, PIMS) wurde im Januar 1990 an die Mitglieder der an der Normung beteiligten Gremien zur Durchsicht und Kommentierung verteilt.

3.4.4 Harmonisierung der Companion Standards

Der Bereich der computerintegrierten Fertigung ist derzeit geprägt durch die Entwicklung und Integration flexibler Fertigungszellen, die aus mehreren gerätetechnisch unterschiedlichen Einheiten, wie z. B. Robotersteuerungen und numerisch gesteuerten Werkzeugmaschinen usw., bestehen. Bei der wirtschaftlichen Realisierung flexibler Fertigungszellen ergibt sich die Notwendigkeit funktional abgrenzbare, wiederverwendbare Funktionsbausteine zu entwickeln. Dazu ist es erforderlich, daß die geräteorientierte auf eine funktionsorientierte Sichtweise abgebildet wird.

Diese Abbildung wird derzeit durch unterschiedliche Vorgehensweisen bei der Erstellung von Companion Standards erschwert. Dies führte zu dem Bestreben, Companion Standards zu harmonisieren.

Companion Standards haben die Möglichkeit, bestimmte im *MMS-Core* definierte Objektklassen mit zusätzlichen Attributen zu versehen. Für eine Harmonisierung der Companion Standards ist es wünschenswert, wenn von dieser Möglichkeit abgesehen bzw. selten Gebrauch gemacht wird.

Am Beispiel der Companion Standards für Robotersteuerungen (RC-CS) und numerisch gesteuerte Werkzeugmaschinen (NC-CS) werden zwei unterschiedliche Vorgehensweisen aufgezeigt.

Im RC-CS wird die Objektklasse *VMD* um die folgenden Attribute erweitert (RC-CS-VMD)

Attribute: Safty Interlocks Violated (TRUE, FALSE)
Attribute: Robot VMD State (ROBOT-IDLE, ROBOT-LOADED, ROBOT-READY,
             ROBOT-EXECUTING, ROBOT-PAUSED,
             MANUAL-INTERVENTION-REQUIRED)
Attribute: Any Physical Resource Power On (TRUE, FALSE)
Attribute: All Physical Resources Calibrated (TRUE, FALSE)
Attribute: Local Control (TRUE, FALSE)
Attribute: Metric Measure (TRUE, FALSE)
Attribute: Reference to Selected Controlling Program Invocation

In diesen zusätzlichen Attributen werden RC-spezifische, VMD-bezogene Informationen abgelegt. Der aktuelle Betriebsmodus wird z. B. dem RC-CS-Client im Attribut *Local Control* zur Verfügung gestellt. Der *RC-CS-Client* hat die Möglichkeit den Inhalt der zusätzlichen Attribute mit Hilfe des MMS-Dienstes *Status*, der um dafür erforderliche Parameter erweitert wurde, abzufragen.

Ferner kann der RC-CS-Server unaufgefordert dem *RC-CS-Client* mit dem Dienst *Unsolicited Status* diese Informationen übermitteln.

Zusätzlich werden diese RC-spezifischen, VMD-bezogenen Informationen in vordefinierten Exemplaren der Objektklasse *Named Variable* abgelegt, deren Inhalt der *RC-Client* mit dem Dienst *Read* abfragen kann.

Im *NC-CS* werden keine zusätzlichen Attribute für die Objektklasse *VMD* definiert (*NC-CS-VMD*). Die NC-spezifischen, VMD-bezogenen Informationen werden in vordefinierten Exemplaren der Objektklasse *Named Variable* dem *NC-CS-Client* zur Verfügung gestellt. Der aktuelle Betriebsmodus wird z. B. im Exemplar "N_REMOTE" der Objektklasse *Named Variable* abgelegt (siehe Beispiel im Anhang).

Der *NC-Client* kann diese Informationen mit Hilfe des Dienstes *Read* vom *NC-Server* anfordern. Ferner kann der *NC-Server* diese Informationen dem *NC-Client* unaufgefordert übermitteln (*Information Report*).

Diese Vorgehensweise beim NC-CS erfordert keine Erweiterungen und unterstützt somit die Harmonisierung der Companion Standards.

3.4.5 Beispiel

Im folgenden wird gezeigt mit welchen Möglichkeiten der **NC-CS-Client** den aktuellen Betriebsmodus einer NC ermitteln kann (Bild 3.4.3).

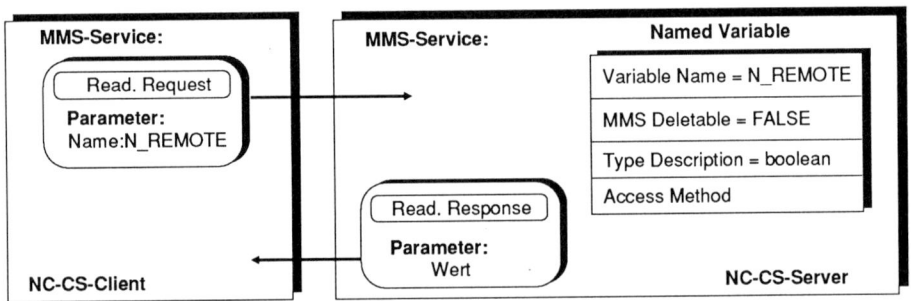

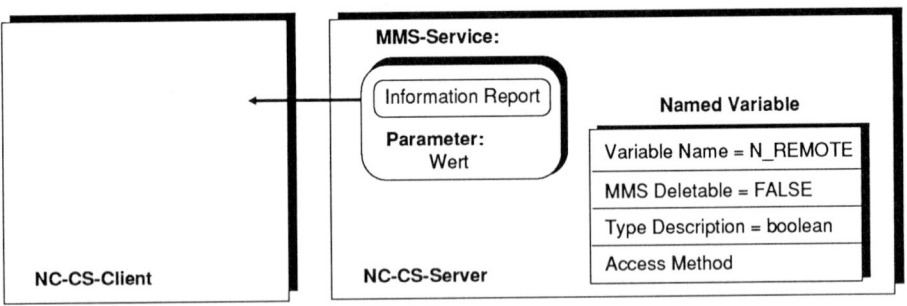

Bild 3.4.3:   Die Möglichkeiten des NC-CS-Client, den Betriebsmodus einer NC gemäß NC-CS zu erhalten.

Der aktuelle Betriebsmodus einer NC wird im Exemplar "N_REMOTE" der Objektklasse *Named Variable* dem *NC-CS-Client* zur Verfügung gestellt. Dieses Exemplar wird im NC-CS wie folgt definiert:

Object: Named Variable
   Key Attribute: Variable Name = VMD-specific "N_REMOTE"
   Attribute: MMS Deletable = FALSE
   Attribute: Type Description = boolean
   Attribute: Access Method

Der Betriebsmodus kann sich nur durch lokale Ereignisse oder durch lokale Aktionen einer Bedienperson verändern.

Der Übergang vom Betriebsmodus LOCAL in den Betriebsmodus REMOTE kann nur durch eine Aktion einer Bedienperson angestoßen werden.

Der Übergang vom Betriebsmodus REMOTE in den Betriebsmodus LOCAL kann durch eine lokale Aktion einer Bedienperson oder infolge der Abarbeitung eines NC-Programms veranlasst werden.

Für den *NC-CS-Client* gibt es 2 Möglichkeiten den aktuellen Betriebsmodus zu erfahren.

1) Der *NC-CS-Server* meldet dem *NC-CS-Client* den Betriebsmodus-Wechsel mit dem Dienst *Information Report*. Dabei wird ihm unaufgefordert der aktuelle Wert des Exemplars "N_REMOTE" übermittelt.

2) Der *NC-CS-Client* fordert vom *NC-CS-Server* mit Hilfe des Dienstes *Read* den aktuellen Wert des Exemplars "N_REMOTE" an.

3.4.6 Literatur

[1]   ISO/IEC 9506-1:   Manufacturing Message Specification
                           Part 1 - Service Definition

[2]   ISO/IEC 9506-2:   Manufacturing Message Specification
                           Part 2 - Protocol Specification

[3]   ISO/IEC DIS 9506-3: Manufacturing Message Specification(Preliminary)
                           Part 3 - Robot Specific Message System

[4]   ISO/IEC DP 9506-4:   Manufacturing Message Specification
                           Part 4 - Numerical Control Message

[5]   S.Schindler: Offene Kommunikationssysteme - Heute und Morgen,
                           Informatik-Spektrum 4, 213...228,
                           Springer-Verlag 1981

4 Herstellerspezifische Netze

Neben den international standardisierten Protokollen für offene Systeme existieren zahlreiche, von Herstellern und Forschungseinrichtungen definierte Kommunikationsprotokolle.

In diesem Kapitel werden nach der Beschreibung einer von Herstellern und Forschungseinrichtungen entwickelten Protokollarchitektur exemplarisch firmenspezifische Protokolle vorgestellt.

4.1 Transmission Control Protocol / Internet Protocol (TCP/IP)

Übersicht

TCP und IP sind nur zwei Protokoll-Schichten aus einer ganzen Familie von zusammenhängenden Protokollteilen. Im Allgemeinen wird diese Protokollfamilie jedoch durch ihre bekanntesten Vertreter TCP und IP vereinfachend TCP/IP benannt, auch wenn eine aktuelle Implementierung (z.B SUN's NFS) statt TCP das UDP (User Datagram Protocol) einsetzt.

Die TCP/IP-Protokolle sind kein internationaler Standard sondern lediglich Empfehlungen an die Systementwickler und -betreiber zur Vernetzung heterogener Rechnernetze. Bild 4.1.1 zeigt, wie die Protokolle dieser Familie in das ISO/OSI Referenzmodell eingeordnet werden.

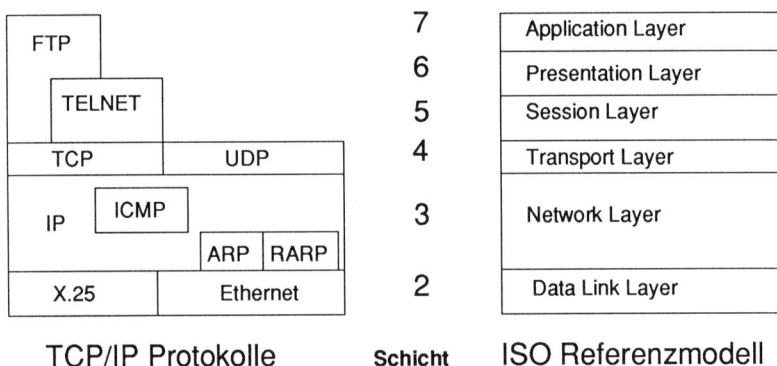

	7	Application Layer
FTP	6	Presentation Layer
TELNET	5	Session Layer
TCP UDP	4	Transport Layer
IP ICMP	3	Network Layer
ARP RARP		
X.25 Ethernet	2	Data Link Layer

TCP/IP Protokolle   Schicht   ISO Referenzmodell

- Schicht 5 bis 7 zusammengefasst
- Applikation bestimmt Zeichendarstellung
- Applikation kontrolliert Netzverbindungen

Bild 4.1.1:   Einordnung der TCP/IP Protokolle in das ISO/OSI Referenzmodell

4.1.1 Historische Entwicklung

Anfang der 70er Jahre wurde unter staatlicher Leitung (Defense Advanced Research Projects Agency' DARPA) mit der Definition und Entwicklung der TCP/IP-Protokolle begonnen. Einen ersten Einsatz fand TCP/IP im ARPANET, einem die USA überspannenden schnellen Weitverkehrsnetz. Zwischenzeitlich wurde das ARPANET durch das Internet abgelöst, das dieselben Protokolle verwendet (Internet enthält das ursprüngliche ARPANET, NSFnet, regionale Netze, Universitätsnetze und militärische Netze sowie das vom 'Department of Defense' (DoD) verwaltete Defense Data Network DDN).

Innerhalb des Internets gibt es, sofern keine Zugriffseinschränkungen gemacht wurden, keine Beschränkungen des freien Datenaustausches. Ein Charakteristikum des Internets ist, daß viele Rechnersysteme (Hosts) durch Übertragungsnetze miteinander verbunden sind, wobei unterschiedliche Übertragungsnetze duch Netzübergangseinheiten (Gateways) verknüpft werden.

Diese Netzprotokollfamilie wurde in einer Reihe von kommerziellen Systemen implementiert (z.B. Berkeley UNIX, DEC, SUN, HP, XEROX, IBM . . .).

Die zukünftige Entwicklung der TCP/IP-Protokollfamilie wird vom Internet Activities Board (IAB) gesteuert, dem die darunter liegenden Internet Task Forces zuarbeiten. Endziel der Entwicklung ist eine Migration des Protokollstacks nach ISO.

4.1.2 Übersicht

TCP/IP umfaßt eine Anzahl von Protokollen zur gemeinsamen Nutzung von Betriebsmitteln in Netzwerken.

Die Protokollfamilie TCP/IP enthält Funktionen, die den ISO/OSI Schichten 3 bis 7 entsprechen. Die Schichten 1 und 2 sind nicht Bestandteil der TCP/IP Architektur. Damit lassen sich beliebige Netze einsetzen, sofern mit ihnen eine paketvermittelte Übertragung realisiert werden kann (X.25, Ethernet, Token Ring, öffentliche Netze . . .).

Innerhalb dieser Protokollfamilie unterscheidet man in niedere und höhere Funktionen, die von den einzelnen Protokollteilen bereitgestellt werden. IP, TCP und UDP gehören in die niedere Klasse. Höhere Funktionen erfüllen spezielle Aufgaben wie FTP (File Transfer Protocol) oder SMTP (Simple Mail Transfer Protocol) und verwenden dazu die Funktionen der darunterliegenden Protokollschichten.

Gewöhnlich sind die höheren Protokolle wie FTP, SMTP und TELNET (Netzwerk Terminal Protokoll) als Anwendungen immer zusammen mit TCP/IP implementiert. Gerade dies macht diese Protokollsuite für Anwender so interessant.

Neben diesen klassischen Anwendungen FTP, SMTP und TELNET entstanden noch weitere Protokollteile, die zu dieser Protokollfamilie dazugerechnet werden:

- Network File Systems (NFS), die einen direkten Zugriff auf die Datenbestände anderer Systeme erlauben, ohne diese Daten vorher über das Netzwerk kopieren zu müssen. NFS erlaubt weiter, Hintergrundspeicher entfernter Systeme wie lokale Betriebsmittel zu verwenden.
- Remote Printing gestattet es, den Drucker anderer Systeme wie ein lokales Betriebsmittel zu verwenden.
- Remote Execution. Damit kann ein Programm oder Programmteil auf einem entfernten System zur Ausführung gebracht werden. Typische Vertreter dieser Klasse sind:
  - rexec (Remote Executive) von Berkeley UNIX BSD 4.3,
  - rsh (Remote Shell) von Berkeley UNIX BSD 4.3,
  - Distributed Shell von Berkeley UNIX BSD 4.3,
  - RPC (Remote Procedure Call) von SUN Microsystems,
  - XNS Courier von XEROX.
- Name Server zur Umwandlung der Hostnamen in die entsprechenden Internet-Adressen. Das dafür nötige Protokoll zwischen den Name Servern ist inzwischen ein notwendiger Teil jeder TCP/IP-Implementierung geworden.
- Terminal Server, die den Anschluß einfacher Terminalgeräte über das Netzwerk an einen Hostrechner gestatten. Diese Terminal Server sind im einfachsten Fall mit dem TELNET-Protokoll an den Host angeschlossen.
- Netzwerkfähige Window Systeme. Bekannteste Vertreter dieser Klasse, die alle auf IP basieren, sind das X-Window System vom Massachusetts Institute of Technology (MIT) und das kommerziell erhältliche NeWS von SUN.

Die meisten dieser von Herstellern entwickelten Applikationsprotokolle sind frei erhältlich und zum Teil notwendiger Bestandteil der TCP/IP-Protokollsuite geworden.

4.1.3 Internet Schicht 3

Die Schicht 3 im Internet ist für den Transfer von Datenblöcken über einzelne Netzabschnitte zuständig. Sie umfaßt dazu die folgenden Protokollteile:

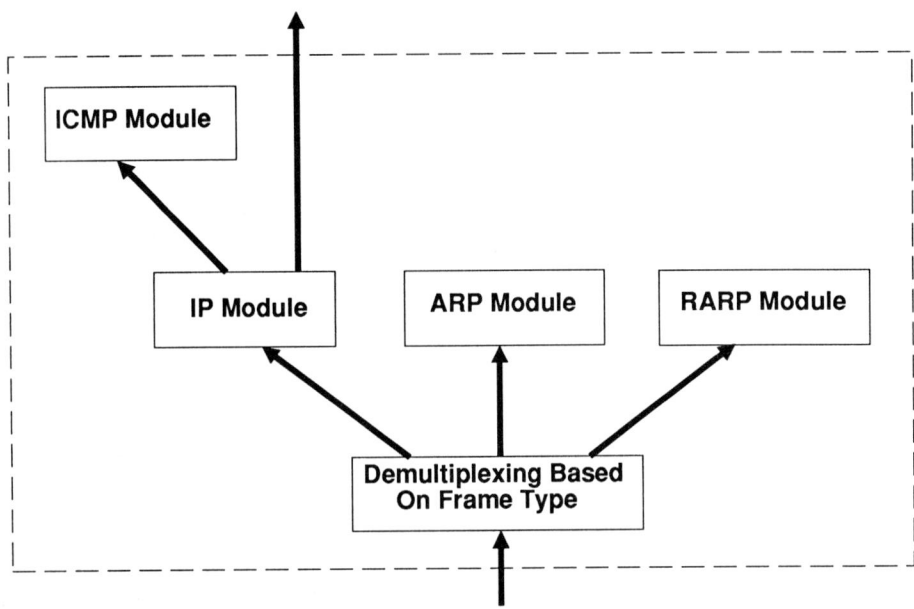

Bild 4.1.2:   Internet Schicht 3

4.1.3.1 Internet Protocol (IP)

IP ist die niedrigste Schnittstelle der TCP/IP-Architektur, die unabhängig von anderen Protokollteilen eingesetzt werden kann. Protokollteile wie

- Internet Control Message Protocol (ICMP)
- User Datagram Protocol (UDP)
- Transmission Control Protocol (TCP)
- Versatile Message Transaction Protocol (VMTP)

bauen auf den Funktionen von IP auf.

Die Aufgabe vom IP ist, Datenblöcke der höheren Schichten von einem Absender zum Empfänger zu senden. Für einen Sendeauftrag wird ein Datenblock und eine Zieladresse an das IP übergeben. Jeder Datenblock wird unabhängig von weiteren Datenblöcken von einer IP-Instanz bearbeitet und (eventuell über mehrere Gateways) durch das Netz übertragen.

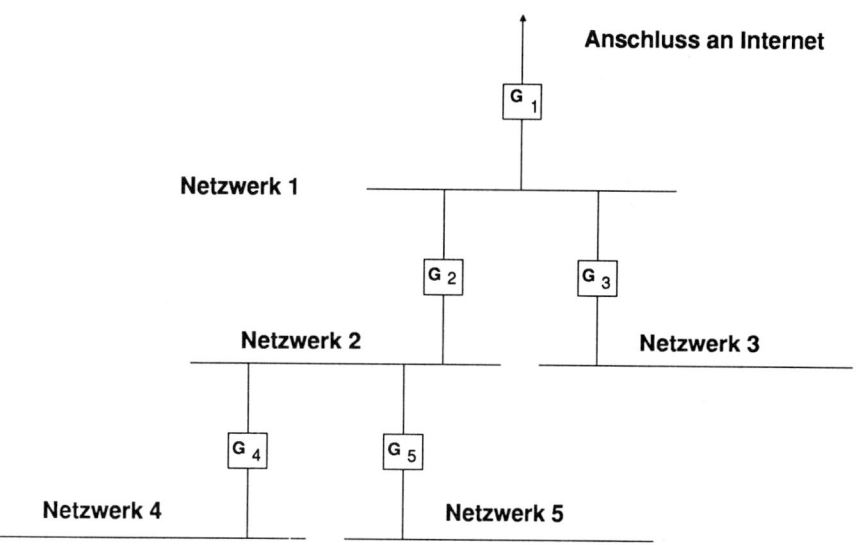

Bild 4.1.3:   hierarchisches Netzwerk mit Gateways (Gi) und Anschluß an das
Internet

Dazu werden diese Daten in Datagramme verpackt, d.h. es existiert keine virtuelle oder
sonstige Verbindung zwischen Absender und Empfänger, und es findet keine Emp-
fangsbestätigung oder Fehlersicherung statt.

IP verwendet für die Datagramme ein fixes Format für die Steuerinformationen (Header):

0					31
VERS	LEN	TYPE OF SERVICE		TOTAL LENGTH	
IDENT			FLAGS	FRAGMENT OFFSET	
TIME		PROTO	HEADER CHECKSUM		
SOURCE IP ADDRESS					
DESTINATION IP ADDRESS					
OPTIONS				PADDING	
DATA					

· fixes Rahmenformat mit Header und Datenteil DATA
· Headerbezogene Grössen : LEN und HEADER CHECKSUM
· Netzadressen in SOURCE und DESTINATION IP ADDRESS
· Segmentierungsinformation in FLAGS und FRAGMENT OFFSET
· Lebensdauer im Feld TIME
· Kennung des Protokolls der höheren Schicht in PROTO

Bild 4.1.4:   IP Rahmenformat

Interessante Felder im Header sind hier:

PROTO   beschreibt das Protokoll der nächsthöheren
Schicht (z.B. TCP)

FLAGS, FRAGMENT OFFSET   kontrollieren die Aufspaltung von Dateneinheiten in kleinere Teile und deren Wieder-
zusammensetzung beim Empfänger

TIME   dieser Zähler wird bei jedem Passieren eines
Systems erniedrigt. Ist der Wert null, wird
dieses Datagramm gelöscht (dies verhindert,
daß unzustellbare Datagramme "ewig" im Netz
umlaufen)

In einem Netzwerk hat das Internet Protocol dafür zu sorgen, daß die Datagramme über alle Übertragungsabschnitte hinweg zum Empfänger gelangen. Durchläuft das Paket auf dem Übertragungsweg unterschiedliche Netze, so werden die Datenblöcke von IP auf die zulässige Paketgröße des jeweiligen Netzes angepaßt und in der Empfangssta- tion wieder zusammengesetzt.

Weiterhin dient das IP als Schnittstelle zwischen verschiedenen Netzen, wo es auch die Wegeauswahl durchführt. Dazu werden mit dem Gateway-to-Gateway-Protocol (GGP) Informationen zwischen zwei IP-Instanzen ausgetauscht.

Eine weitere Aufgabe des IP ist die Adressabbildung der Internet-Adresse auf eine reale Stationsadresse. Die Umsetzung erfolgt über Tabellen, die meist in speziellen Name- Servern dynamisch verwaltet werden. Ein eigenes Protokoll (Address Resolution Pro- tocol ARP) ist im IP enthalten, welches mittels Broadcast-Nachrichten die Internet- Adressen aller erreichbaren Stationen abfragt. Eine Internet-Adresse hat folgende Form:

Internet-Adresse: 128.6.4.194   (32bit, je 8bit zusammengefaßt)

wobei die gesamte Adresse in vier Teile (Domains) zerlegt wird. Der gesamte Adress- raum wird in drei Klassen von Netzwerken eingeteilt:

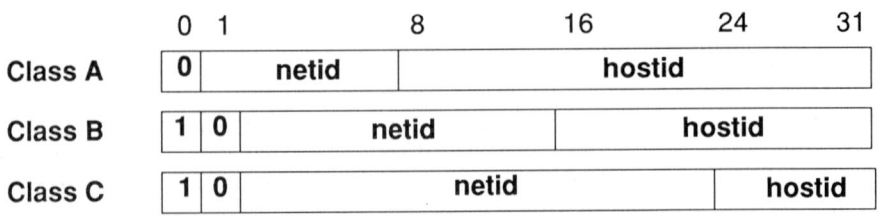

Bild 4.1.5:   Internet Adressklassen

Beispiel:

Class A	1.	-126.	max. 16777216 Hosts/Subnetz
			(z.B. ARPANET)
Class B	128.1.	-191.254.	max. 64516 Hosts/Subnetz
Class C	192.1.1.	-223.254.254.	max. 254 Hosts/Subnetz

Eine weitere Unterteilung von z.B. Class B Netzen bleibt nach außen unsichtbar, d.h. es gibt in einem Gateway nur einen Routing-Eintrag für Subnetz 128.1.x.x. Reserviert sind die Nummern 0 für eine unbekannte Adresse, Nummer 255 bedeutet eine Broadcast-Adresse.

Zur besseren Lesbarkeit können diese Adressen mit Namen belegt werden:

128.6.4.194 == BORAX.LCS.MIT.EDU

wobei:

EDU (128)	Name Server der obersten Netzhierarchie für Universitäten, ...
MIT (6)	Name Server für MIT Netzwerk
LCS (4)	Name Server für Laboratory for ... Netzwerk
BORAX (194)	angeschlossenes System

Die Internet-Adressen werden in vielen Name Servern auf dem aktuellen Stand gehalten, wobei das Name Server Protocol (NSP) zum Informationsaustausch verwendet wird. Von diesen Name Servern kann jede Station die benötigte Internet-Adresse erfragen, die allerdings nur eine endliche Gültigkeitsdauer besitzt.

Soll ein Datagramm über mehrere unterschiedliche Netze gesendet werden, so wird dieses Datagramm an ein Gateway gesendet. Die eigentliche Wegesuche (Routing) wird von diesen Gateways nach speziellen Strategien vorgenommen und bleibt den Endstationen verborgen.

Der Absender kann einem Datagramm im TYPE OF SERVICE-Feld eine Kennung geben, durch die diesem Datagramm spezielle Eigenschaften verliehen werden:

• Wichtigkeitsgrad,
• Durchsatzklasse,
• Sicherheitsklasse.

4.1.3.2 Internet Control Message Protocol (ICMP)

Erforderlicher Bestandteil der IP-Schicht ist das ICMP. Das IP definiert einen reinen Datagramm-Dienst, wobei (im Fehlerfall) keinerlei Meldungen erzeugt werden. Das ICMP Protokoll beschreibt Meldungen zwischen IP Protokollinstanzen der beteiligten Systeme, die mit Hilfe des IP übertragen werden.

Zur Fehlerbehandlung schickt das ICMP Fehlermeldungen an die IP-Schicht des Datagramm-Absenders, wenn:

- ein Datagramm seinen Empfänger nicht erreichen konnte,
- Fragmentierungsprobleme aufgetreten sind oder
- fehlerhafte Header erkannt wurden.

Die Bearbeitung dieser Fehlermeldungen ist Aufgabe der höheren Schicht beim Absender des gestörten Datagramms.

4.1.3.3 Address Resolution Protocol (ARP) und Reverse Address Resolution Protocol (RARP)

Das ARP wird vom IP gebraucht, um eine Abbildung der Internet-Adresse auf eine Netzwerkadresse vorzunehmen. Dazu fordert die sendewillige Station mittels einer Broadcast-Anfrage von der Zielstation ihre Netzwerk-Adresse an:

1) Broadcast Anfrage: "Netzwerkadresse von 128.6.4.194 ?"
2) gerichtete Antwort: "Netzwerkadresse von 128.6.4.194 ist 00aa0004c204"

Das Paar Internet-/Netzwerkadresse wird für spätere Sendeversuche gespeichert.

Das entgegengesetzte Protokoll (Reverse Address Resolution Protcol RARP) fragt bei bekannter eigener Netzwerkadresse nach seiner unbekannten Internet-Adresse. Spezielle RARP-Server (die gleichzeitig auch die Boot Server von Diskless Workstations sind) antworten mit der gewünschten Internet-Adresse.

4.1.4 Internet Schicht 4

Analog dem ISO/OSI Referenzmodell gibt es hier ebenfalls Protokolle für verbindungsorientierten und verbindungslosen Datentransfer:

- Transmission Control Protocol (TCP) und
- User Datagram Protocol (UDP)

4.1.4.1 Transmission Control Protocol (TCP)

Ähnlich der Transportschicht des ISO/OSI-Referenzmodells dient das TCP der Kommunikation zwischen Hosts in paketorientierten Netzen. Die Anforderungen, die TCP an die nächstniedere Schicht stellt, umfassen:

- Datagramm-Service,
- eindeutige Adressierung und
- Segmentierung

und erweitert diese um die Funktionen Reihenfolge- und Zeitüberwachung.

TCP stellt zwischen zwei Kommunikationspartnern eine Verbindung her, die nach folgendem 'Dreiwege-Handshake' stattfindet:

        System A   System B

                ------ Aufbauwunsch------->
                <------- Bestätigung --------
                --- Rückbestätigung ------>

Durch diesen Mechanismus scheiden Fehler aus, die durch:
- gleichzeitigen Verbindungsversuch beider Partner,
- wiederholtes Übertragen eines Aufbauwunschpakets nach Ablauf einer Zeitüberwachung,
- Verbindungsaufbau vor erfolgreichem Abbau

entstehen können.

Jetzt kann ein Datentransfer stattfinden, wobei jedes verfälschte Datensegment (fehlerhafte Prüfsumme) verworfen wird. Im Verlustfall erhält der Absender keine Quittung, so daß er nach einer definierten Zeit eine Übertragungswiederholung startet. Diese Wartezeit paßt jede TCP-Instanz an die laufend gemessene Zeit vom Absenden eines Datensegments bis zum Empfang der Quittung an.

Damit Daten über verschiedene Netze ausgetauscht werden können, ist es nötig, bei der Verbindungsaufbauphase die maximale Länge der Datensegmente auszuhandeln. Eine Mindestgröße wird meist mit 567 Bytes implementiert. Sind beide Systeme über Ethernet direkt verbunden, so liegt die Grenze bei 1500 Bytes.

Die TCP-Rahmen haben folgende Form:

```
0                                               31
```

SOURCE PORT		DESTINATION PORT	
SEQUENCE NUMBER			
ACKNOWLEDGE NUMBER			
OFF.	RES.	CODE	WINDOW
CHECKSUM		URGENT POINTER	
OPTIONS			PADDING
DATA			

- SEQUENCE NUMBER gibt aktuelle Bytenummer an
- ACKNOWLEDGE NUMBER quittiert bis zu dieser Bytenummer
- WINDOW teilt dem Absender erlaubte Anzahl von Rahmen mit
- Expressdaten im Rahmen ab URGENT POINTER
- PORTs identifizieren die Applikation

Bild 4.1.6:   TCP Rahmenformat

Die im TCP-Header stehende SEQUENCE NUMBER gibt nicht die Segmentnummer, sondern die aktuelle Bytenummmer an. Damit kann die empfangende TCP-Instanz die richtige Reihenfolge erkennen. Trifft ein Datensegment außer der Reihe ein, so wird es ebenfalls verworfen.

Die ACKNOWLEDGEMENT NUMBER quittiert bis zu der in diesem Feld stehenden Zahl alle empfangenen Bytes und teilt dem Sender gleichzeitig mit, welches Byte als nächstes empfangen werden möchte. Wird innerhalb einer definierten Zeit kein Acknowledgement empfangen, so wird ab dem zuletzt quittierten Byte neu übertragen.

In dem Feld WINDOW teilt der Empfänger dem Sender mit, wieviele Bytes gesendet werden dürfen. Bei geschlossenen Fenster stoppt der Sender. Üblicherweise wird mit einer Quittung dem Sender ein neuer WINDOW-Wert mitgeteilt (Sliding Window).

Speziell für asynchrone Ereignisse (Kommandoabbruch, Interrupts) dient das URGENT-Flag im CODE-Feld. URGENT, sofern belegt, kennzeichnet das Byte, bis zu welchem der Datensegmentinhalt übersprungen werden soll. Die Bearbeitung wird bei diesem Byte fortgesetzt.

Die Adressierung des Anwenders erfolgt über die dynamisch vergebene Portnummer, die zusammen mit der Internet-Adresse einen 'Socket' bildet und eine eindeutige Identifizierung gestattet. Allerdings sind für viele Server-Anwendungen eigene Portadressen fest reserviert (nur im Server muß diese Portadresse verwendet werden, die Client Portadresse kann beliebig sein).

INTERNET ADDRESS (128.6.5.194)
PORT (21)

Server-Socket für File Transfer Protocol (FTP) mit Port 21

INTERNET ADDRESS (128.6.2.5)
PORT (4711)

Client-Socket für File Transport Protocol (FTP) mit beliebigem Port 4711

Bild 4.1.7:   Netzverbindung bestehend aus Server- und Client-Socket

Beide Sockets zusammen kennzeichnen eine Netzverbindung. Dadurch ist es möglich, daß mehrere unterschiedliche Client-Sockets mit einem Server-Socket verbunden sind. Eine Verbindung endet mit dem Verbindungsabbau. Zu beachten ist jedoch, daß eine TCP-Verbindung aus zwei unidirektionalen Transportwegen besteht. Baut der Partner

A seine Verbindung zu B erfolgreich ab, so kann B immmer noch Daten an A senden! Erst wenn beide Seiten diese Verbindung abgebaut haben, existiert keine Kommunikationsmöglichkeit mehr (TCP versucht trotz abgebauter Verbindung unquittierte Datagramme zu übertragen ('graceful close')).

4.1.4.2 User Datagram Protocol (UDP)

UDP ist ein einfaches verbindungsloses Protokoll, das die IP-Datensegmente um einen Port und eine Prüfsumme ergänzt. Es werden keine weiteren Protokoll-Funktionen ausgeführt.

UDP dient als Basis für das Name Server Protocol (NSP), das Trivial File Transfer Protocol (TFTP) und für das von SUN Microsystems definierte Network File System (NFS).

4.1.5 Anwendungsprotokolle im Internet

4.1.5.1 TELNET

Eines der wichtigsten Applikationsprotokolle innerhalb der TCP/IP-Protokollfamilie ist TELNET.

TELNET stellt über TCP eine Verbindung mit einem anderen System her, über die wie mit einem lokalen System gearbeitet werden kann.

Eine Grundidee bei TELNET ist, daß jeder TELNET Teilnehmer ein virtuelles Netzwerkterminal sieht, das jedem Anwendungsprogramm eine definierte Schnittstelle anbietet, über die Zugriffe auf den TELNET-Server möglich sind. Daneben besteht die Möglichkeit, daß beide TELNET-Partner sich durch Absprache auf zusätzliche Optionen einigen können, die deutlich über die Mindestanforderungen hinausgehen (z.B. 3270 Emulation, sofern beide TELNET-Partner diese Option erlauben). Schließlich behandelt TELNET beide Verbindungsenden symmetrisch, wodurch an einem Ende auch ein Programm stehen kann.

Das virtuelle Netzwerkterminal (NVT) stellt einen bidirektionalen, zeilenorientierten Modus zur Verfügung, über den ein Remote Login stattfinden kann. Die Abbildung der verwendeten Netzdarstellung (7bit USASCII) auf die rechnerinterne Darstellung wird vom lokalen Applikationsprogramm durchgeführt.

Da alle vom Benutzer eingegebenen Daten über eine TCP-Verbindung übertragen werden, muß im Falle einer Unterbrechungsanforderung (Ausgabe stoppen oder gestartetes Kommando abbrechen) die sequentielle Bearbeitung unterbrochen werden. Dies wird durch verschicken eines TCP-Pakets mit gesetztem URGENT-Flag erreicht.

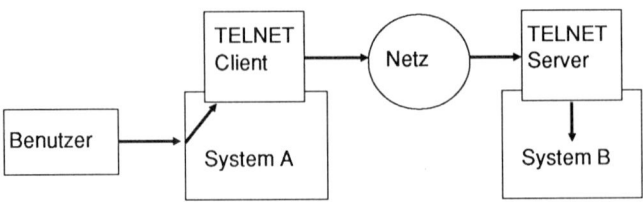

- erlaubt interaktiven Zugriff auf entferntes System
- baut auf TCP auf
- Parameterabsprache beim Verbindungsaufbau:
   Übertragungsmodus (7bit oder 8bit ASCII)
   Echogenerierung (lokal oder entfernt)
   Emulation (z.B. IBM 3270 Protokoll)
- Kommandos werden im normalen Datenstrom übertragen
   (Unterscheidung durch spezielles Zeichen)

Bild 4.1.8:   Benutzer samt TELNET Server und Client im Internet-Netz

4.1.5.2 File Transfer

Im Laufe der Zeit sind mehrere File Transfer-Protokolle entwickelt worden. Zwei typische Vertreter sind:

- File Transfer Protocol (FTP) und
- Trivial File Transfer Protocol (TFTP).

File Transfer Protocol (FTP)
FTP dient zum interaktiven und programmgesteuerten Filetransfer mit entfernten Systemen.
Dazu werden zwei TCP-Verbindungen eingesetzt:

- FTP Control Connection für den Steuerdatenfluß
- FTP Data Connection für den Nutzdatenfluß.

Zur Verbindung der unterschiedlichen Systeme wird in der Control Connection vom TELNET Gebrauch gemacht. Dazu wartet ein Empfangsprozess an einem für FTP reservierten Port auf ankommende Verbindungswünsche. Wird ein Verbindungswunsch empfangen, so wird ein Bearbeitungsprozess erzeugt, der diese Filetransfer-Operation über die Control Connection kontrolliert.

Mit FTP kann nicht nur ein File zum oder von einem entfernten System kopiert werden, sondern auch wenige Befehle an das dortige Betriebssystem abgesetzt werden. Wird ein Filetransfer angestoßen, so wird über die Data Connection der Fileinhalt transferiert.

Erst wenn der entfernte Benutzer sich am entfernten System ausloggt, wird auch die Control Connection geschlossen.

Neben diesen direkten Transaktionen kann mit FTP auch ein Filetransfer zwischen zwei weiteren Systemen angestoßen werden.

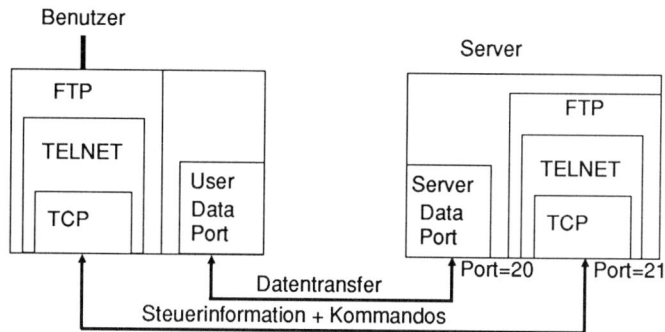

- zwei TCP Verbindungen   (Datentransfer auf separater Verbindung)
- verwendet TELNET zum Befehlstransfer
- Serverports bekannt (Port = 20 und 21)
- Benutzer-Ports beliebig

Bild 4.1.9:   FTP Prozesse in lokalem und entferntem System

Trivial File Transfer Protocol (TFTP)

TFTP stellt ein einfaches Protokoll, basierend auf dem UDP, bereit. Durch die Reduzierung des Leistungsumfangs ist die Programmlänge von TFTP deutlich kleiner als bei FTP, wodurch TFTP sich als IP-basiertes Urladeprogramm (Bootloader) eignet.

Für den Datentransfer werden alle Daten in 512Byte große Blöcke verpackt und mit UDP als Datagramm verschickt. Jeder Transfer wird durch eine Quittung (Acknowledge) bestätigt oder nach einer Wartezeit (Time Out) wiederholt. Während eines Filetransfers wird jeder Datenblock mit einer laufenden Nummer gekennzeichnet. Ein Datenblock kleiner als 512Byte schließt den Filetransfer ab.

Anwendung findet TFTP auch bei Mail-Protokollen.

4.1.5.3 Simple Mail Transfer Protocol

SMTP definiert den netzweiten Austausch von elektronischer Post (MAIL), nicht jedoch, wie das lokale System eine Mail einem Benutzer meldet oder von diesem empfängt.

Jedes Kommando von SMTP wird als lesbare Kommandozeile übertragen und muß vom empfangenden System interpretiert werden. Kommandos haben die allgemeine Form:

<Nummer> <Text>

wobei die führende Nummer die automatische Erkennung vereinfachen soll. Die Antworten des entfernten Systems erfolgen ebenfalls in lesbarer Form.

Beispiele (abwechselnd Senderantworten und Empfängerkommandos):

MAIL FROM:< *Smith@Alpha.EDU* >	Absender hat Mail von *Smith@Alpha.EDU*
250 OK	Empfanger quittiert
RCP TO: < *Adam@Beta.EDU* >	Mail ist für Benutzer *Adam@Beta.EDU*
550 No such user here	Empfangsrechner kennt Benutzer Adam nicht

Trotz der lesbaren Form wird der Zugriff auf SMTP mit Applikationsprogrammen erfolgen.

4.1.6 Abkürzungen und Standards (TCP/IP)

RFC	Empfehlungen für Internet (Request For Comment)
ARP	Address Resolution Protocol (RFC 826)
DARPA	Defense Advanced Research Projects Agency
DDN	Defense Data Network
Domains	logische Netzeinteilung. Abgelegt in einer Datenbank mit Abbildung von Hostnamen in Internetadressen, System-beschreibungen und jeweils unterstützte Dienste mit eigenem Zugriffsprotokoll DOMAIN (RFC 881, 882, 883, 920, 921, 973, 974)
FTP	File Transfer Protocol (RFC 959, 765)
ICMP	Internet Control Message Protocol (RFC 792, 950)
Internet	Zusammenfassung heterogener Netze mit einheitlichen Protokollsuiten. Internet Protokoll-Übersicht in RFC 1011
IP	Internet Protocol (RFC 791, 1009) sowie RFC 814, 815, 816, 817, 963 siehe: IP auf Ethernet (IP-E RFC 894, RFC 825) IP auf X.25 (IP-X25 RFC 877) IP auf IEEE 802.3 (IP-IEEE RFC 948)
Netbios	PC Netzwerkschnittstelle (RFC 1001, 1002)
NFS	Network File System von SUN Microsystems
NSP	Name Server Protocol
Ports	Standardisierte Ports (RFC 814, 990, 1010)
RARP	Reverse Address Resolution Protocol (RFC 903) siehe: BOOTP (RFC951), TFTP (RFC 906)
SMTP	Simple Mail Transfer Protocol (RFC 821, 822, 733)
Subnets	logische Netzeinteilung (RFC 950)
TCP	Transmission Control Protocol (RFC 793) siehe: Flußkontrollstrategie in TCP (RFC 813) Segmentgrößen in TCP (RFC 879) sowie RFC 814, 816, 817, 889, 896, 964
TELNET	Protokoll für Remote Login (RFC 854, 764), Telnet Options (RFC 855)
TFTP	einfacher Filetransfer über UDP (RFC 783)
UDP	User Datagram Protocol (RFC 768)
X-WINDOW	netzwerkfähige Grafikoberfläche vom MIT

4.1.7 Literatur

DDN Protocol Handbook: DDN Network Information Center, SRI International,
333 Ravenswood Avenue, Menlo Park, CA 94025

D.Comer: Internetworking with TCP/IP, Principles, Protocols, and
Architecture, Prentice Hall, 1988

F.F.Kuo: Protocols & Techniques for Data Communication Networks,
Prentice Hall, 1981

4.2 DIGITAL Network Architecture (DNA)

Übersicht

DNA stellt das Netzwerkkonzept der Firma Digital Equipment Corp. (DEC) dar und wird unter dem Namen DECnet kommerziell vertrieben.

Die eigenständige Entwicklung dieser Protokoll-Architektur wurde mit der Phase IV gestoppt und mit Phase V an den ISO-Protokollen neu ausgerichtet. Damit wird ab Phase V ein ISO-konformer Protokollstack für die Schichten 1 bis 7 angeboten. Aus Kompatibilitätsgründen werden die bei Phase IV verwendeten Protokolle weiterhin unterstützt (obwohl Phase V bereits im Jahr 1987 angekündigt wurde, ist momentan erst eine Zwischenstufe Phase IV A realisiert).

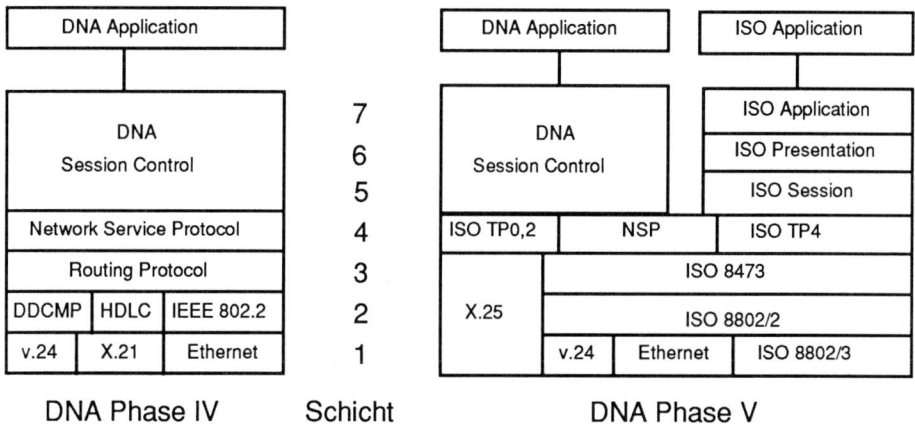

- Architektur der Firma DIGITAL Equipment Corporation (DEC)
- jeder Knoten gleichberechtigt
- angekündigte Phase V ISO kompatibel

Bild 4.2.1:   Protokollstack in DNA Phase IV und Phase V

4.2.1 Schicht 1 bis 4

4.2.1.1 DECnet Phase IV

Im DECnet sind alle angeschlossenen Systeme gleichberechtigt. Logisch kann ein Netzwerk in maximal 63 Areas mit jeweils bis zu 1023 Knoten unterteilt werden.

Schicht 1:   Punkt-Punkt-Verbindung über V.24
              Punkt-Mehrpunkt-Verbindung über Ethernet oder X.21

Schicht 2:   Data Link Control
                  DDCMP (synchron, asynchron)
                  HDLC
                  Ethernet Data Link Control

Schicht 3:   Routing Protocol
                  Verkehrslenkung mit unterschiedlichen Algorithmen
                  Überlasterkennung
                  Eliminierung veralteter Pakete

Schicht 4:   Network Service Protocol (NSP)
                  Segmentierung
                  Flußkontrolle (Start-Stop, Anforderungsbetrieb)
                  Quittierungsbetrieb mit Time Out Überwachung
                  Windowmechanismen

In der Schicht 1 (Physical Link Layer) stehen V.24, X.21 und Ethernet zur Auswahl.

Digital Data Communications Message Protocol (DDCMP, synchron und asynchron) und High-Level Data Link Control (HDLC, synchron) werden in der Schicht 2 (Data Link Layer) neben dem ISO-Protokoll 8802/2 für LANs eingesetzt. Durch die Benutzung von HDLC kann eine Anbindung an X.25 Netze leicht erfolgen.

Die Funktionalität der Schicht 3 (Routing Layer) wird in den älteren Versionen (Phase I bis IV) mit dem Routing Protocol erbracht. Dabei wird ein Datagrammdienst verwendet. Aufgaben des Routing Layers sind:

* Paket-Routing nach unterschiedlichen Algorithmen
* Überlasterkennung
* Elimination veralteter Pakete

Die Schicht 4 (End Communications Layer) verwendet das Network Service Protocol (NSP). NSP setzt ein verbindungsloses Protokoll in der Schicht 3 voraus.

Jede NSP Verbindung besteht aus zwei Kanälen (Subchannels):

- Normal Data Subchannel für Data Messages
- Other-Data Subchannel für Expedited Data und Flußkontrollmeldungen

Da die Netzwerkebene die Größe der Meldungen im Normal Data Subchannel limitiert, muß das NSP durch Segmentierung die Nachrichtengröße anpassen. Daten im zweiten Subchannel brauchen wegen ihrer kleineren Länge nicht segmentiert werden.

Start-Stop-Betrieb oder Anforderungsbetrieb sind die beiden Möglichkeiten zur Fluß-kontrolle, auf die sich beide Schicht 4 Instanzen beim Verbindungsaufbau einigen.

Jede Meldung muß von der empfangenden NSP-Instanz quittiert werden, wobei in einem Datenpaket auch eine Quittung enthalten sein kann. Kann keine Quittung innerhalb einer definierten Zeit empfangen werden, so wird erneut übertragen (die Time-out-Zeit wird dynamisch angepaßt).

Überlastungen des Netzes werden vermieden, indem auf eine Rückmeldung von der Netzwerkschicht die zulässige Anzahl unquittierter Datensegmente reduziert wird, wodurch die Segment-Senderate verkleinert wird.

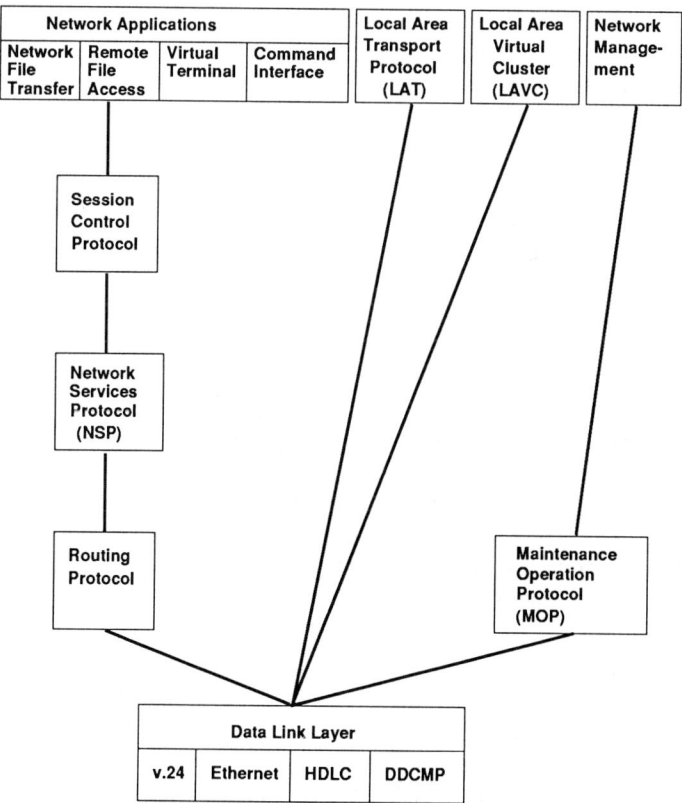

Bild 4.2.2:   Struktur in der Phase IV

4.2.1.2 DECnet Phase V

In der zukünftigen Phase V werden die unteren vier Schichten mit ISO-Protokollen realisiert sein (mit Rücksicht auf Phase IV wird bei LANs neben dem ISO Standard IEEE 802.3 auch Ethernet unterstützt).

Verbindungsloser Netzwerkdienst wird in der Schicht 3 (Network Layer ISO 8473) eingesetzt. Wird DECnet über ein X.25-Netz betrieben, so wird in DNA der verbindungsorientierte Netzwerkdienst angeboten.

Unterschiedliche Fälle gibt es auch in Schicht 4 (Transport Layer ISO 8073), wo Class 4 auf verbindungslosen Diensten der Schicht 3, Class 0 oder 2 bei verbindungsorientierten Diensten (X.25) definiert ist. Das in Phase IV verwendete Network Service Protocol (NSP) wird aus Kompatibilitätsgründen auch weiterhin unterstützt.

4.2.2 Schicht 5 bis 7

Ab der Schicht 5 (Session Layer) wird in DECnet Phase IV mit Session Control und den darauf aufbauenden Network Applications der Protokollstack aufgebaut.

Aufgaben des Session Control Protocols sind:

- Applikationsverbindungen mit Hilfe der Schicht 4
- Zugriffskontrolle (Connection Control)
- Überwachung der Verbindungen systemintern (Connection Control)
- Anforderung der möglichen Protokollsäulen im lokalen und entfernten System (Address Resolution)
- Abbildung von logischen Namen auf Adressen und Auswahl aller gemeinsamen Protokollsäulen vom lokalen und entfernten System (Address Selection)

Der Zugriff auf die Objektdatenbank erfolgt mit Hilfe eines Naming Service.

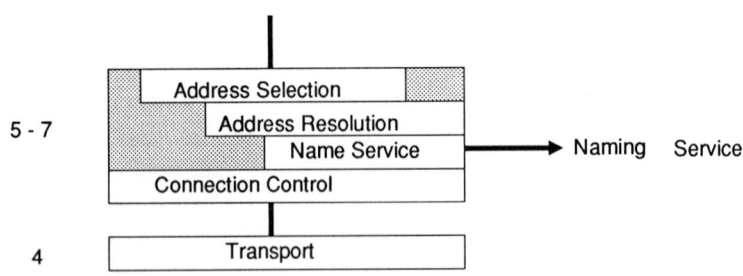

Bild 4.2.3:   Struktur der DNA-Schicht Session Control in Phase IV

Mit Phase V bietet DECnet zusätzlich die ISO-Protokolle Session, Presentation und Application (z.B. FTAM, VT) an.

Auf der obersten Ebene bietet DNA eine Vielzahl von Möglichkeiten wie:

- Anschluß an SNA-Netze (DNA simuliert einen SNA-Knoten vom Typ 2)
- Bereitstellung von DECnet-Resourcen für DOS-Rechner über Personal Computer-Systems Architecture (PCSA) auf Basis von Microsofts Server Message Block (SMB) Protocol
- Computer Conferencing
- Videotex
- Distributed Queueing zur netzweiten Nutzung von Druckern
- Remote System Management zur Softwareinstallation oder Backup-Verwaltung in entfernten Systemen sowie Ladevorgänge über Schicht 2 basierend auf dem Maintenance Operations Protocol (MOP)

Interessanterweise wird nicht verlangt, daß ein Netzzugriff immer über alle Protokollschichten erfolgt, sodaß ein direkter Zugriff auf Schicht 2 für spezielle Anwendungen möglich ist.

4.2.3 Abkürzungen (DNA)

DEC	Digital Equipment Corp.
DECnet	Netzwerkprodukte von DEC
DDCMP	Digital Data Communications Message Protocol
HDLC	High-level Data Link Control
NSP	Network Service Protocol
LAT	Local Area Transport
LAVC	Local Area Virtual Cluster
MOP	Maintenance Operations Protocol

4.2.4 Literatur

DEC: DECnet, DIGITAL Network Architecture (Phase IV),
                Session Control Functional Specification

DEC: DECnet, DIGITAL Network Architecture (Phase IV),
                NSP, Functional Specification, 1984

DEC: DECnet, DIGITAL Network Architecture (Phase IV),
                Routing Layer Functional Spezification

DEC: DECnet, DIGITAL Network Architecture (Phase V),
                General Description, 1987

4.3 System Network Architecture (SNA)

Überblick

SNA ist ein Netzwerkkonzept der Firma IBM. Während seiner Entwicklung ab 1974 wandelte sich dieses Konzept. Ursprünglich zur Anbindung einzelner Terminals an einen Hostrechner geplant, wurde dieses Konzept bald auf mehrere mögliche Hostrechner erweitert.

Durch die Einführung des Advanced Program-to-Program Communication-Konzepts wird eine komfortable Schnittstelle für Transaktionsprogramme bereitgestellt. Damit wird die bisherige hierarchische Struktur durch eine verteilte Struktur ersetzt. Erst 1986 wird mit dem Token Ring ein standardisiertes LAN in dieses SNA-Konzept eingebaut. Inzwischen ist es möglich, SNA-Netze mittels Satellitenübertragungsstrecken zu einem globalen Netz zu verbinden.

Neben der Protokolldefinition umfaßt SNA auch Festlegungen zur physischen und logischen Struktur der Netze, dem Management und Empfehlungen für die Anwendungen.

End User Layer	7
NAU Service Layer	6
Data Flow Control (DFC) Layer	5
Transmission Control (TC) Layer	4
Path Control (PC) Layer	3
Data Link Control (DLC) Layer	2
Physical Control Layer	1

Bild 4.3.1:   System Network Architecture (SNA)

Vor SNA:	>15 Link Control Protokolle
SNA-Ziel:	Anschluß aller IBM-Geräte an IBM-Mainframes
	hierarchische Struktur
	SNA Übertragungsprotokolle (SDLC, LU)
	SNA Management (DOMAIN)
Zukunft:	Abkehr von hierarchischer Struktur (APPC, APPN)
	Anschluß an öffentliche Netze (X.25)
	Migration nach OSI

Das SNA hat, bedingt durch seine historische Entwicklung, keine klare Schichtenstruktur. Trotzdem lassen sich einzelne Funktionen einer ISO-Schicht gleichsetzen.

106

4.3.1 SNA Protokollschichten

Die unterste Schicht bilden Data LinkControl (DLC) Elemente. DLC stellt, basierend auf den darunterliegenden physikalischen Übertragungsstrecken, einen sicheren bidirektionalen Kommunikationskanal bereit. DLC verbirgt die Realisierungsformen (Zweidraht oder Vierdraht sowie die Übertragungsgeschwindigkeit) vor den höheren Schichten.

Die Schicht Path Control (PC) stellt die Routingschicht dar. Eine Vollduplex-Verbindung zwischen Absender und Empfänger wird mit Hilfe der von DLC bereitgestellten Verbindungsabschnitte aufgebaut. Weiterhin ist es möglich, über eine Verbindung mehrere sogenannte Sessions zu verbinden. Die Trennung der Informationen und die Weitergabe an die zugehörige Session ist ebenfalls Aufgabe der Path Control Schicht.

Eine Session verbindet in der nächsthöheren Transmission Control (TC) Schicht zwei TC Elemente. Diese TC Elemente führen die sessionorientierte Flußkontrolle und Datenverschlüsselung durch.

Jede Session besteht aus zwei Half Sessions, wobei jede Half Session ein eigenes Data Flow Control (DFC) Element zum Aufbau eines End-to-End-Protokolls für diese Session umfaßt. DFC bietet drei Flußkontrollmöglichkeiten an:

- HDX-flip-flop (alternativer unidirektionaler Datenfluß)
- HDX-contention (bidirektionaler Datenfluß im Wettbewerb)
- FDX (simultaner bidirektionaler Datenfluß)

Das Bracket-Protocol wird zur Synchronisation der Anbindung und Trennung von Prozessen an Half Sessions benützt.

Mehrere Half Sessions werden zusammengefaßt und bilden somit eine Logical Unit (LU).

Solche LUs werden über Requests aufgefordert, eine Session zu bilden. Einige Half Sessions haben besondere Bedeutung. Die Netzwerkkontrolle erfolgt über Systems Services Control Points (SSCPs). Diese SSCPs überwachen Netzwerkressourcen innerhalb von SNA-Knoten über Sessions mit Physical Units (PUs).

Zugeordnet zu Half Sessions sind Prozesse, die Services Manager genannt werden. Jeder Knoten enthält einen PU Services Manager, optional einen SSCP Services Manager und für jede LU einen LU Services Manager.

4.3.2 Systemtypen

In einem SNA-Netz werden die Systeme nach Typen unterschieden:

- Typ 5 Hostsysteme mit zugehörigen Zugriffsmethoden
- Typ 4 Kommunikationskontroller (CUCN)
- Typ 2 Cluster-Kontroller (CCN)
- Typ 1 Terminal-Kontroller (TN)

Zentrale Bedeutung kommt den Typ 5-Systemen zu. Nur sie besitzen einen SSCP.
Typ 5-Systeme sind normalerweise IBM Großrechner.

Die Kommunikationskontroller (Typ 4) dienen als Front-End-Prozessoren und wickeln im wesentlichen den Datentransfer sowie die Fehlerbehandlung ab.

Bei den Cluster-Kontrollern existieren mehrere Varianten, die durch Weiterentwicklungen entstanden sind und sich in den eingesetzten Protokollen unterscheiden:
- der Typ 2.0 bildet die Brücke zwischen Hostsystem und Endgeräten, kann aber Anwenderprogramme ausführen,
- Typ 2.1 Knoten unterstützen das Advanced Peer-to-Peer Networking, wodurch Kommunikation zwischen Knoten dieses Typs direkt möglich wird.

4.3.3 Organisatorische Netzeinteilung

Verwaltungsmäßig wird ein SNA-Netz dadurch strukturiert, daß große Netze in Subareas eingeteilt werden. Jedes Subarea hat einen Subareaknoten vom Typ 4 oder Typ 5, dem alle anderen peripheren Knoten untergeordnet sind. Diese logische Einteilung beeinflußt die Adressierung der Systeme und auch den Datentransfer, der zwischen Subareas nur über die Subareaknoten erfolgen kann.

Zur Verwaltung der Netze dienen Domänen, die an einen Knoten vom Typ 5 gebunden sind und sich über mehrere Subareas erstrecken können.

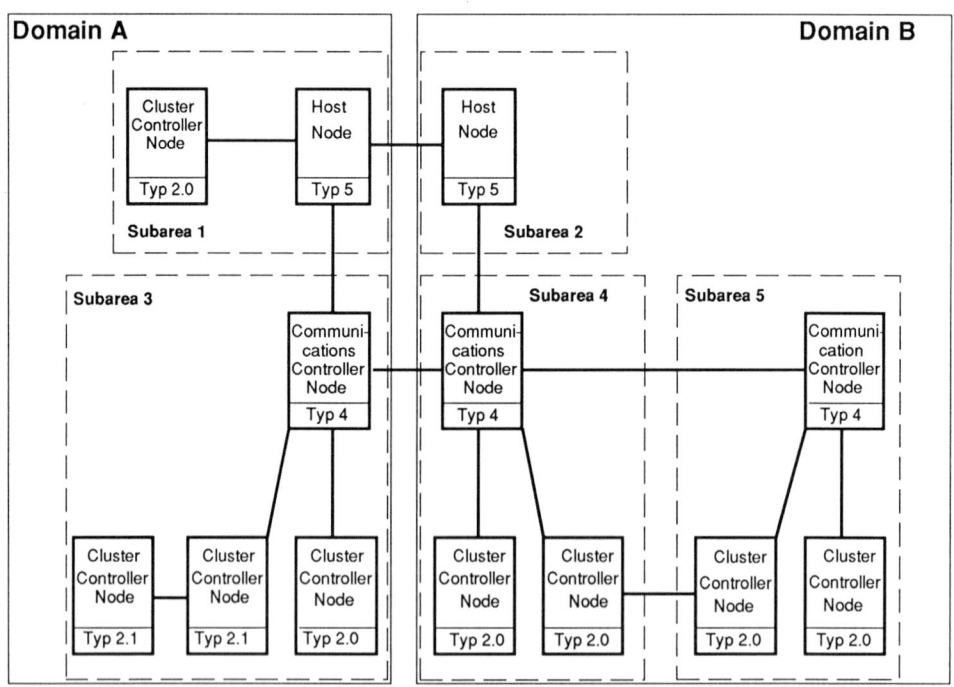

Bild 4.3.2:   Domänenstruktur

4.3.4 Logische Netzeinteilung

Die Basis für die logische Einteilung sind die Network Addressible Units (NAUs). Jeder Knoten enthält mindestens eine NAU, die Quelle oder Ziel von SNA-Datenströmen sein kann. Die NAUs sind durch ihre Netzwerkadresse unterscheidbar. Über eine NAU kann ein Anwenderprozeß das Netzwerk nutzen.

Drei Arten von NAUs existieren:

*   System Services Control Point (SSCP) zum Management einer Domäne sowie die im Leistungsumfang reduzierten SSCPs Physical Unit Control Point (PUCP) und Peripheral Node Control Point (PNCP),
*   Physical Unit (PU) zur Überwachung von Verbindungen und Knotentest,
*   Logical Unit (LU) erlaubt Benutzern für Datentransfer den Zugang zum SNA-Netz.

Logische Einteilung:

    Basis sind Network Addressible Units (NAUs)

    NAU sind Quelle und Ziel von Netzdaten z.B.:

        SSCP

        PU

        LU   verschiedene Typen je nach Kommunikationsart:

                    Anwenderspezifisch (LU0)

                    Host basierend, asymmetrisch (LU1,2,3,4,7)

                    Host Applikationen, symmetrisch (LU6.0,6.1)

Netzverwaltung:

    Gesamtnetz in kleinere Domänen unterteilt

    jede Domäne von einem Knoten vom Typ PU5 verwaltet

    Subdomänen von PU4 unter Kontrolle von PU5 verwaltet

4.3.5 Abkürzungen (SNA)

APPC   Advanced Peer-to-Peer Communication

APPN   Advanced Peer-to-Peer Networking

LU   Logical Unit

SDLC   Synchronous Data Link Control

HDX   Half Duplex

FDX   Full Duplex

TC   Transmission Control

PC   Path Control

DLC   Data Link Control

DFC   Data Flow Control

SSCL   System Services Control Point

PU   Physical Unit

NAU   Network Addrenable Unit

PNCP   Peripheral Network Control Print

PUCP   Physical Unit Control Point

4.4 SINEC

Die Bezeichnung SINEC steht für "SIEMENS Netzwerk Architektur für Automatisierung und Engineering". Der Begriff umfaßt sowohl Netzwerke als auch Protokolle, die zur flexiblen Lösung von Prozeß- und Fertigungsautomatisierungsaufgaben zur Verfügung stehen.

Das SINEC-Konzept geht von einer hierarchischen Gliederung der Aufgaben in einem Automatisierungssystem aus, wobei z.B. in den oberen, vorwiegend planenden Ebenen (Produktplanung, Produktionsleitung) große Datenmengen in längeren Zeitabständen übermittelt werden, dagegen in den unteren, prozeßnahen Ebenen die schnelle Übermittlung von kleinen Datenpaketen in den Vordergrund tritt (Bild 4.4.1).

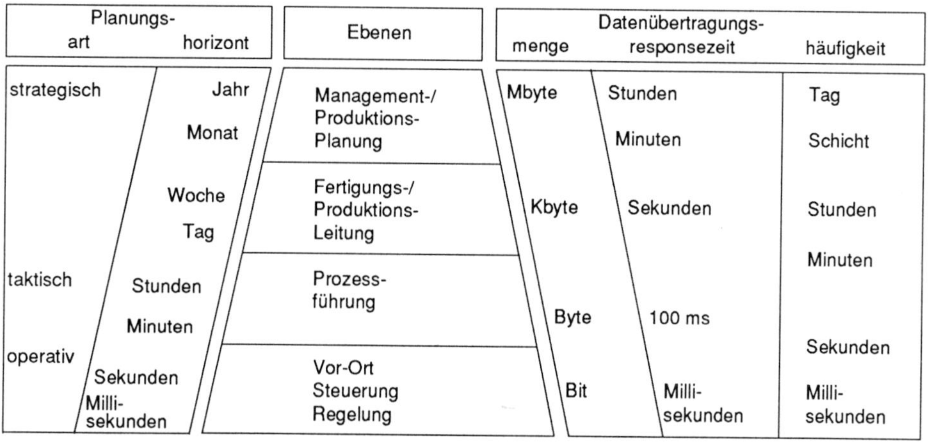

Planungs-		Ebenen	Datenübertragungs-		
art	horizont		menge	responsezeit	häufigkeit
strategisch	Jahr	Management-/ Produktions- Planung	Mbyte	Stunden	Tag
	Monat			Minuten	Schicht
	Woche	Fertigungs-/ Produktions- Leitung	Kbyte	Sekunden	Stunden
	Tag				
					Minuten
taktisch	Stunden	Prozess- führung			
	Minuten		Byte	100 ms	
operativ		Vor-Ort Steuerung Regelung			Sekunden
	Sekunden				
	Milli- sekunden		Bit	Milli- sekunden	Milli- sekunden

Bild 4.4.1:   Anforderungen an Kommunikationssysteme (Quelle: Siemens)

Diese unterschiedlichen Anforderungen können nicht unbedingt (in wirtschaftlicher Weise) von einem Netzwerk bzw. von einer Protokollarchitektur abgedeckt werden.

4.4.1 Netzwerke

Zur Lösung der Kommunikationsaufgaben mit SINEC-Netzwerken stehen leistungsmä-
ßig unterschiedliche Bussysteme zur Wahl, die, mit Ausnahme von SINEC L1, nationalen oder internationalen Normen (ISO-Normen) entsprechen (Bild 4.4.2).

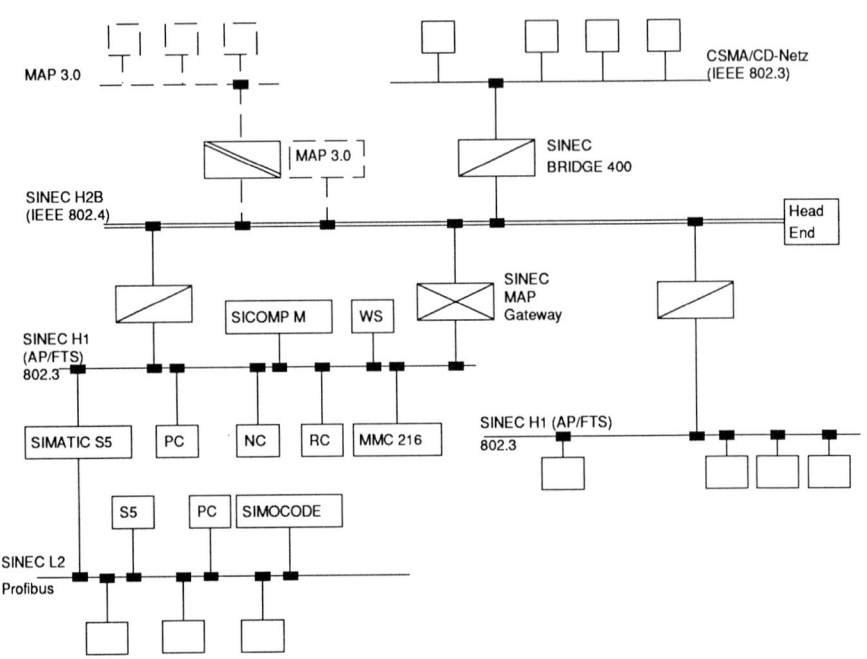

SINEC L2: - Netzwerk nach der Profibusnorm (DIN 19245) für den Lowrange-
            und Feldbereich
           - Kommunikation über SINEC AP/TF

SINEC H1: - Offenes Netzwerk nach internationalen Standards
           - Basis Netzwerk nach CSMA/CD für alle Systeme mit Ethernet-
             Anschluss
           - Heterogene Kommunikation der Verschiedenen Automatisierungs-
             Systeme unterschiedlicher Hersteller über SINEC AP) und
             SINEC FTS) (Ebene 5-7). Ebene 1-4 nach ISO.

SINEC H2B: - MAP-kompatibles Breitbandverteilnetzwerk nach IEEE 802.4/7
             für Daten, Sprache und Bild
           - Ankoppelung von SINEC H1 und CSMA/CD-Netzen über
             die SINEC BRIDGE 400
           - Offen für weitere Breitbanddienste

Bild 4.4.2:   Integriertes und offenes Netzwerkkonzept mit SINEC (Quelle: Siemens)

4.4.1.1 SINEC H2B

SINEC H2B ist ein Breitband-Netzwerk nach den internationalen Normen ISO 8802/4 und ISO 8802/7. Es ermöglicht die gleichzeitige Nutzung für so unterschiedliche Zwecke wie Daten-, Sprach- und Bildübertragung über getrennte Kanäle auf einem gemeinsamen Kabel. Der Anschluß der unterschiedlichen Systeme erfolgt durch Modems, die auf den gewünschten Kanal eingestellt werden. Für Rechnerkommunikation nach der MAP-Norm sind drei Kanalgruppen zu je 10 MBit/s vorgesehen.

Ein wesentlicher Vorteil des Breitband-Netzes ist die hohe Reichweite, die zusammen mit der Baum-Struktur des Netzes eine flächendeckende Vernetzung eines Bereiches von etwa 10 km x 10 km ermöglicht. Dadurch können auch relativ große Fabrikationsstätten mit einem gemeinsamen Netzwerk (Backbone-Netzwerk) ausgerüstet werden.

SINEC H1-Netzwerke können über Brücken an das SINEC H2B-Netz gekoppelt werden, wodurch eine Bushierarchie mit SINEC H2B als Backbone und SINEC H1 als unterlagertem Netzwerk entsteht (Bild 4.4.3).

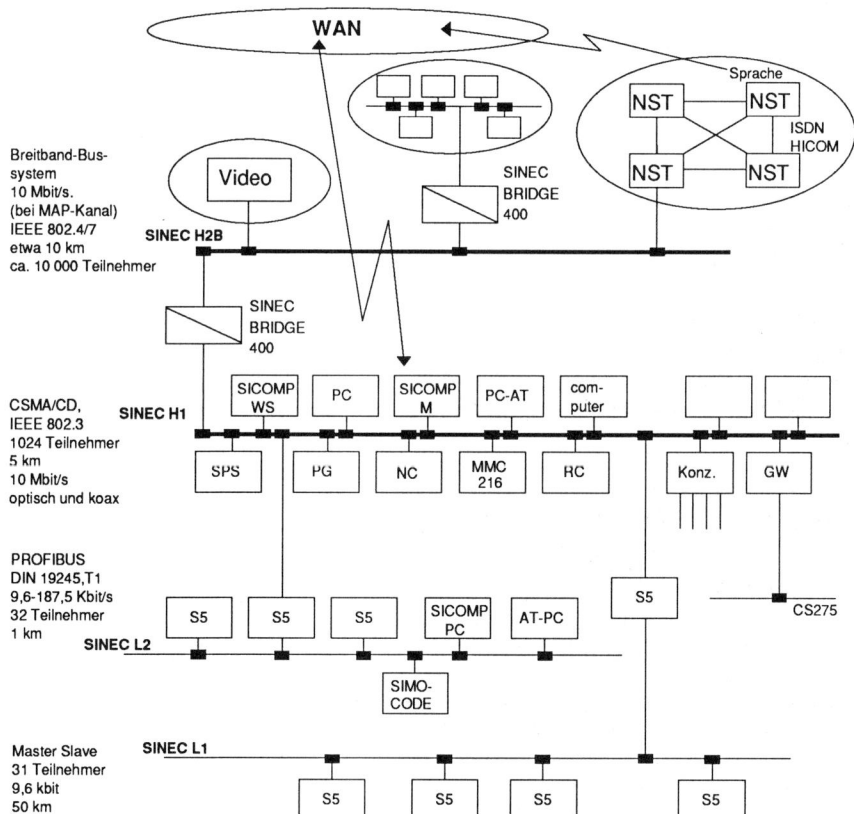

Bild 4.4.3:   SINEC Kommunikationsnetze (Quelle: Siemens)

Die Brücken bewirken dabei eine Verkehrsentkopplung zwischen den Netzen.

4.4.1.2 SINEC H1

SINEC H1 ist ein CSMA/CD-Netz nach der internationalen Norm ISO 8802/3. Diese Netztechnologie wurde ursprünglich unter dem Namen Ethernet bekannt, jedoch später mit geringen Änderungen als amerikanische Empfehlung IEEE 802.3 und als internationale Norm ISO 8802/3 übernommen. Die Übertragungsgeschwindigkeit beträgt 10 MBit/s. SINEC H1-Netze können sowohl in Koax- als auch in Lichtwellenleitertechnik aufgebaut werden, wobei beide Übertragungsverfahren auch kombiniert werden können. Der Vorteil der Lichtwellenleitertechnik liegt in der größeren Reichweite (bis 4,5 km) und in der gegenüber der SINEC H1-Koax-Technik nochmals verbesserten Störfestigkeit.

Gegenüber konventionellen Ethernet-Netzen weist jedoch bereits die koaxiale SINEC H1-Verkabelung eine verbesserte Abschirmung auf. Die Reichweite beträgt pro Segment max. 1,5 km. Segmente können durch Repeater gekoppelt werden, jedoch dürfen zwischen Quelle und Ziel eines Datenpakets nicht mehr als zwei Repeater liegen.

Gemessen an den anderen Netzwerken ist die Ethernet-Technik die am besten eingeführte und am weitesten verbreitete Netz-Technologie. Die meisten Computersysteme können an solche Netze angebunden werden, nachträgliche Erweiterungen sind vergleichsweise kostengünstig.

4.4.1.3 SINEC L2

SINEC L2 ist ein Feldbus nach DIN 19245, Teil 1. Die Übertragungsgeschwindigkeit beträgt zwischen 9,6 und 187,5 KBit/s und ist durch Software einstellbar. Als Buszugriffsverfahren wird das Token-Passing-Verfahren In Verbindung mit dem Master-Slave-Verfahren eingesetzt. Dies führt bereits bei der Konfigurierung zu einer Einteilung in aktive und passive Teilnehmer. Die Zahl der möglichen aktiven Busteilnehmer, zwischen denen der Token umläuft, beträgt 32.

Durch das Token-Passing-Prinzip ist es möglich, ein Datenpaket innerhalb einer vorhersagbaren (geringen) Zeitspanne dem Empfänger zuzustellen. Diese Eigenschaft ist in manchen prozeßnahen Anwendungen von Bedeutung (z.B. Regelkreise über das Netz).

Bedingt durch die einfachere Technik kann man gegenüber dem SINEC H2B- und dem SINEC H1-Netz kostengünstigere Anschaltungen erwarten.

4.4.1.4 SINEC L1

SINEC L1 ist ein kostengünstiges Netzwerk speziell für die SIMATIC-S5-Steuerungen. Die Übertragungsrate beträgt 9,6 KBit/s, es können bis zu 31 Teilnehmer angeschlossen werden. Der Buszugriff wird durch ein Master/Slave-Verfahren gesteuert, die maximale Reichweite beträgt 50 km.

Komponenten von Fremdherstellern können nicht angeschlossen werden.

4.4.2 Protokolle

Als Grundlage für die Definition der Protokolle, die die Kommunikation zwischen Systemen verschiedener Hersteller ermöglichen, wurde das ISO-7-Schichtenmodell geschaffen (siehe Kap. 1.2.1). In den Schichten 1-4 der SINEC-Protokollfamilie finden ISO-Protokolle Verwendung. Um bereits vor der Verabschiedung von ISO-Standards für die Ebenen 5, 6 und 7 im Bereich der Rechnerkommunikation tätig werden zu können, wurden von Siemens eigene Protokolle spezifiziert und veröffentlicht.

4.4.2.1 SINEC AP

SINEC AP ist ein offengelegtes Protokoll für die Fabrik-Kommunikation (AP=Automation Protocol). Es deckt die zum Zeitpunkt seines Entstehens noch undefinierten Schichten 5-7 ab. SINEC AP besteht aus dem AP-Monitor (Protokollabwickler) und den SINEC TF (TF=technologische Funktionen) (Bild 4.4.5).

Bei den SINEC TF unterscheidet man zwischen den nichtoffenen Diensten und den offenen Diensten.

• nicht offene Dienste

Als nicht offene Dienste werden diejenigen bezeichnet, die nach Schaffung von SINEC AP dem Benutzer zuerst zur Verfügung gestellt wurden. Sie weisen eine relativ geringe Komplexität auf, z.B. können mittels des Dienstes "serieller Transfer" anwendercodierte Nutzdaten übertragen werden. Die Interpretation der Daten liegt ausschließlich bei den Anwenderprogrammen.

• offene Dienste

Die offenen Dienste sind eine Untermenge der international genormten MMS-Dienste. Die Codierung der Protokolldateneinheiten wurde jedoch auf Basis des AP-Protokolls spezifiziert und entspricht nicht den MMS-Spezifikationen.

Die Anwenderschnittstelle der offenen Dienste entspricht mit gewissen Einschränkungen derjenigen gängiger MMS-Implementationen. MMS ist ein seit August 1989 verabschiedetes ISO-Schicht-7-Protokoll für den Fabrik-Bereich. Es wurde ursprünglich im Zuge des von General Motors ins Leben gerufenen MAP-Projekts entwickelt. Mit dem Stand MAP 3.0 wurde MMS mit einigen Änderungen zur ISO-Norm erhoben.

SINEC TF
(Technologische
Funktionen)

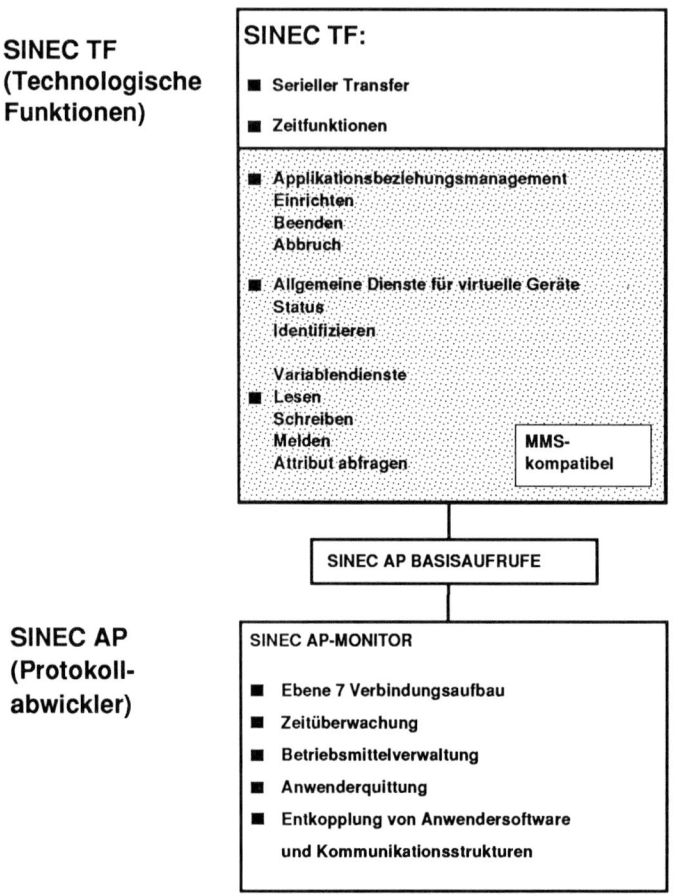

SINEC TF:

■ Serieller Transfer

■ Zeitfunktionen

■ Applikationsbeziehungsmanagement
Einrichten
Beenden
Abbruch

■ Allgemeine Dienste für virtuelle Geräte
Status
Identifizieren

Variablendienste
■ Lesen
Schreiben
Melden
Attribut abfragen

MMS-kompatibel

SINEC AP BASISAUFRUFE

SINEC AP
(Protokoll-
abwickler)

SINEC AP-MONITOR

■ Ebene 7 Verbindungsaufbau

■ Zeitüberwachung

■ Betriebsmittelverwaltung

■ Anwenderquittung

■ Entkopplung von Anwendersoftware
und Kommunikationsstrukturen

Bild 4.4.4:   SINEC-Protokollarchitektur

Die Einführung der MMS-kompatiblen Dienste im SINEC AP stellt eine Übergangshilfe für die Kommunikationssoftware-Anwender dar, die dadurch bei der Implementierung neuer Applikationen bereits Rücksicht auf die spätere Verwendung von MMS-Implementierungen nehmen können, dabei aber die bereits vorhandene SINEC AP-Software verwenden können. Damit kann die Zeit bis zur Verfügbarkeit verläßlicher MMS-Implementationen überbrückt werden.

Da auch die offenen Dienste auf dem SINEC AP-Protokoll basieren, ist eine Kommunikation mit Geräten, die MMS benutzen, nur über ein Gateway möglich.

Bild 4.4.6 zeigt eine Gegenüberstellung von MAP- und SINEC-Protokollen im ISO-7-Schichten-Modell.

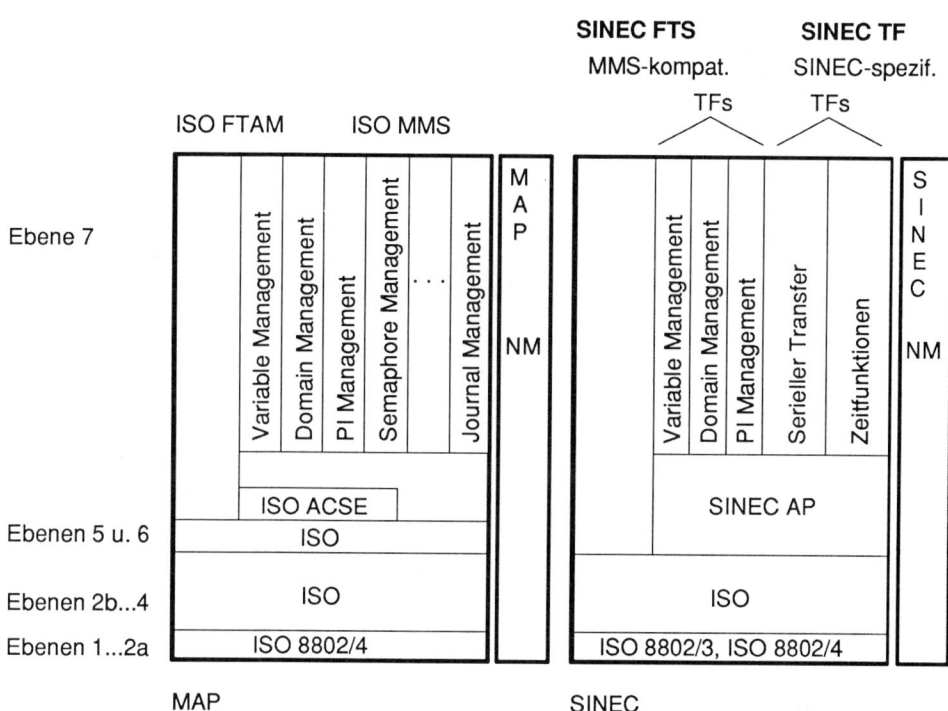

Bild 4.4.5:   Protokollarchitektur für lokale Netze nach ISO im Vergleich zur
               SINEC-Protokollarchitektur

4.4.2.2 SINEC-FTS

SINEC FTS ist ein offengelegtes Protokoll für den Filetransfer. Ähnlich wie SINEC AP
werden die Schichten 5-7 des ISO-Modells abgedeckt. Anders als SINEC AP wird
SINEC FTS vor allem von Planungs- und Leitsystemen verwendet, deren Datenaustausch relativ selten, mit großen Datenmengen und zeitunkritisch stattfindet. SINEC
FTS wird auf lange Sicht vom ISO-Protokoll FTAM abgelöst.

4.4.2.3 SINEC NM

Zur Projektierung und Überwachung von SINEC-Netzwerken steht das SINEC Netz-
Management zur Verfügung. Damit können von einer zentralen Stelle aus die Netzkom-
ponenten konfiguriert und verwaltet werden, sowie Betriebszustände und Fehlerbedin-
gungen diagnostiziert werden.

Bild 4.4.7 und 4.4.8 zeigen die Einordnung der SINEC-Protokolle in das ISO-7-Schich-
ten-Modell.

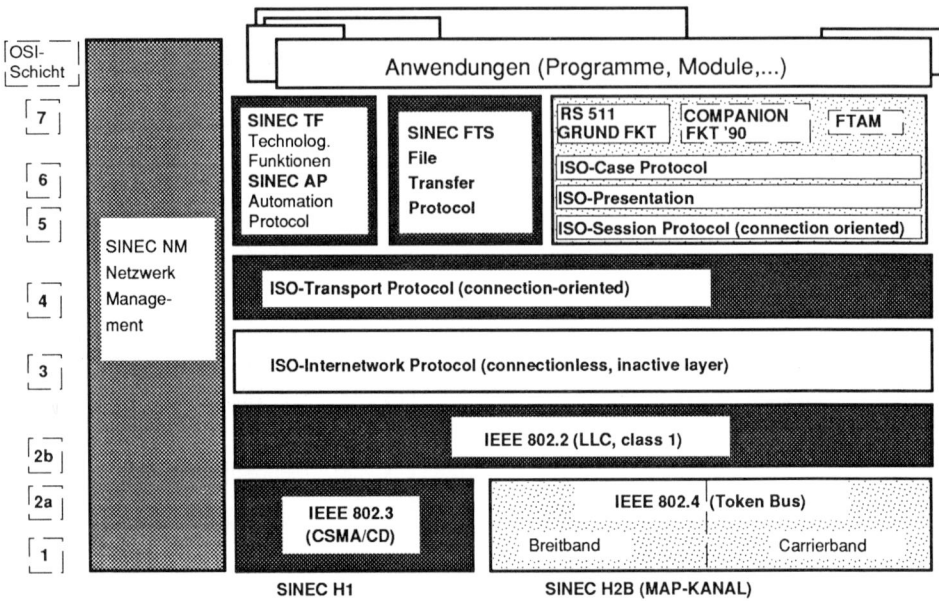

Bild 4.4.6: Protokollarchitektur für die Kommunikation im Automatisierungsverbund

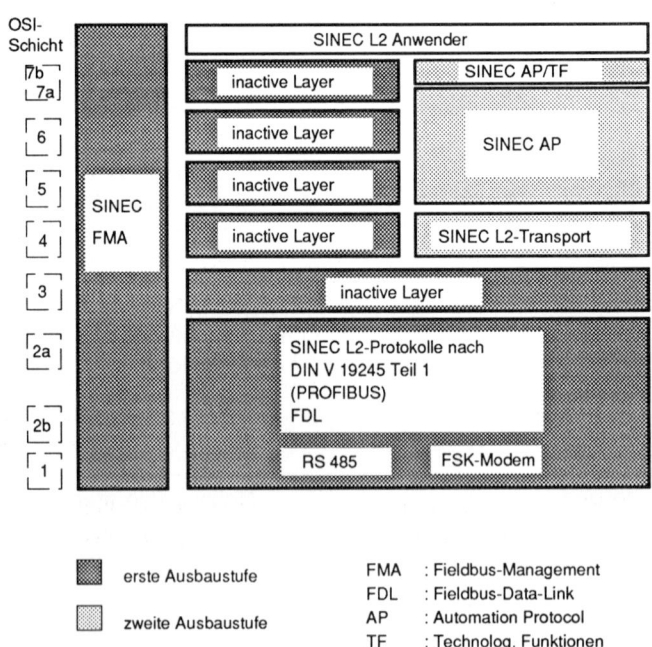

Bild 4.4.7: SINEC L2 Protokollarchitektur

5 Öffentliche Weitverkehrsnetze

In diesem Kapitel wird kurz auf die verschiedenen öffentlichen Netze im Bereich der Deutschen Bundespost eingegangen. Ausgehend vom Fernsprechnetz wird die Einführung des diensteintegrierenden Digitalnetzes (ISDN, Integrated Services Digital Network) erläutert. Anschließend werden einige Grundmerkmale, -modelle und -konzepte des ISDN vorgestellt.

5.1 Heutige Netzsituation

Die öffentlichen Kommunikationsnetze stellen im Moment auf den jeweiligen Kommunikationsdienst optimierte Netze dar, werden also dienstspezifisch genutzt. Die verschiedenen Dienste sind hierbei unterschiedlich weit verbreitet. Am weitesten verbreitet ist sicherlich der Telefondienst, welcher über das analoge Fernsprechnetz abgewickelt wird. Dieses Netz wird außerdem vom Telefaxdienst mitbenutzt. Durch internationale Standardisierung werden diese Dienste weltweit angeboten. Daneben erlauben neuerdings Modems, welche eine Umsetzung der digitalen auf analoge Signale durchführen, die Nutzung des Fernsprechnetzes durch Bildschirmtext sowie durch Datenübermittlungsdienste mit V.-Schnittstellen. Daneben existieren Text- und Datennetze, welche Mitte der siebziger Jahre im Bereich der Deutschen Bundespost zum *Integrierten Text- und Datennetz* (IDN) zusammengefaßt wurden. Zunächst handelte es sich um das Telexnetz für Fernschreibdienste, das DATEX-L-Netz, über das leitungsvermittelte Datendienste sowie Teletex abgewickelt wurden, das postinterne Gentex-Netz zur Übermittlung von Telegrammen sowie das Direktrufnetz für festgeschaltete Verbindungen.

1980 wurde als neuer Teil des IDN ein öffentliches Paketvermittlungsnetz, DATEX-P, in Betrieb genommen, welches den Anschluß paketorientierter Endgeräte entsprechend CCITT-Empfehlung X.25 sowie zeichenorientierter Geräte nach entsprechender PAD-Anpassung (Packet Assembly /Disassembly) entsprechend X.28 / X.29 erlaubt. In Bild 5.1.1 sind die im Fernsprechnetz abgewickelten Dienste dargestellt, Bild 5.1.2 zeigt die vom Integrierten Text- und Datennetz zur Verfügung gestellten Dienste.

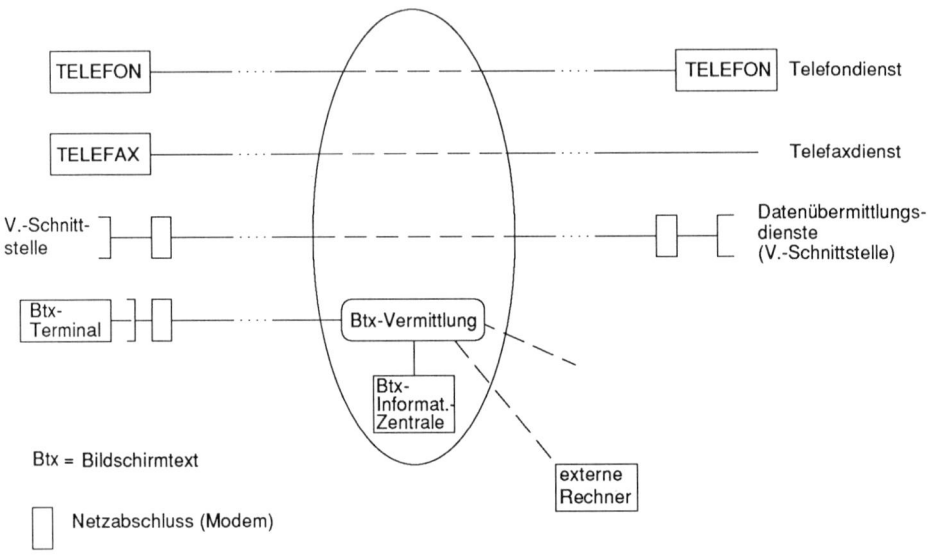

Bild 5.1.1:   Dienste im Fernsprechnetz der DBP [13]

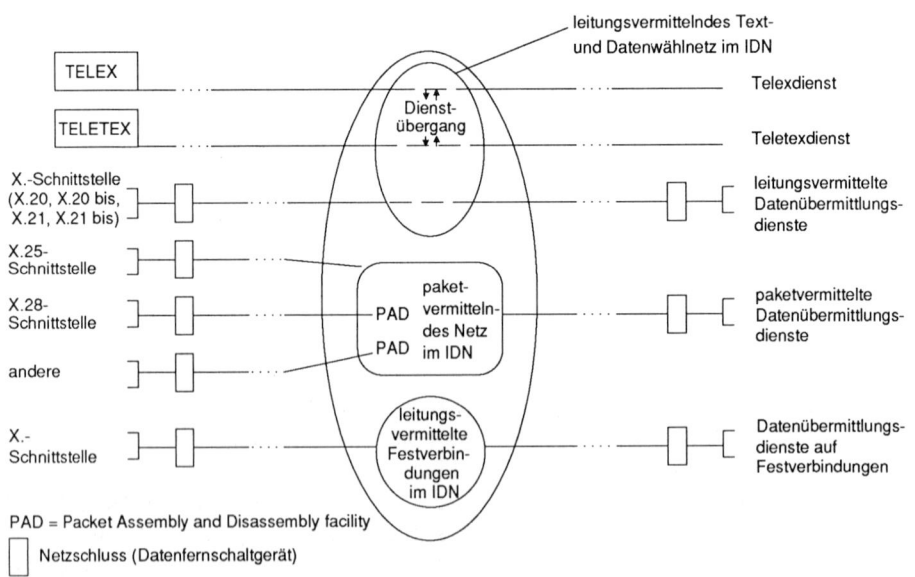

Bild 5.1.2:   Dienste im integrierten Text- und Datennetz (IDN) [13]

Das weitaus dichteste Netz mit ca. 25 Mio. Teilnehmern im Bereich der Deutschen Bundespost ist das *Fernsprechnetz*. Damit verbunden ist eine sehr kurze mittlere Länge der Teilnehmeranschlußleitung von ca. 2 km, was für die Netzkosten entscheidend ist. Dem Netz liegt eine vierstufige Hierarchie von Zentral-, Haupt-, Knoten-, und Ortsvermittlungsstellen (ZVST,HVST,KVST,OVST) zugrunde (siehe Bild 5.1.3), welche im Fernnetz untereinander stark vermascht sind. Das Fernsprechnetz ist ausgelegt auf die Übertragung der analogen Sprachsignale mit einer Bandbreite von 3,4 kHz. Daneben nutzen, wie bereits erwähnt, der Telefaxdienst sowie Bildschirmtext und Datenübermittlungsdienste über Modems dieses Netz. Weltweit liegt die Zahl der angeschlossenen Teilnehmer bei ungefähr 550 Millionen , deshalb wird das Fernsprechnetz gerne als "Größte Maschine der Welt" bezeichnet.

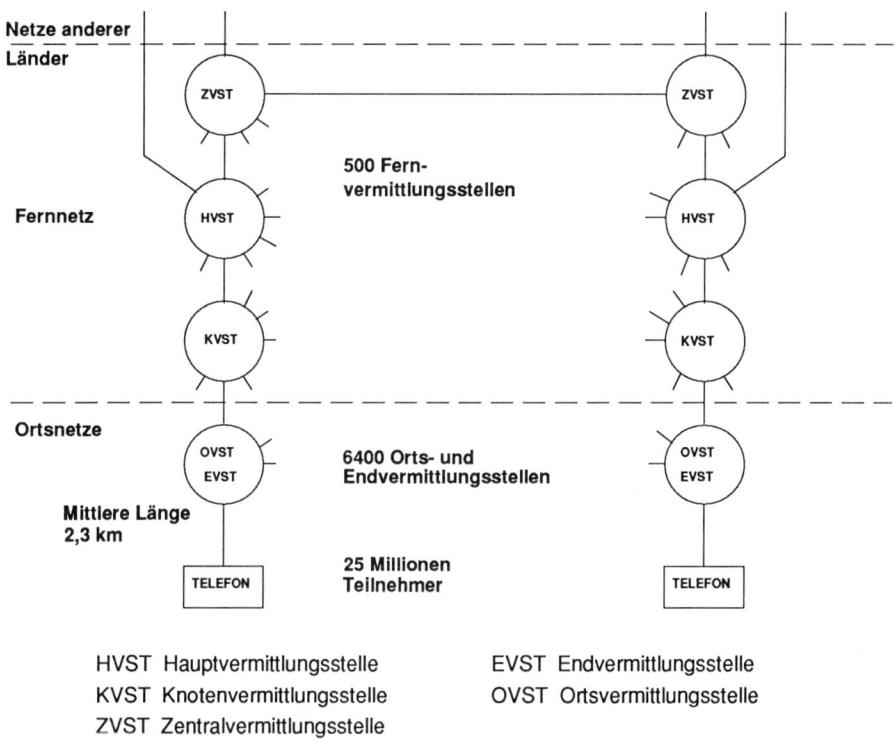

HVST Hauptvermittlungsstelle   EVST Endvermittlungsstelle
KVST Knotenvermittlungsstelle   OVST Ortsvermittlungsstelle
ZVST Zentralvermittlungsstelle

Bild 5.1.3:   Netzstruktur des Fernsprechnetzes [13]

Beim DATEX-L handelt es sich um ein digitales, durchschaltevermitteltes Netz aus 23 Vermittlungsstellen, die untereinander voll vermascht sind. Bild 5.1.4 zeigt die entsprechende Netzstruktur.

Es erlaubt Datenverbindungen mit einer Datenrate von bis zu 64 kbit/s. Insbesondere wird dieses Netz für die Telex- und Teletexdienste benutzt. Verglichen mit der Datenübermittlung im Fernsprechnetz ist neben einer höheren möglichen Übertragungsrate insbesondere eine geringere Fehlerrate sowie kürzere Verbindungsaufbauzeit von Bedeutung.

Resultierend aus der geringeren Teilnehmerzahl (ca. 300000 Teilnehmer) und dadurch bedingten Teilnehmeranschlußlänge von ca. 60 km spielt hier der Anschlußkostenfaktor eine größere Rolle.

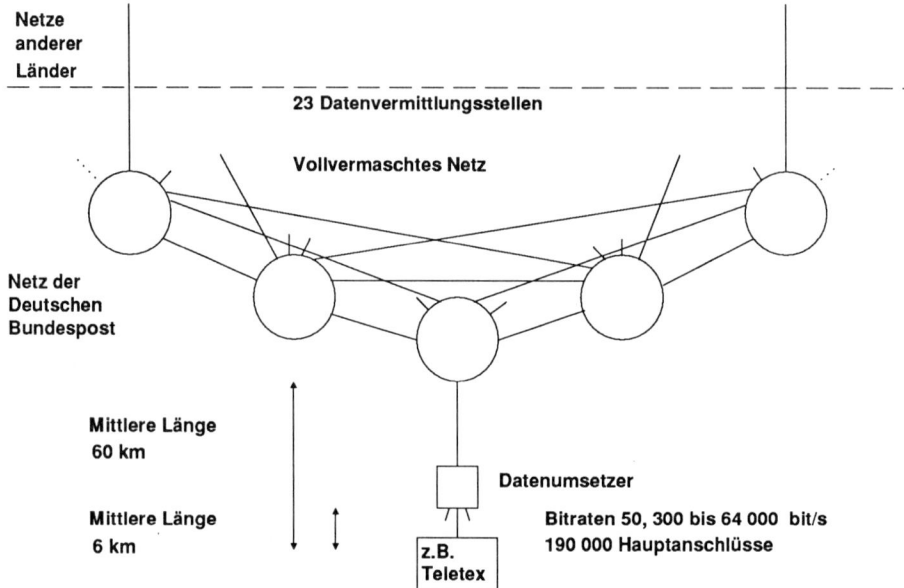

Bild 5.1.4:   Netzstruktur des DATEX-L [13]

Paketvermittlungsnetze wie DATEX-P haben sich erst in neuerer Zeit entwickelt, sind inzwischen aber in ca. 110 Ländern eingeführt. Besonders geeignet sind Paketvermittlungsnetze für Datenverkehr mit stoßweisem Verkehrsaufkommen, wie er z.B. im Dialog mit Datenverarbeitungsanlagen auftritt. Dabei lassen sich mehrere Verbindungen mit variabler Bandbreite über eine Leitung (zeitlich geschachtelt) abwickeln. Dies spart Übertragungskapazität.

Als Nachteil ist jedoch die lastabhängige Verzögerung der Informationsübermittlung zu sehen, welche insbesondere bei Sprachübermittlung zu Problemen führt. Da es sich bei DATEX-P um ein relativ kleines Netz mit 34 vollvermaschten Vermittlungsstellen und nur ca. 50000 Teilnehmern handelt, sind die Verbindungsaufbauzeiten relativ gering. Übertragungsgeschwindigkeiten bis hinauf zu 48 kbit/s sind möglich.

Nachteilig ist wiederum die große Länge der kostenintensiven Teilnehmeranschlußleitung. Standardisiert sind im Netz lediglich die ISO Schichten 1 bis 3 (CCITT-Empfehlung X.25), die Protokolle ab Schicht 4 werden vom Netz nicht interpretiert und können somit vom Benutzer frei gewählt werden. Unter Ausnutzung der PAD-Dienste (Packet Assembly / Disassembly) können auch zeichenorientierte Endgeräte angeschlossen werden (CCITT-Empfehlungen X.3, X.28, X.29). Die zahlreichen Zugangsmöglichkeiten zum DATEX-P sind in Bild 5.1.5 dargestellt.

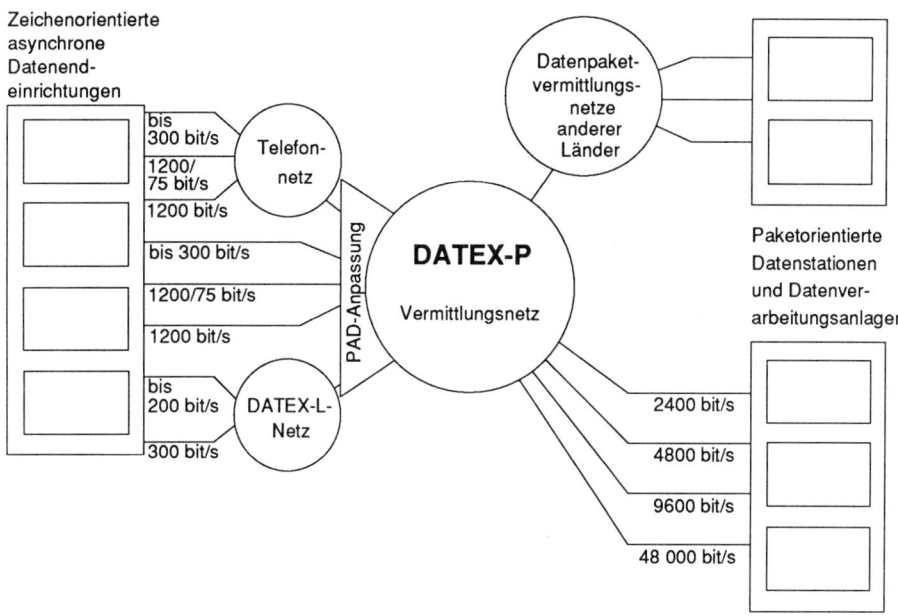

Bild 5.1.5:   Zugangsmöglichkeiten zum DATEX-P

5.2 Einführung des ISDN

Aus wirtschaftlichen Gründen entwickelte sich das Fernsprechnetz in letzter Zeit immer mehr vom analogen zum digitalen Netz. Digitalbausteine sind kostengünstiger und hoch integrierbar. Durch Einführung digitaler Übertragungssysteme und digitaler Vermittlungsstellen werden analoge Einrichtungen, wenn man die Teilnehmeranschlußleitungen nicht betrachtet, immer mehr verdrängt. Die analogen Sprachsignale mit einer Bandbreite von 3,4 kHz werden am Eingang der Vermittlungsstelle umgesetzt in Digitalsignale mit einer Übertragungsrate von 64 kbit/s. Auch im Bereich der Zwischenamtssignalisierung verwenden neue Vermittlungsstellen bereits ein vom Sprechwegenetz entkoppeltes Signalisiernetz (Signalisiersystem No.7).

Damit bildet dieses digitalisierte Fernsprechnetz mit seiner Infrastruktur die ideale Basis zur Einführung des ISDN (Integrated Services Digital Network); eine Einbeziehung der bestehenden Spezialnetze ist hierbei zumindest in einer Übergangsphase ebenfalls vorgesehen.

Nach Digitalisierung der Teilnehmeranschlußleitung stehen dem Benutzer damit durchgehend digitalisierte Kanäle mit einer Übertragungsrate von 64 kbit/s zur Verfügung, die neben der Sprachkommunikation auch für andere Dienste genutzt werden können. Von besonderer wirtschaftlicher Bedeutung ist hierbei, daß die in riesiger Menge verlegten, herkömmlichen Teilnehmeranschlußleitungen (Kupferdoppelader) weiterverwendet werden können.

Hinter der Einführung des ISDN steht die Absicht, die Vielfalt bestehender spezifischer Netze mit unterschiedlichen Benutzer-Netz-Schnittstellen, Rufnummern, Gebühren-strukturen usw. in ein einziges Kommunikationsnetz mit einheitlicher Schnittstelle zum Netz überzuführen. Dieses Netz integriert alle bestehenden sowie neu zu definierenden Dienste und erlaubt dem Teilnehmer den Zugang über eine einheitliche Benutzer-Netz-Schnittstelle, auch mit Kommunikationssteckdose bezeichnet. Zumindest die erste Ausbaustufe des ISDN (Schmalband-ISDN), ist inzwischen weitgehend von CCITT standardisiert. Ein wichtiges Merkmal des ISDN ist die Möglichkeit für den Benutzer, an diese Kommunikationssteckdose unterschiedliche Endgeräte beliebig ein- und ausstek-ken zu können. Zusammen mit der Möglichkeit, mehrere Endgeräte gleichzeitig zu betreiben, sowie einer von der Nutzverbindung unabhängigen Signalisierung erlaubt dies dem Benutzer, Dienstwechsel durchzuführen, z.B. während einer Telefonverbin-dung zwischendurch auf den Telefax-Dienst zu wechseln. Weitere Merkmale und Verbesserungen aus Sicht des Benutzers sind im folgenden stichwortartig aufgeführt:

- Sprachdienste
    - bessere Sprachqualität
    - zwei gleichzeitige Verbindungen unter einer Rufnummer
    - Bedienerführung und Anzeige durch ISDN-Endgerät
    - text- bzw. standbildbegleitete Sprechverbindungen

- Text- und Datendienste
    - schnellere Übertragung durch höhere Übertragungsraten
    - allgemeine Zugangsmöglichkeit zu Datenbanken
    - elektronischer Briefkasten
    - sprachbegleitete Text- und Datenverbindungen

- Bilddienste
    - Standbildübertragung
    - schnellerer Bildschirmtext mit höherer Auflösung
    - Zugriff auf Bildarchive
    - Bildfernsprechen

- Zusätzliche Dienste im Breitband-ISDN
    - Bewegtbildübertragung: Bildfernsprechen, Videokonferenz,
      Videoverteildienste
    - schnelle Datenübertragung (bis 140 Mbit/s)

5.3 Dienstekonzept im ISDN

Wie bereits erwähnt, integriert das ISDN die unterschiedlichsten Kommunikationsdienste wie Fernsprechen, Teletex, Telefax, Bildschirmtext und Datenübertragung in ein gemeinsames Netz. Diese Dienste werden charakterisiert durch ihre technischen, betrieblichen und benutzungsrechtlichen Dienstmerkmale. Je nach Umfang der Standardisierung der Kommunikationsfunktionen und -protokolle in Bezug auf die Schichten des Architekturmodells werden die Dienste bei CCITT in zwei Gruppen unterteilt: Übermittlungsdienste (Bearer Services) und Teledienste (Teleservices).

Übermittlungsdienste dienen der code- und anwendungsunabhängigen Datenübermittlung, wie sie bisher in den Übermittlungsdiensten über DATEX-L und DATEX-P im Integrierten Text- und Datennetz IDN der Deutschen Bundespost realisiert ist. Die technischen Festlegungen dieser Dienste umfassen die für den Nachrichtentransport erforderlichen übermittlungstechnischen Funktionen der Schichten 1 bis 3 des ISO-Architekturmodells. Ein Übermittlungsdienst stellt nur den Informationstransport im Bereich zwischen den jeweiligen Benutzer-Netz-Schnittstellen sicher, d.h. die Kompatibilität der Kommunikationsfunktionen (Protokolle) in den Endeinrichtungen liegt - im Unterschied zu den Telediensten - in der Verantwortung der Betreiber dieser Endeinrichtungen.

Unter den Telediensten werden Dienste für die direkte Benutzer-Benutzer-Kommunikation unter Festlegung der Kommunikationsfunktionen der Endeinrichtungen verstanden. Die Kommunikationsformen umfassen sowohl sämtliche übermittlungstechnischen Funktionen und Kommunikationsprotokolle der Schichten 1 bis 3 als auch die Funktionen und Protokolle zur Steuerung der Kommunikationsprozesse (z.B. zur Übermittlung von alphanumerischen Schriftzeichen oder Bildpunkten eines Faksimilebildes) und zur Darstellung der übermittelten Informationen bei der Reproduktion auf der Empfangsseite (Schichten 4 bis 7). Teledienste stellen durch ihre Festlegungen die Kompatibilität zwischen den für den jeweiligen Dienst zugelassenen Endeinrichtungen sicher, also u.a. hinsichtlich der Codierung und Struktur der zu übermittelnden Nutzinformationen. Weiterhin enthalten die Teledienste noch die sogenannten zusätzlichen Dienstmerkmale, die gewisse Unterstützungsfunktionen des Netzes darstellen. Beim Dienst Fernsprechen handelt es sich dabei um Funktionen wie Anrufumleitung, Makeln, Weckdienst, Ruhe vor dem Telefon, etc.. Die möglichen Dienste im Schmalband-ISDN auf Grundlage der 64 kbit/s-Kanäle sind in dem Bild 5.3.1 zusammengestellt. Weitere Dienste wie Bewegtbildübertragung für Bildfernsprechen oder Videokonferenzen sind erst mit Einführung des Breitband-ISDN möglich. Bild 5.3.2 zeigt die zusätzlichen Dienstmerkmale dieser ISDN-Dienste, wie sie zum Teil bereits aus der Nebenstellentechnik bekannt sind.

ISDN - Dienste

	Übermittlungs-dienste	Standard-dienste	Höhere Dienste	Sonderdienste
Neue ISDN-Dienste mit 64 kbit/s	ISDN-Datenübermitt-lung (leitungsvermittelt, paketvermittelt)	ISDN-Fernsprechen, -Fernsprech-konferenz ISDN-Teletex ISDN-Telefax (Gruppe 4) ISDN-Textfax	ISDN-Bildschirmtext Voice Mail Text Mail Fax Mail	ISDN-Sicherheitsdienste* ISDN-Fernwirken*
Bestehende Dienste aus dem Fernsprechnetz	Datenübermittlung mit V.-Schnitt-stellen (parallel, seriell)	Fernsprechen Telefax (Gruppe 2/3)	Bildschirmtext (1200/75 bit/s, 1200/1200 bit/s, 2400/2400 bit/s)	Sicherheitsdienste
Dienste für Endgeräte des Integrierten Text- und Daten-netzes (IDN)	Für Daten-übermittlung mit Schnittstelle X.21	Für Teletex (2400 bit/s) Gegebenenfalls für Faksimile Gruppe 4 (9600 bit/s)	Gegebenenfalls für Bildschirmtext (2400 bit/s)	

* Gegebenenfalls über 16-kbit/s-Signalisierungskanal

Bild 5.3.1:   Dienste im Schmalband-ISDN [14]

ISDN-Zusatzdienstmerkmale	Neue ISDN-Dienste				
	ISDN-Datenüber-mittlung (leitungs-vermittelt)	ISDN-Fern-sprechen	ISDN-Teletex	ISDN-Telefax	ISDN-Bildschirm-text
Anklopfen mit Anzeige		X			
Anrufliste		X			
Anrufumleitung		X			
Anzeige der Rufnummer des rufenden Teilnehmers		X	XO	XO	
Automatischer Rückruf		X			
Datum und Uhrzeit			X	X	O
Dienstwechsel während der Verbindung	X	X		X	
Durchwahl	X	X	X	X	X
Fangen		X			
Gebührenanzeige	X	X	X	X	XO
Gebührenübernahme	X	X	X	X	
Geschlossene Benutzergruppe	X	X	X	X	X
Hinweisgabe		XO			O
Konferenzschaltung		X			
Kurzwahl	O	O	O	O	O
Notruf		X			
Rückfrage, Makeln (Trennen)		X			
Rufweiterschaltung		X			
Ruhe vor dem Telefon		O			
Rundsenden	O		O	O	
Sperren bestimmter Verbindungen	X	X	X	X	
Wahlwiederholung		O	O	O	O
Automatischer Weckdienst		X			

X Realisierung im Netz
O Realisierung im Endgerät oder in der Dienstzentrale

Bild 5.3.2:   Zusatzdienstmerkmale der ISDN-Dienste [13]

5.4 ISDN-Teilnehmerzugang

Ein Grundprinzip des ISDN ist die einheitliche Teilnehmerschnittstelle. Der Kanal mit der niedrigsten Bitrate im ISDN ist der Basiskanal (B-Kanal) mit 64 kbit/s. Falls kleinere Bitraten verwendet werden sollen, sind diese in geeigneter Weise mit Hilfe von Füllbits auf 64 kbit/s anzupassen, wobei gegebenenfalls mehrere Ströme statisch gemultiplext werden können. Dem Teilnehmer steht ein Basisanschluß mit zwei solchen B-Kanälen sowie einem Signalisierkanal (D-Kanal) mit 16 kbit/s zur Verfügung.

Für höhere Bandbreitenanforderungen, z.B. auch zum Anschluß von Nebenstellenanlagen, wurde eine Hierarchie von Kanalstrukturen definiert, die auf Vielfachen der Bandbreite eines B-Kanals beruhen:

- 6 B-Kanäle: 384 kbit/s (H0-Kanal)
- 24 B-Kanäle: 1536 kbit/s (H11-Kanal)
- 30 B-Kanäle: 1920 kbit/s (H12-Kanal)

Der H11-Kanal hat seine Bedeutung in Netzen, in denen die Primärrate 1544 kbit/s beträgt (USA und Japan). Entsprechend hat der H12-Kanal seine Bedeutung für eine Primärrate von 2048 kbit/s. Darüberhinaus sind für die Benutzung in einem Breitband-ISDN weitere Kanalstrukturen definiert:

H21-Kanal: 32,7 Mbit/s
H22-Kanal: 43...45 Mbit/s
H4-Kanal: ca. 140 Mbit/s

Die logische Struktur eines Basisanschlusses (Basic Access) zeigt Bild 5.4.1. Bei einer Gesamtübertragungsrate auf der Anschlußleitung von 192 kbit/s stehen dem Benutzer insgesamt 144 kbit/s Nutzübertragungsrate zur Verfügung. Diese sind aufgeteilt in zwei unabhängige B-Kanäle mit je 64 kbit/s und einen D-Kanal mit 16 kbit/s. Die B-Kanäle finden ausschließlich für Nutzdaten wie Sprache oder Paketdaten Verwendung. Der D-Kanal hingegen wurde eingeführt zur getrennten Übermittlung der Signalisierinformationen (s-Daten). Damit ist im ISDN eine strikte Trennung von Nutz- und Signalisierdaten verwirklicht. Eine Einschränkung dieses Konzepts erfolgte allerdings durch Überlegungen, diesen kaum ausgelasteten Signalisierkanal mit zusätzlichen niederratigen Paketdaten (p-Daten) oder Telemetriedaten (t-Daten) zu beaufschlagen. Als mögliche Anwendung von Telemetriedaten für die Zukunft wird zum Beispiel daran gedacht, von Energieversorgungsunternehmen aus direkt über das Netz Zählerstände in Privathaushalten abzufragen. Vorteil dieser Methode ist die Ausnutzungsmöglichkeit der Übertragungskapazität, allerdings darf dadurch die Signalisierung nicht wesentlich beeinträchtigt werden.

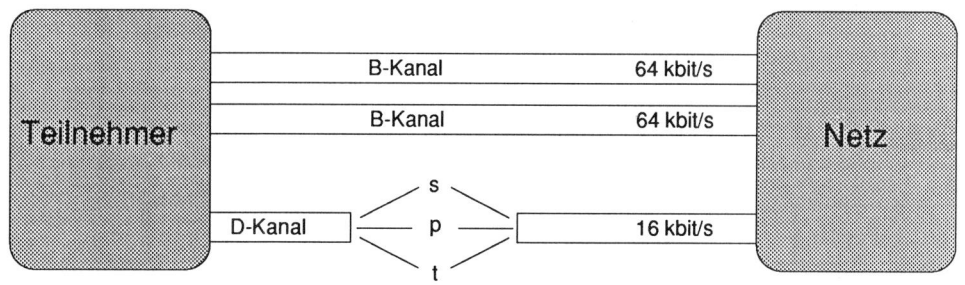

- ■ s   Signalisierinformation

- ■ p   Paketdaten

- ■ t   Telemetriedaten

Bild 5.4.1:   Logische Struktur des Basisanschlusses

Bild 5.4.2 zeigt die in der CCITT-Empfehlung I.430 definierte Referenzkonfiguration für den ISDN-Teilnehmeranschluß. Während die S-Schnittstelle international vollständig spezifiziert ist, da sie die eigentliche "ISDN-Schnittstelle" aus der Sicht des Anwenders darstellt, ist die U-Schnittstelle, also der Teil der Teilnehmeranschlußleitung zwischen Netzabschluß NT1 (Network Termination 1) und der Vermittlungsstelle, nur in Bezug auf die logischen Funktionen international standardisiert, da an dieser Stelle Rücksicht auf die Gegebenheiten in den nationalen Netzen (mittlere Anschlußleitungslänge, Kodierung ...) genommen werden muß. An einem Basisanschluß können bis zu 8 Endgeräte betrieben werden.

Neben ISDN-Endgeräten können auch nicht-ISDN-fähige Endgeräte (z.B. paketdaten-orientierte Endgeräte entsprechend X.25) über Terminaladapter (TA) angeschlossen werden. Die Baugruppe NT1 (als Anschlußkasten beim Teilnehmer vorhanden) setzt die Signale aus der zweidrähtigen Übertragungstechnik der U-Schnittstelle in die vierdrähtige Übertragungstechnik der S(T)-Schnittstelle um (Schicht 1 Funktionen). Die Baugruppe NT2 ist, wenn vorhanden, als Nebenstellenanlage ausgebildet. Ansonsten schrumpft sie zur Nullfunktion. In diesem Fall liegen die Referenzpunkte S und T aufeinander. Auf Netzseite bilden der Leitungsabschluß (LT) sowie der Vermittlungs-abschluß (ET) die entsprechenden Referenzpunkte.

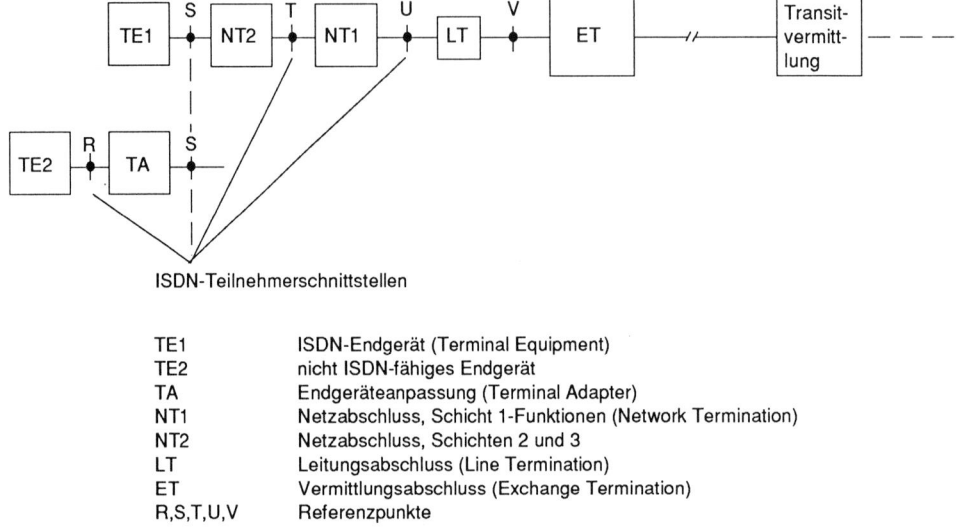

ISDN-Teilnehmerschnittstellen

TE1	ISDN-Endgerät (Terminal Equipment)
TE2	nicht ISDN-fähiges Endgerät
TA	Endgeräteanpassung (Terminal Adapter)
NT1	Netzabschluss, Schicht 1-Funktionen (Network Termination)
NT2	Netzabschluss, Schichten 2 und 3
LT	Leitungsabschluss (Line Termination)
ET	Vermittlungsabschluss (Exchange Termination)
R,S,T,U,V	Referenzpunkte

Bild 5.4.2:   Referenzkonfiguration

5.5 ISDN-Architekturmodelle

Alle wesentlichen Funktions-, Architektur-, und Protokollmodelle sind in den vom CCITT in den beiden Studienperioden 1980-1984 und 1984-1988 erstellten Empfehlungen der I-Serie spezifiziert. Einen groben Überblick über dieses Werk gibt Bild 5.5.1. Hieraus ist eine Aufteilung in 7 Gruppen ersichtlich. Zusätzlich gehen in die ISDN-Definitionen noch die Spezifikationen der Serien E, F, G, H, Q, S, V, X etc. ein, die die Eigenschaften von bestimmten bereits existierenden oder zukünftigen Netzen und deren Elementen beschreiben. Empfehlungen der I.100 Serie enthalten allgemeine Aspekte. Die Serie I.200 befaßt sich mit den ISDN-Diensten. Netzaspekte wie Architekturmodell des Netzes oder Protokoll-Referenzmodelle sind Bestandteil der I.300 Serie. Die Festlegungen zur Benutzer-Netz-Schnittstelle sind in den I.400 Empfehlungen enthalten.

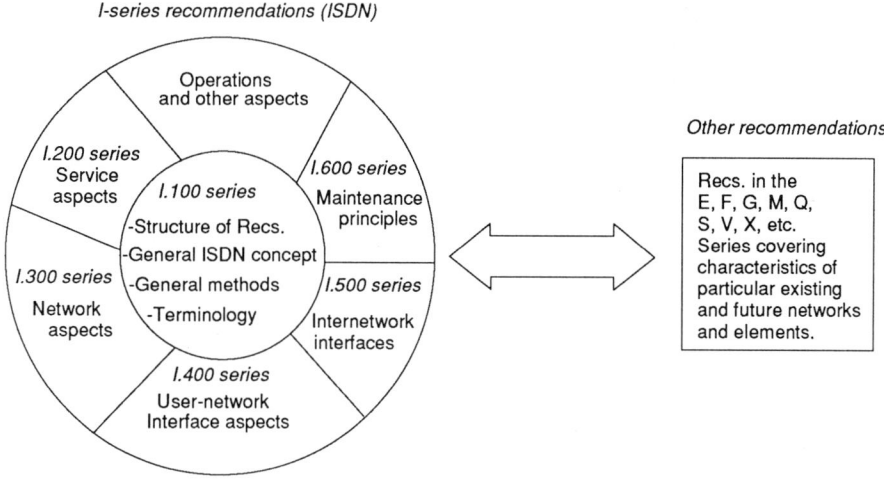

I-series recommendations (ISDN)

- Operations and other aspects
- I.200 series Service aspects
- I.100 series
  -Structure of Recs.
  -General ISDN concept
  -General methods
  -Terminology
- I.600 series Maintenance principles
- I.300 series Network aspects
- I.500 series Internetwork interfaces
- I.400 series User-network Interface aspects

Other recommendations

Recs. in the E, F, G, M, Q, S, V, X, etc. Series covering characteristics of particular existing and future networks and elements.

Bild 5.5.1:   Übersicht über die CCITT-Empfehlungen der I-Serie

Aus der Spezifikation I.310, in der die funktionellen Prinzipien des ISDN auf formale Weise definiert sind, ist das Basisarchitekturmodell (Bild 5.5.2) entnommen. Die ISDN-Funktionen (ISDN-Capabilities) werden dort aufgeteilt in Funktionen der Schichten 1 bis 3 (LLF, Lower Layer Functions) und der Schichten 4 bis 7 (HLF, Higher Layer Functions). Diese Funktionen sind dafür zuständig, dem Benutzer die oben beschriebenen Übermittlungsdienste und Teledienste zu erbringen. Im Basisarchitekturmodell des ISDN sind die Hauptfunktionen eines ISDN dargestellt:

- schmalbandige (64 kbit/s) durchschaltevermittelnde Funktionseinheiten,
- schmalbandige (64 kbit/s) Funktionseinheiten für fest durchgeschaltete Verbindungen,
- paketvermittelnde Funktionseinheiten,
- Zentralkanal-Zwischenamtssignalisierung, z.B. entsprechend dem CCITT Signalisiersystem No.7,
- vermittelnde Funktionseinheiten für Raten, die höher sind als 64 kbit/s,
- Funktionseinheiten für fest durchgeschaltete Verbindungen mit Raten, die höher sind als 64 kbit/s.

Diese einzelnen Komponenten müssen nicht von unterschiedlichen Netzen zur Verfügung gestellt werden, sondern können, abhängig davon, wie sie sich günstig realisieren lassen, gemeinsam implementiert werden.

131

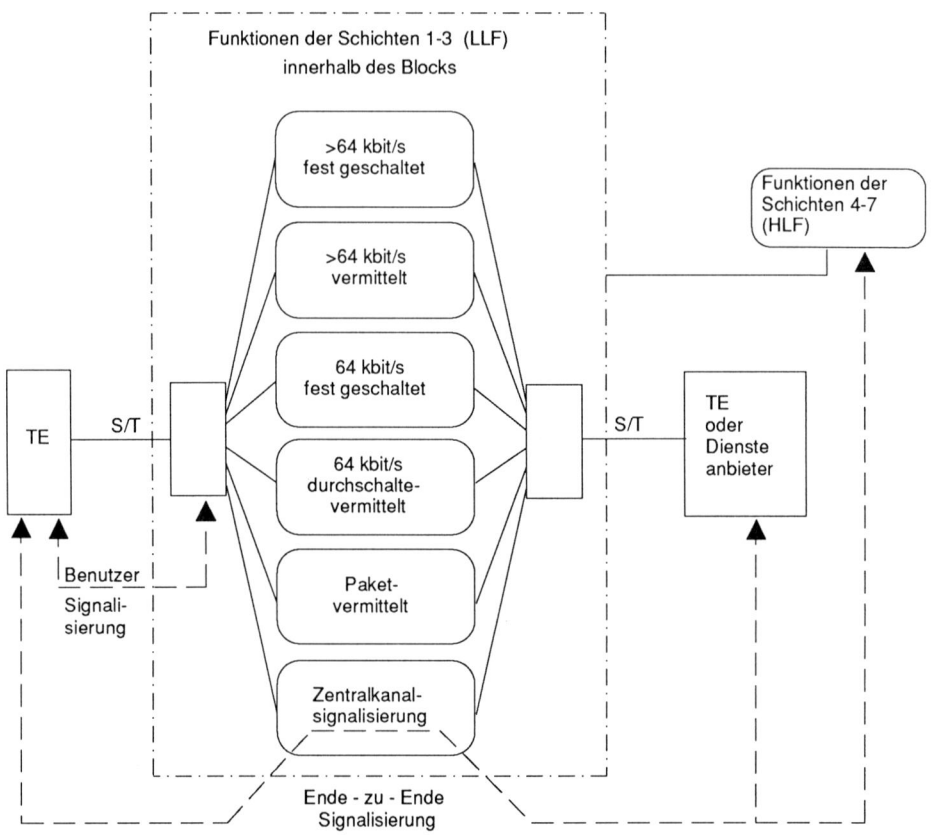

Bild 5.5.2:   ISDN-Basisarchitekturmodell

Die Empfehlung I.320 definiert das im ISDN angewandte Protokoll-Referenzmodell, das prinzipiell an das ISO-Architekturmodell für offene Kommunikationssysteme angelehnt ist. Die Kommunikationsfunktionen werden unterteilt in 7 Schichten und die Beschreibung der Beziehung dieser Schichten untereinander. Die Abbildung eines Telefongesprächs auf das ISO-Referenzmodell in Bild 5.5.3 , unterschieden nach den Kommunikationsformen Mensch-Mensch und Maschine-Maschine, verdeutlicht die Funktionen der einzelnen Schichten. Das ISO-Modell ist nicht auf ein spezielles Netz bezogen. In diesem Sinne ist es allgemeiner als das ISDN-Modell. Es ist aber speziell auf Datenübertragung abgestimmt und dadurch wiederum eingeschränkter als das ISDN-Modell.

Die Außerbandsignalisierung und die Möglichkeit, während der aktiven Phase einer Verbindung zusätzliche Dienste in Anspruch zu nehmen, erfordern eine Trennung zwischen Steuer- und Nutzinformation. Dies wird im ISDN-Protokollmodell durch Aufweitung des ISO-Modells in mehrere Ebenen repräsentiert. Steuerinformationen werden in der Steuerungsebene (Control Plane) und Nutzinformationen in der Benutzerebene (User Plane) übertragen.

Schicht	Funktion	Kommunikation Maschine - Maschine	(Sprach-) Kommunikation Mensch - Mensch
7	Verarbeitung	Verarbeitung der Nachricht nach festen Regeln	Reaktion der Gesprächspartner, variabel
6	Darstellung	Daten- und Formatdefinition	Sprachdefinition, Syntax
5	Dialog-steuerung	Steuerung des Datenaustausches "Ende - zu - Ende"	Konversation, Rede und Antwort
4	Transport	"Logische" Verbindung festlegen (Multiplexen, zeitliche Unterbrechung, Vertagung)	Zeitliche Unterbrechung
3	Vermittlung	Wählvorgang (Adresse im Paket)	Wählvorgang
2	Sicherung	Erkennung und Korrektur von Übertragungsfehlern, Zeichensynchronisation	Erkennen des Ausfalls von Fernleitungen
1	Übertragung	Bitübertragung Bitsynchronisation	Übertragung von Sprachpegel und Frequenzband

Bild 5.5.3:   Abbildungen eines Telefongesprächs auf das ISO-Referenzmodell für Kommunikation offener Systeme OSI (Open Systems Interconnection) [14]

Im folgenden werden einige Anwendungsbeispiele für das ISDN-Protokollmodell dargestellt. Bild 5.5.4 zeigt ein Beispiel für die Benutzung der einzelnen Protokollschichten bei durchschaltevermittelten Verbindungen. Die Nutzinformation (z. B Sprache) benötigt aufgrund der durchgeschalteten Verbindung innerhalb des Netzes nur die Schicht 1, also die rein physikalische Übertragung. Die Signalisierinformation in der Steuerungsebene benötigt die Schichten 1 bis 3, da diese Information paketvermittelt übertragen wird und zu den betreffenden Vermittlungsstellen vermittelt werden muß. Die Durchschaltung des physikalischen Kanals repräsentiert damit die Anwendung der Protokollsäulen in der Steuerungsebene. Die Schichten 4 bis 7 werden in diesem Zusammenhang nicht benötigt und sind daher leer.

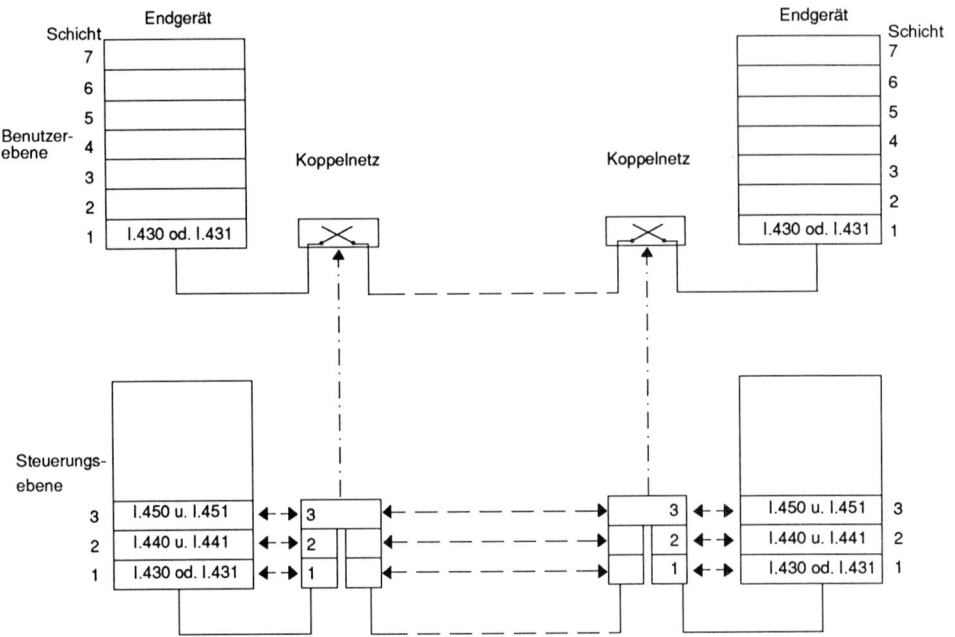

Bild 5.5.4:   Protokollarchitektur für durchschaltevermittelte Verbindungen

Bei der in Bild 5.5.5 dargestellten Nutzung der Protokollarchitektur für die Paketvermittlung nach X.31 entspricht die Anwendung der Protokollsäulen der Steuerungsebene
der Durchschaltung eines physikalischen Kanals zum nächsten Paketvermittlungsmodul. Die weitere Signalisierung zwischen Endgeräten und Paketvermittlungsmodulen
und zwischen Paketvermittlungsmodulen untereinander erfolgt - eine Verletzung der
Prinzipien der ISDN-Protokollarchitektur - nun innerhalb der Benutzerebene. Der Grund
für diese Inkonsequenz liegt in der Benutzung des X.25-Protokolls in der Schicht 3. Um
die existierenden Paketdatenendgeräte entsprechend X.25 möglichst frühzeitig auch
am ISDN betreiben zu können, war die beschriebene Lösung naheliegend. Eines der
Probleme, die bei deren Implementierung auftreten, ist die ordnungsgemäße Synchronisation der Signalisiervorgänge in der Benutzer- und der Steuerungsebene.

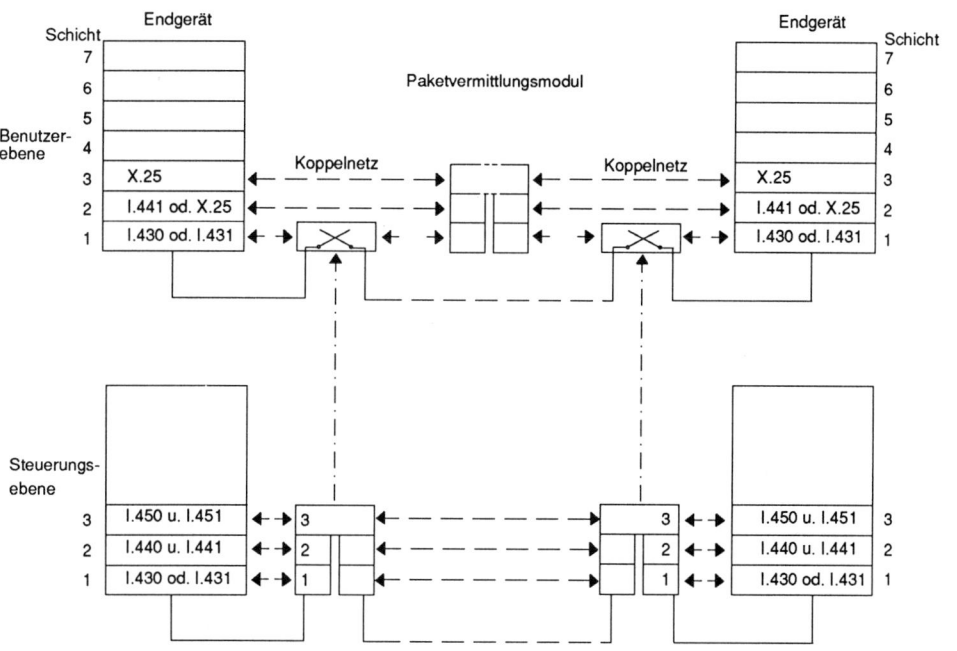

Bild 5.5.5:   Protokollarchitektur für paketvermittelte Verbindungen nach X.31
              (Endgeräte entsprechend CCITT X.25)

Um diesem Mangel abzuhelfen, wurde in der Empfehlung I.122 ein Ansatz definiert, der
in Bild 5.5.6 gezeigt ist: die Signalisierung in der Steuerungsebene dient zum Aufbau
virtueller Verbindungen durch Paketvermittlungsmodule und gegebenenfalls zum
Durchschalten physikalischer Kanäle zu den Paketvermittlungsmodulen. Die Nutzdaten
sind hier streng von den Signalisiernachrichten getrennt und verwenden die untersten
beiden Schichten, d.h. die Vermittlung der einzelnen Pakete findet, anders als im
ISO-Schichtenmodell, auf der Schicht 2 statt. Aufgrund der wenigen Protokollfunktio-
nen, die im Netz in der Benutzerebene auftreten, sind damit auch höhere Übertragungs-
raten möglich. Man diskutiert in diesem Zusammenhang Raten bis zu 2 Mbit/s im
Gegensatz zu 64 kbit/s im Rahmen der X.31.

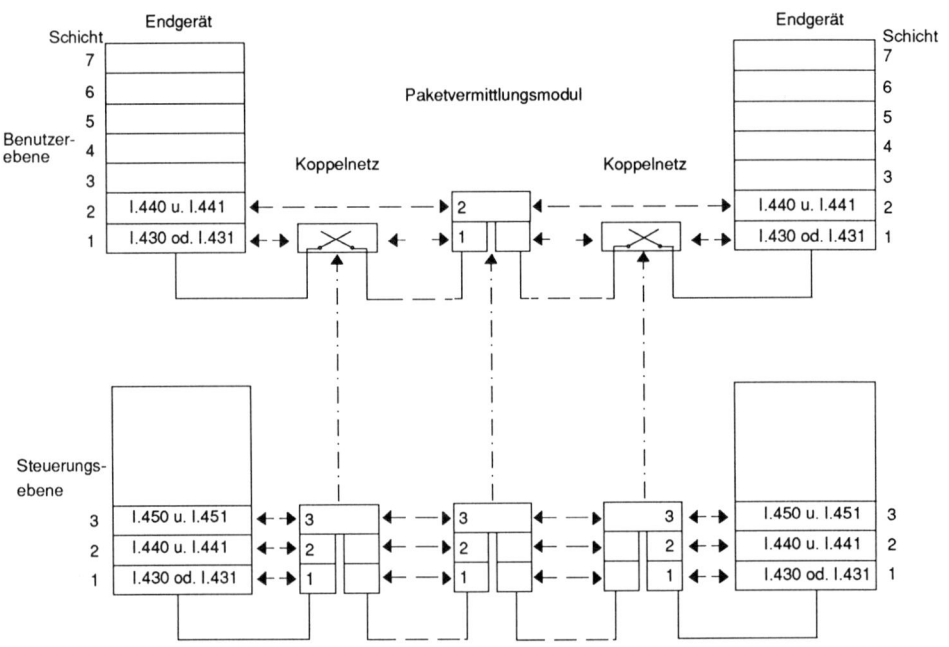

Bild 5.5.6: Protokollarchitektur für paketvermittelte Verbindungen nach I.122 (Additional Paket Mode Bearer Services)

5.6 Literatur

[1]   P. Bocker: "ISDN, das diensteintegrierende digitale Nachrichtennetz:
                          Konzept, Verfahren, Systeme".
                          2. Auflage, Springer-Verlag, 1987.

[2]   CCITT: Blue Book, Recommendation I.110: "General Structure of
                          the I-Series Recommendations", International
                          Telecommunication Union, Genf, 1989.

[3]   CCITT: Blue Book, Recommendation I.121: "Broadband Aspects
                          of ISDN", International Telecommunication Union,
                          Genf, 1989.

[4]   CCITT: Blue Book, Recommendation I.122: "Framework for
                          Providing Additional Packet Mode Bearer Services",
                          International Telecommunication Union, Genf, 1989.

[5]   CCITT: Blue Book, Recommendation I.310: "ISDN-Network
                          functional principles", International Telecommunication
                          Union, Genf, 1989.

[6]   CCITT: Blue Book, Recommendation I.320; "ISDN protocol
                          reference model", International Telecommunication Union,
                          Genf, 1989.

[7]   CCITT: Blue Book, Recommendation I.324; "ISDN Network
                          Architecture", International Telecommunication Union,
                          Genf, 1989.

[8]   CCITT: Blue Book, Recommendation I.430; "Basic user-network
                          interface - layer-1 specification", International
                          Telecommunication Union, Genf, 1989

[9]   CCITT: Blue Book, Recommendation I.431; "Primary rate
                          user-network interface - layer-1 specification",
                          International Telecommunication Union, Genf, 1989.

[10] CCITT: Blue Book, Recommendation X.25: "Interface between
                               Data Terminal Equipment (DTE) and
                               Data Circuit-Terminating Equipment (DCE) for
                               Terminals Operating in the Packet Mode and Connected
                               to Public Data Networks by Dedicated Circuit",
                               Genf, Februar 1988.
                               International Telecommunication Union, Genf, 1989.

[11] CCITT: Blue Book, Recommendations X.3,X.28,X.29,
                               International Telecommunication Union, Genf, 1989.

[12] CCITT: Blue Book, Recommendation X.31: "Support of Packet
                               Mode Terminal Equipment by an ISDN", International
                               Telecommunication Union, Genf, 1989.

[13] O. Fundneider: "Die Entwicklung der öffentlichen Nachrichtennetze".
                               Informationstechnik it ,Heft 1/1986.

[14] Siemens AG: "Telcom report ". Vol.8, "Sonderheft ISDN",
                               Februar 1985.

6 Kopplung von Netzen mit gleichen oder unterschiedlichen Protokollarchitekturen

Für die Kommunikation zwischen Stationen an verschiedenen Netzen mit unterschiedlichen Protokollarchitekturen sind Netzkoppeleinheiten notwendig. Daneben sind sie oft auch nötig, um Netze mit gleichen Protokollarchitekturen zu verbinden, beziehungsweise um größere Netze aus Sicherheitsgründen und zur Erhöhung der Leistungsfähigkeit in Segmente aufzuteilen.

6.1 Einführung

Da zur Zeit eine große *Vielfalt von herstellerspezifischen Protokollarchitekturen* nebeneinander existiert, sind Netzkoppeleinheiten zur Verbindung der unterschiedlichen Netze notwendig, um eine Kommunikation zwischen den einzelnen Stationen auch über die Netzgrenze hinweg zu ermöglichen.

Die *Standardisierungsbemühungen der ISO* (International Organization for Standardization) haben das Ziel, eine offene Kommunikation (OSI, Open Systems Interconnection) mit möglichst wenig Netzkoppeleinheiten zu erreichen. Aufgrund unterschiedlicher Anforderungen an die Kommunikation erlauben Standards allerdings auf mehreren Schichten verschiedene Alternativen. So sind im Bereich der lokalen Netze (LANs, Local Area Networks) die Medienzugangsverfahren CSMA/CD (Carrier Sense Multiple Access with Collision Detection), Token Ring und Token Passing Bus auf den Schichten 1 und 2a des ISO-Referenzmodells gleichberechtigt nebeneinander standardisiert. Standards repräsentieren Protokolle, die den technischen Möglichkeiten zur Zeit ihrer Entstehung entsprechen.

Um den technischen Fortschritt nicht aufzuhalten, sind oft Neuentwicklungen von Protokollen notwendig, welche möglicherweise später wieder in Standards münden. Deshalb wird zum Beispiel zur Zeit an Standards für weitere Medienzugangsverfahren, für Metropolitan Area Networks (MANs), gearbeitet. Auf den höheren Schichten sind unterschiedlich umfangreiche Protokolle, sowohl verbindungslos als auch verbindungsorientiert, möglich. Die Protokolle auf der Verarbeitungsschicht sind oder werden für jede Anwendung separat standardisiert. Zur Kommunikation zwischen Netzen mit standardisierten Protokollen sind bei Verwendung von *unterschiedlichen Alternativen* auch in Zukunft Netzkoppeleinheiten erforderlich. Abschnitt 6.5.1 kann hierfür als Beispiel angesehen werden.

Um im lokalen Bereich für eine ganz spezielle Anwendung möglichst ohne Netzkoppeleinheiten auszukommen, werden von Anwendergruppen spezielle *Protokollprofile* wie TOP (Technical and Office Protocols) und MAP (Manufacturing Automation Protocol) spezifiziert. Von den nach ISO erlaubten Protokollen wird hier für die jeweils betrachtete Anwendung die günstigste Alternative ausgewählt. Auf Schichten, welche für die betrachtete Anwendung noch kein geeignetes standardisiertes Protokoll enthalten, werden neue Protokolle spezifiziert und standardisiert. So hat beispielsweise die ISO den Vorschlag des Verarbeitungsprotokolls MMS (Manufacturing Message Specification) für MAP akzeptiert und inzwischen als ISO International Standard (ISO IS) 9506 verabschiedet.

Unmittelbar nach der Einführung eines standardisierten Protokollprofils entsteht das Migrationsproblem der *Koexistenz von Netzen mit herkömmlichen, herstellerspezifischen Protokollen und Netzen mit dem standardisierten Protokollprofil.* Hier sind wieder Netzkoppeleinheiten notwendig. Ein Beispiel für eine solche Netzkoppeleinheit wird in Abschnitt 6.5.2 vorgestellt.

Unabhängig davon, ob Protokollarchitekturen gleich oder unterschiedlich sind, werden Netzkoppeleinheiten notwendig, um Segmente eines Netzes auf der Bitübertragungsschicht oder höher miteinander zu verbinden, wenn deren *räumliche Ausdehnungen* oder *maximale Stationenanzahlen* aus physikalischen Gründen (Dämpfung, Reflexionen, Laufzeit) begrenzt sind.

Da der *Schwerpunkt von Verkehrsbeziehungen meist auf kleinere Bereiche begrenzt* ist, und die Leistungsfähigkeit von lokalen Netzen mit wachsender Ausdehnung abnimmt, ist es oft sinnvoll, diese Bereiche (zum Beispiel eine Abteilung oder ein Universitätsinstitut) durch einzelne, auf die speziellen Bedürfnisse der Bereiche zugeschnittene LANs zu versorgen und diese LANs für den bereichsübergreifenden Verkehr über Netzkoppeleinheiten oberhalb der Bitübertragungsschicht miteinander zu verbinden. Die Organisationsform des Betreibers sollte sich also in der Aufteilung der Netze und deren Kopplung widerspiegeln. Eine solche Zerlegung größerer Netze führt neben der verbesserten *Wartungsfreundlichkeit* auch zu einer besseren *Fehlerisolation* und damit zur Vergrößerung der Zuverlässigkeit und Verfügbarkeit der einzelnen LANs. Außerdem wird die *Sicherheit* verbessert, da die Netzkoppeleinheiten Zugangsberechtigungskontrollen durchführen können. Wenn nur wenige Netzkoppeleinheiten in einem LAN vorhanden sind, über die ein Netzzugang von außen auf Stationen des LANs möglich ist (analog zu Stadttoren in einer Stadtmauer), so ist der Netzzugang relativ leicht zu überschauen und zu überwachen.

6.2 Grundfragen zur Kopplung

6.2.1 Durchschaltevermittelnde Netze

Bei durchschaltevermittelnden Netzen werden auf der Bitübertragungsschicht *physikalische Kanäle durchgeschaltet.* Die Netzkoppeleinheit muß lediglich wissen welcher Kanal des einen Netzes welchem Kanal des anderen Netzes zugeordnet ist. Diese Information wird oft separat, auf einem paketvermittelnden Netz, übertragen (Signalisierung).

6.2.2 Paketvermittelnde Netze

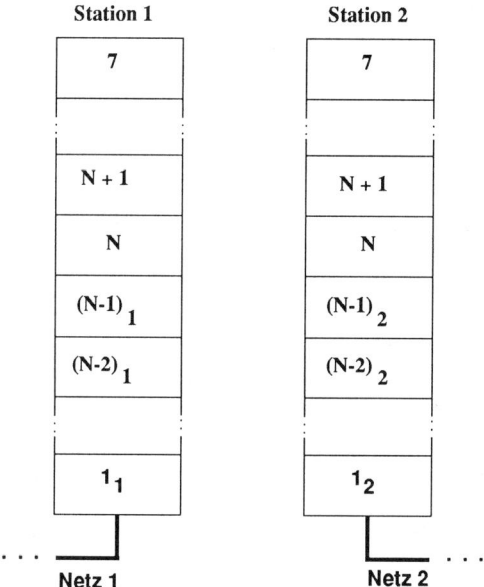

Bild 6.2.1:   Gegenüberstellung zweier Protokollarchitekturen

In einer Netzkoppeleinheit werden die Protokolle der beteiligten Netze aufeinander abgebildet. Es müssen die Protokollsteuerinformationen (PCIs, Protocol Control Informations) des ersten Netzes, sofern sie im zweiten Netz so nicht verstanden werden können, entfernt und durch die entsprechenden Protokollsteuerinformationen des zweiten Netzes ersetzt werden. Außerdem müssen Sequenzen von Protokolldateneinheiten (PDUs, Protocol Data Units) des ersten Netzes auf Sequenzen von PDUs des zweiten Netzes abgebildet werden. Was die Parameter von PDUs anbetrifft, so kann man unterscheiden zwischen Parametern, die in beiden Netzen dieselbe Bedeutung haben und deshalb nicht umgesetzt werden müssen, Parametern, die in den beteiligten Netzen unterschiedliche Bedeutung haben und deshalb umgesetzt werden müssen, Parametern, die nur im ersten Netz definiert sind und somit in der Netzkoppeleinheit entfernt werden müssen (sie können eventuell noch als Steuerinformation in der Netzkoppeleinheit verwendet werden) und Parametern, die nur im zweiten Netz definiert sind und somit in der Netzkoppeleinheit, zum Beispiel mit Hilfe von Tabellen, erzeugt werden müssen (Projektierung).

Geht man bei der Kopplung zweier Netze davon aus, daß die Protokolle in beiden Netzen geschichtet sind, so ergibt sich die Gegenüberstellung nach Bild 6.2.1. Dabei sollen die Protokolle der Schicht N-1 verschieden und von der Schicht N an aufwärts identisch sein (die Protokolle der Schichten 1 bis N-2 können, soweit vorhanden, identisch oder verschieden sein). Es gibt nun prinzipiell die Möglichkeiten, die Kopplung auf der letzten verschiedenen Schicht (N-1) oder auf einer gemeinsamen Schicht (normalerweise Schicht N) auszuführen. Eine ähnliche Klassifikation ist in [1] zu finden.

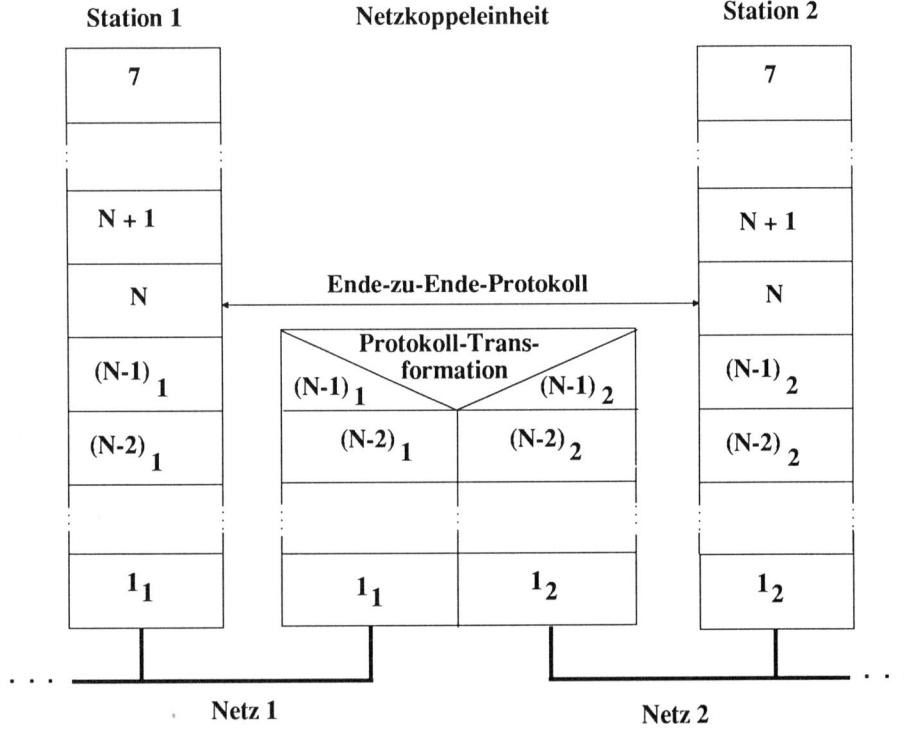

Bild 6.2.2:   Netzkopplung durch Protokoll-Transformation

Die Kopplung auf der letzten verschiedenen Schicht (N-1) erreicht man durch eine Protokoll-Transformation, die in Bild 6.2.2 durch ein Dreieck auf der Schicht N-1 dargestellt ist. Die Protokoll-Transformation ist relativ schwierig zu implementieren und hat oft auch einen Verlust an Funktionalität zur Folge, da nicht immer alle Funktionen des einen Netzes ein Analogon im anderen Netz besitzen, so daß nur der Funktionsumfang umgesetzt werden kann, der beiden Netzen gemeinsam ist. Bei diesem Kopplungstyp sind die Protokollinstanzen der Schicht N-1 in der Netzkoppeleinheit identisch zu den entsprechenden Instanzen der übrigen Stationen. Es werden bei der

Protokoll-Transformation Dienstdateneinheiten (SDUs, Service Data Units), also Benutzerdaten der Schicht N-1, umgesetzt. Eine Variante dieses Kopplungstyps ist die direkte Umwandlung der PDUs, also der Benutzerdaten *und* der Protokollsteuerinformationen der Schicht N-1, was eine Verwischung der Instanzgrenzen auf der Schicht N-1 in der Netzkoppeleinheit zur Folge hat. Diese Variante ist schwieriger zu implementieren, da keine existierende Schnittstelle verwendet wird und da die Anzahl der Zustände und Primitive größer ist. Dafür ist sie bezüglich eines möglichen Einflusses auf Fluß- oder Fehlerkontrolle flexibler. Außerdem können auch PDUs (wie TEST auf der Sicherungsschicht) umgesetzt werden, die den Dienstzugangspunkt der Schicht N-1 normalerweise gar nicht erreichen. Es kann keine Anpassung der Geschwindigkeiten durch Multiplexen beziehungsweise durch Aufspalten von Verbindungen und keine Anpassung der PDU-Größen in der Protokoll-Transformationssoftware vorgenommen werden, da es keine Partnerinstanz gibt, die diese Protokollmechanismen wieder rückgängig machen könnte. Vorteile dieses Kopplungstyps sind die Ende-zu-Ende-Protokolle von der Schicht N an aufwärts, die Tatsache, daß die Protokolle weder in Netz 1 noch in Netz 2 verändert oder ergänzt werden müssen und die minimale Anzahl von Schichten in der Netzkoppeleinheit, was eine minimale Transferzeit durch die Netzkoppeleinheit zur Folge hat.

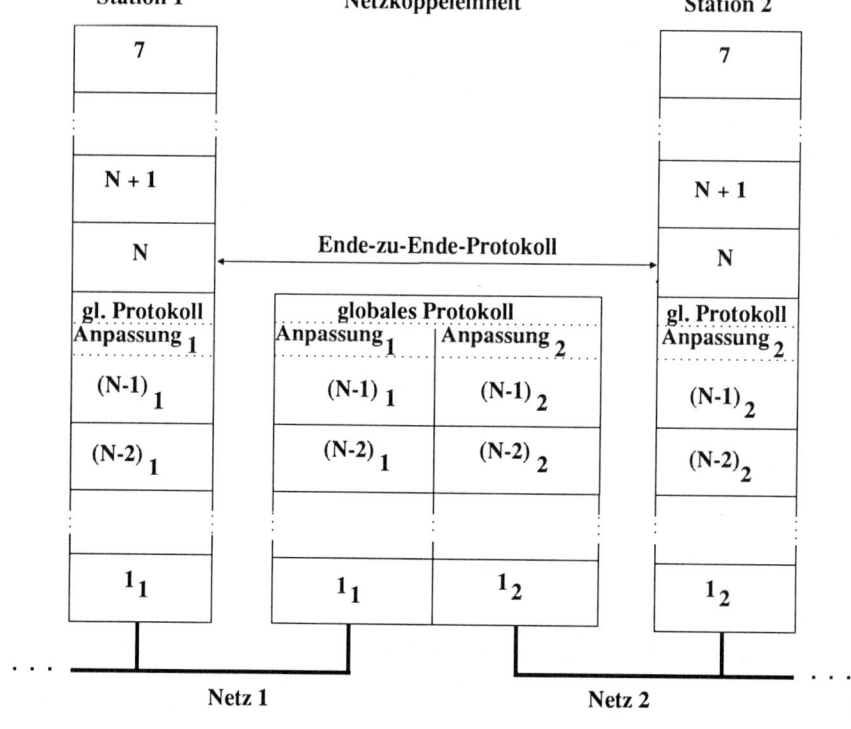

Bild 6.2.3:   Netzkopplung durch Einführung eines globalen Protokolls

Ein zweiter Kopplungstyp, bei dem die Kopplung noch auf der letzten verschiedenen Schicht ausgeführt wird, ist in Bild 6.2.3 dargestellt. Hier wird noch auf der Schicht N-1 ein *globales Protokoll* sowohl in Netz 1 als auch in Netz 2 eingeführt. Zur Anpassung der netzspezifischen Protokolle der Schicht N-1 an das globale Protokoll ist jeweils eine Anpassungsschicht (Enhancement-Schicht) notwendig, wobei diese in der Regel kein Protokoll mit der Anpassungsschicht in der Partnerstation abwickelt. Eine Anpassung der Geschwindigkeiten durch Multiplexen beziehungsweise durch Aufspalten von Verbindungen und eine Anpassung der PDU-Größen muß deshalb von dem globalen Protokoll vorgenommen werden. Dieser Kopplungstyp hat den Nachteil, daß die Protokolle sowohl in Netz 1 als auch in Netz 2 erweitert werden müssen, was alle Stationen an diesen Netzen betrifft. Es ist hier noch der Spezialfall denkbar, daß als globales Protokoll eines der beiden Protokolle auf der Schicht N-1 von Netz 1 oder Netz 2 verwendet wird, so daß die Protokolle nur in *einem* Netz erweitert werden müssen. Dieser Kopplungstyp sollte sinnvollerweise nur bei neuen Installationen zum Einsatz kommen. Vorteile dieses Kopplungstyps sind die einfache Protokollumsetzung und wieder die Ende-zu-Ende-Protokolle von der Schicht N an aufwärts.

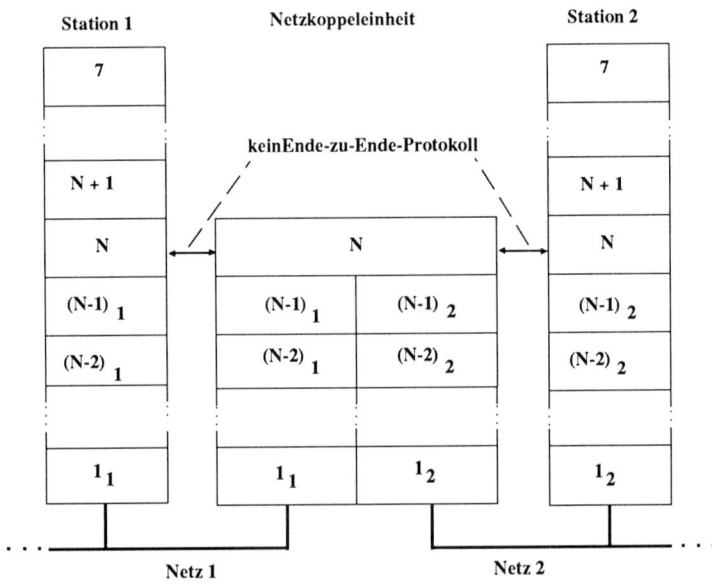

Bild 6.2.4:   Netzkopplung auf einer gemeinsamen Schicht

Die *Kopplung auf einer gemeinsamen Schicht* (meistens N) ist in Bild 6.2.4 für die Schicht N dargestellt. Hier ist keine Protokoll-Transformation notwendig. SDUs, also Benutzerdaten der Schicht N, erreichen von der einen Seite der Netzkoppeleinheit den Dienstzugangspunkt (SAP, Service Access Point) der Schicht N und werden auf die andere Seite gespiegelt. Als Variante dieses Kopplungstyps kann die Schicht N der Netzkoppeleinheit so modifiziert werden, daß sie nicht aus der PDU eine SDU für die (nicht existierende) Schicht N+1 erzeugt, sondern die PDU gleich nach ihrer Bearbeitung als SDU an die Schicht N-1 von Netz 2 weitergibt. Es müssen die Protokolle weder in Netz 1 noch in Netz 2 erweitert werden. Erkauft wird dieser relativ einfache Kopplungstyp durch den Verlust des Ende-zu-Ende-Protokolls auf der Schicht N und durch die größere Anzahl von Schichten in der Netzkoppeleinheit, was eine Vergrößerung der Transferzeit durch die Netzkoppeleinheit zur Folge hat. Eine Anpassung der Geschwindigkeiten durch Multiplexen beziehungsweise durch Aufspalten von Verbindungen und eine Anpassung der PDU-Größen kann von der Schicht N vorgenommen werden.

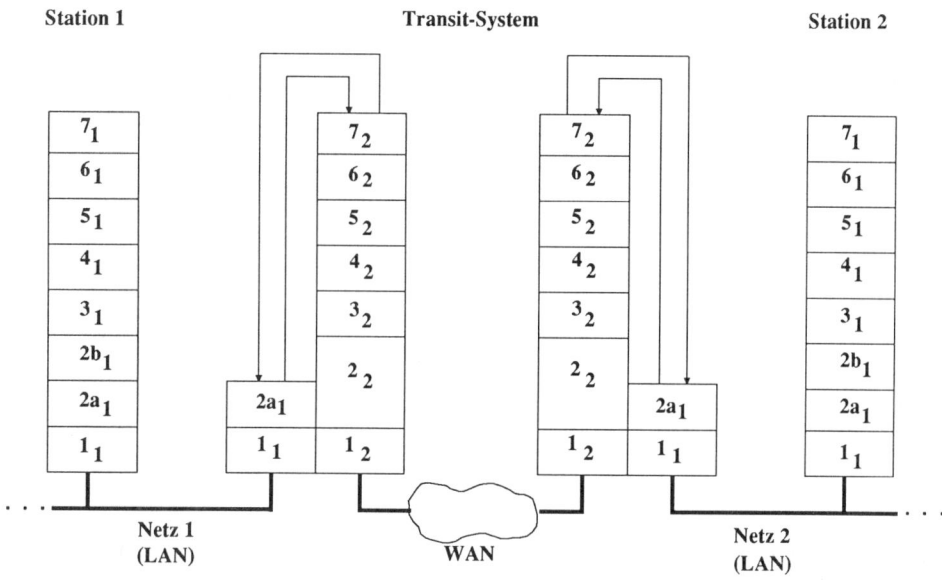

Bild 6.2.5:   Netzkopplung über ein Transit-System

Zum Abschluß dieses Kapitels sei noch auf die Möglichkeit der Verwendung von **Transit-Systemen** hingewiesen. Dieser Kopplungstyp ist in Bild 6.2.5 dargestellt. Er setzt eine Konstellation voraus, bei der eine Station an einem Netz 1 mit einer zweiten Station an einem Netz 2 (mit vollkommen identischer Architektur oberhalb der Schicht 2a bei LANs) über ein Transit-System, zum Beispiel zur Überbrückung größerer Entfernungen ein Weitverkehrsnetz (WAN, Wide Area Network), kommunizieren möchte. An der Schnittstelle zwischen Netz 1 und dem Transit-System wird die PDU des Netzes 1 als Benutzerdaten aufgefaßt und mit Protokollsteuerinformationen für das Transit-System ergänzt. Diese Protokollsteuerinformationen werden an der Schnittstelle zwischen dem Transit-System und dem Netz 2 wieder entfernt, so daß die ursprüngliche PDU wieder zum Vorschein kommt. Dabei muß die höchste Schicht des Transit-Systems nicht unbedingt die Verarbeitungsschicht sein. Die Transportschicht wäre zum Beispiel auch eine sinnvolle Alternative. Es muß hier allerdings beachtet werden, daß aufgrund von fehlenden Protokollumsetzungen keine Kommunikation mit normalen

Stationen am Transit-System selbst möglich ist. Dies wäre nur denkbar bei modifizierten Netz-2-Stationen am Transit-System, die die Schnittstellenfunktion zwischen dem Transit-System und Netz 2 noch zusätzlich zu ihren eigenen Protokollen implementiert haben.

6.3 Merkmale von Netzen und daraus resultierende Kopplungsprobleme

Zu koppelnde Netze können sich in vielen Merkmalen unterscheiden. Es ist die Aufgabe der Netzkoppeleinheit diese Unterschiede zu überwinden und eine Kommunikation trotzdem zu ermöglichen.

6.3.1 Topologie

Keine speziellen Probleme ergeben sich dadurch, daß sich die zu koppelnden Netze in ihrer *Topologie* unterscheiden. Man sollte hier lediglich darauf achten, als Netzkoppeleinheit eine *ausgezeichnete Station* zu verwenden, um Transferzeiten auf ein Minimum zu reduzieren. So sollte bei einer Sternstruktur zur Kopplung die zentrale Station, und bei einer Bus- oder Ringstruktur eine Station mit hoher Priorität gewählt werden.

Um die Anzahl der denkbaren Protokollumsetzungsvarianten zu reduzieren, ist es oft sinnvoll, die Umsetzung auf ein neutrales Netz vorzunehmen, das auch als *Hintergrundnetz* betrieben werden kann, und von dem aus dann über eine zweite Protokollumsetzung das Zielnetz erreicht wird. Als neutrales Netz sollte ein standardisiertes Protokollprofil, wie zum Beispiel MAP, verwendet werden. Es gibt dann nur noch 2n statt n(n-1) Kopplungsvarianten, wenn n die Anzahl der unterschiedlichen Protokollprofile ist. Es existieren auch Vorschläge (siehe [5]), ein solches neutrales Netz innerhalb von Netzkoppeleinheiten zur Kopplung von High Speed Local Area Networks (HSLANs), als *internes Kommunikationsmedium* zwischen mehreren parallelen Prozessoren und den HSLANs, zu verwenden.

Bei Netzkopplungen unterhalb der Vermittlungsschicht muß man in der Regel darauf achten, daß die resultierende Topologie *keine Schleifen* bildet oder man muß die physikalische Topologie auf einen *logischen Baum* abbilden.

6.3.2 Übertragungstechnik

Es können sich die zu koppelnden Netze auch in der Art der *Übertragungstechnik* (zum Beispiel Medium oder Modulationstechnik) unterscheiden. Dies beeinflußt die Netzkoppeleinheit aber nur bei Kopplung auf der Bitübertragungsschicht (Repeater, siehe Abschnitt 6.4.1). Die Umsetzung muß dann im Repeater stattfinden. Bei allen anderen Kopplungsschichten spielt die unterlagerte Übertragungstechnik keine Rolle für die Kopplung.

6.3.3 Durchschaltevermittelnde Netze

Bei der Kopplung von Netzen mit unterschiedlichen Übertragungsgeschwindigkeiten kann die Anpassung durch Mechanismen wie Multiplexen von Verbindungen *(Multiplexing)* bei der Kopplung von einem langsamen auf ein schnelles Netz und Aufspalten von Verbindungen *(Splitting)* bei der Kopplung von einem schnellen auf ein langsames Netz realisiert werden. Beim Empfänger müssen diese Mechanismen durch die entsprechenden Partnermechanismen *Demultiplexing* und *Recombining* wieder rückgängig gemacht werden.

6.3.4 Paketvermittelnde Netze

6.3.4.1 Übertragungs- und Bearbeitungsgeschwindigkeit

Wenn die beiden zu koppelnden Netze unterschiedliche *Übertragungsgeschwindigkeiten* haben, muß man verschiedene Fälle unterscheiden. Beim Übergang von einem langsamen auf ein schnelles Netz entstehen in der Regel keine Probleme. Die Kapazität des schnellen Netzes wird dann oft nicht voll ausgenützt, insbesondere bei Eins-zu-Eins-Abbildungen von Verbindungen. In der umgekehrten Richtung ist in der Netzkoppeleinheit ein großer *Pufferspeicher* notwendig, falls keine Flußkontrollen vorhanden sind, um die empfangenen PDUs zwischenzuspeichern, bevor sie auf dem langsamen Netz wieder ausgesendet werden können. Läuft der Pufferspeicher über, gehen PDUs verloren. Es kann auch sinnvoll sein, absichtlich PDUs aus dem Pufferspeicher zu entfernen, um *Verklemmungssituationen zu beheben*. Die Wartezeit der restlichen PDUs wird dann kleiner und den PDU-Verlust müssen höhere Schichten erkennen und beheben. Dieses Verfahren ist allerdings unfair für den Transitverkehr, da die PDUs in allen Netzkoppeleinheiten unterwegs Gefahr laufen, entfernt zu werden. Deshalb sollten möglichst nur interne PDUs eliminiert werden, wodurch der Transitverkehr bevorzugt wird, was auch sinnvoll ist, da dieser bereits viele Netzressourcen belegt hat. Eine andere Art Verklemmungen zu beheben ist das Senden einer speziellen PDU an den Sender, um diesem die Verklemmungssituation mitzuteilen. Der Sender kann dann langsamer weitersenden oder für eine begrenzte Zeit das Senden unterbrechen.

Bei verbindungsorientierten Protokollen kann der Pufferspeicher verbindungsspezifisch aufgeteilt werden, und es sind auch *Flußkontrollen* möglich. Eine Ende-zu-Ende-Flußkontrolle oberhalb der Kopplungsschicht paßt die Bearbeitungsgeschwindigkeiten von Sender und Empfänger einander an. Abschnittsweise Flußkontrollen auf den beiden Übertragungsabschnitten auf der Kopplungsschicht oder darunter erlauben die Anpassung von Sende- und Empfangsbearbeitungsgeschwindigkeit auf dem jeweiligen Übertragungsabschnitt. Eine Ende-zu-Ende-Flußkontrolle kann man auch bereits auf der Kopplungsschicht realisieren, indem die abschnittsweisen Flußkontrollen dort so gekoppelt werden, daß das Fenster der ersten Flußkontrolle erst weitergedreht wird, wenn das Fenster der zweiten Flußkontrolle sich weiterdreht. Aufgrund der langen Zeiten bis zur Quittierung beim Sender können dort Timer, welche die Ankunft von Quittungen überwachen, ablaufen und die Last in der Netzkoppeleinheit, insbesondere im Hochlastfall, unnötigerweise zusätzlich erhöhen. Um dies zu vermeiden, müssen bei dieser

Kopplungsart der Flußkontrollen in der Netzkoppeleinheit die Timer beim Sender mit angemessen langen Laufzeiten dimensioniert werden. Um *Verklemmungssituationen zu vermeiden* kann es sinnvoll sein, eine dynamische Fenstergröße zu verwenden. Das heißt, daß beim Auftreten von Verlusten die Fenstergröße auf 1 gesetzt und anschließend mit jeder erfolgreichen Übertragung bis zum Maximalwert wieder inkrementiert wird. Dieses Verfahren ist günstiger, als die Credits bei Verklemmungssituationen erst verspätet zurückzugeben und ist zum Beispiel im Standard IEEE 802.2 (vom Institute of Electrical and Electronics Engineers) für die Schicht 2b des ISO-Referenzmodells als Option erlaubt. Weitere Varianten zur Reaktion auf Verklemmungssituationen sind in [4] zu finden. Für Realzeitverkehr müssen Verklemmungen generell vermieden werden. Bereits beim Verbindungsaufbau muß überprüft werden, ob durch die neue Verbindung Verklemmungen entstehen können. Notfalls muß der Verbindungsaufbauwunsch abgelehnt werden.

Bei der Kopplung von verbindungsorientierten Netzen kann die Übertragungsgeschwindigkeitsanpassung wie bei durchschaltevermittelnden Netzen (siehe Abschnitt 6.3.3.1) auch noch durch Mechanismen wie Multiplexen von Verbindungen *(Multiplexing)* bei der Kopplung von einem langsamen auf ein schnelles Netz und Aufspalten von Verbindungen *(Splitting)* bei der Kopplung von einem schnellen auf ein langsames Netz realisiert werden. Beim Empfänger müssen diese Mechanismen durch die entsprechenden Partnermechanismen *Demultiplexing* und *Recombining* wieder rückgängig gemacht werden. Dabei muß beachtet werden, daß das Recombining immer in Verbindung mit einem Sequentialisieren *(Sequencing)* auftreten muß, um die ursprüngliche Reihenfolge der PDUs wieder herzustellen.

6.3.4.2 Medienzugangsverfahren

Wenn Netz 1 und Netz 2 unterschiedliche *Medienzugangsverfahren* verwenden, so können die verschiedensten Probleme, wie unterschiedliche PDU-Größen oder unterschiedliche Geschwindigkeiten, auftreten, die in den entsprechenden Abschnitten behandelt werden. Prioritäten von PDUs sollten, so weit möglich, von Netz 1 übernommen werden. Wenn in Netz 2 PDU-Prioritäten existieren und in Netz 1 nicht, so sollte die Netzkoppeleinheit für Netz 2 eine relativ hohe PDU-Priorität wählen, da die Transferzeit der PDU sowieso größer ist, als wenn die PDU in Netz 2 erzeugt worden wäre.

6.3.4.3 PDU-Größe

Wenn die PDUs in den beiden zu koppelnden Netzen *unterschiedliche Größen* (feststellbar durch Längenindikator oder durch Endekennung) haben, so ergeben sich immer dann Probleme, wenn in Netz 1 die minimale PDU-Größe von Netz 2 unterschritten wird oder wenn in Netz 1 die maximale PDU-Größe von Netz 2 überschritten wird. Das erste Problem läßt sich durch drei alternative Möglichkeiten lösen. Die erste Möglichkeit ist das Verketten *(Concatenation)* von mehreren PDUs zu *einer* SDU für die nächstniedrigere Schicht, wobei durch Trennen *(Separation)* dieser SDU beim Empfänger wieder die ursprünglichen PDUs entstehen müssen. Die zweite Möglichkeit ist das Blocken *(Blocking)* von mehreren SDUs (Benutzerdaten) zu *einer* PDU, wobei durch Entblocken *(Deblocking)* dieser PDU beim Empfänger wieder die ursprünglichen SDUs entstehen müssen. Das Hinzufügen von *Füllbits*, die allerdings beim Empfänger wieder als solche erkannt (zum Beispiel mit Hilfe eines Längenindikators) und entfernt werden müssen, stellt die dritte Möglichkeit dar. Das zweite Problem läßt sich durch Aufteilen der PDU in kleinere PDUs *(Segmenting)* lösen, sofern das Protokoll auf der Kopplungsschicht diese Funktion vorsieht. Spätestens beim Empfänger müssen die zusammengehörenden PDUs wieder aufgesammelt und zu der ursprünglichen PDU vereinigt werden *(Reassembling)*. Wege über mehrere Netzkoppeleinheiten sollten nur bei verbindungsorientierten Netzen erlaubt werden, wenn die PDU-Größen nicht kompatibel sind, da sonst bei eventuell notwendigen Wiederholungen der Weg durch das Netz vielleicht ein anderer wird und die dadurch entstehenden Segmente möglicherweise eine andere Größe haben als die ursprünglichen Segmente. Es stellt sich bei Wegen über mehrere Netzkoppeleinheiten auch die Frage, ob nicht schon in nachfolgenden Netzkoppeleinheiten das Vereinigen ausgeführt werden soll, wenn wieder ein Übertragungsabschnitt mit größeren erlaubten PDU-Größen folgt. Es besteht dann allerdings das Risiko, daß in der nächsten Netzkoppeleinheit ein erneutes Aufteilen notwendig wird. Auch dies kommt nur bei verbindungsorientierten Protokollen in Frage, da bei unterschiedlichen Wegen der Segmente unterwegs kein erfolgreiches Vereinigen möglich ist.

6.3.4.4 Adressierung und Wegesuche

Die Art der *Adressierung* ist eng mit der Wegesuche *(Routing)* verknüpft. Es gibt hier prinzipiell zwei Möglichkeiten.

Bei der *einstufigen Adressierung* wird nur die nächste Netzkoppeleinheit adressiert. Dort wird mit Hilfe von Tabellen und Algorithmen, zum Beispiel zur *alternativen Verkehrslenkung*, wieder die nächste Netzkoppeleinheit adressiert. Dies geht nun so lange, bis der Empfänger erreicht ist. Das Problem hier ist die ständige Aktualisierung und Konsistenz der Tabellen in den Netzkoppeleinheiten.

Bei der *mehrstufigen Adressierung* wird die Wegewahl durch *Source Routing* durchgeführt. Auch hier können alternative Wege zugelassen werden, die dann aber protokolliert werden sollten. Das bedeutet, daß den PDUs die Adressen von sämtlichen Netzkoppeleinheiten und vom Empfänger bereits beim Sender mitgegeben werden. Die Folge von Adressen in jeder PDU kann als eindeutige Zieladresse interpretiert werden. Dies hat bezüglich der Wegesuche sehr einfache Netzkoppeleinheiten, ohne Tabellen, zur Folge. Stattdessen muß nun jede Station zu jeder Zeit genau die Konfiguration des Netzes kennen und den Weg bereits beim Senden der PDU auswählen. Dies ist zum Beispiel sinnvoll bei militärischen Netzen, wenn der Sender den Weg einer Nachricht von vorn herein festlegen möchte, wird aber auch für die Kopplung von Token Ring Netzen als Standarderweiterung vorgesehen (siehe Abschnitt 6.4.2).

Bei Verwendung eines einheitlichen Adreßraumes können alle Adressen ohne Probleme weitergegeben werden. Auf der Vermittlungsschicht wird in der Regel eine *hierarchische Adressierung* verwendet, bei der die Adresse unterteilt ist in Teiladressen, die jeweils bestimmte Bereiche eines Gesamtnetzes adressieren. Unterhalb der Vermittlungsschicht wird meist eine *flache Adressierung* eingesetzt, so daß jedem Endgerät eine feste Adresse zugeordnet werden kann, die es auch behält, wenn es an einem anderen Bereich des Gesamtnetzes angeschlossen wird. Wenn der Adreßraum nicht einheitlich ist, und die zu koppelnden Netze jeweils für sich ihre Adressen festlegen, so müssen die Adressen beim Netzübergang mit Hilfe von Tabellen umgesetzt werden. Als sogenannte *Aliasadressen* für Stationen in anderen Netzen müssen bisher nicht verwendete Adressen im betrachteten Netz verwendet werden. Diese können für ein und dieselbe Zielstation in jedem Netz verschieden sein. In jedem Fall muß oberhalb der Kopplungsschicht jede Station durch ihre Adresse eindeutig identifiziert werden können. Die Menge der definierten Adressen vergrößert sich also durch die Netzkopplung, was eine Erweiterung der Adreßabbildungstabellen in jeder Station verlangt.

6.3.4.5 Verbindung

Beim *Übergang von einem verbindungsorientierten auf ein verbindungsloses Netz* können, aufgrund der fehlenden Kanalreservierung in Netz 2, Verluste von PDUs auftreten, die der Sender oder die Netzkoppeleinheit erkennen und ausgleichen muß.

Beim *Übergang von einem verbindungslosen auf ein verbindungsorientiertes Netz* muß die Netzkoppeleinheit bei jeder PDU überprüfen, ob das gewünschte Ziel über eine bereits bestehende Verbindung erreicht werden kann oder nicht. Wenn keine solche Verbindung existiert, muß die Netzkoppeleinheit die PDU zwischenspeichern, die *benötigte Verbindung aufbauen* und erst dann die PDU über diese Verbindung übertragen. Transaktionsorientierte Dienste werden also wegen relativ großer Verbindungsaufbauzeiten schlecht unterstützt. Es stellt sich die Frage, wann eine so aufgebaute Verbindung wieder abgebaut werden soll. Man kann zum Beispiel die Verbindung mit einem Timer überwachen, der bei jeder PDU, die über diese Verbindung übertragen wird, zurückgesetzt wird. Wenn nun die Verbindung lange nicht mehr benötigt worden ist, läuft der Timer ab und die Verbindung wird von der Netzkoppeleinheit wieder abgebaut. Durch die fehlende Möglichkeit einer Flußkontrolle auf Netz 1 ist in der Netzkoppeleinheit ein großer *Pufferspeicher* notwendig, der die PDUs aufnehmen kann, die auf einen Verbindungsaufbau oder auf die Sendeerlaubnis durch die Flußkontrolle von Netz 2 warten. Außerdem muß in der Netzkoppeleinheit ein Sequentialisieren durchgeführt werden, damit die PDUs einer Verbindung in der richtigen Reihenfolge ausgeschickt werden können. Der große Pufferspeicher ist daher auch notwendig, um PDUs zwischenzuspeichern, bis die jeweils noch fehlenden PDUs mit niedrigerer Sequenznummer in der Netzkoppeleinheit eintreffen und bis diese wieder ausgesendet sind.

6.3.5 Vermittlungstechnik

Man unterscheidet generell *durchschaltevermittelnde (CS, Circuit Switching) und paketvermittelnde (PS, Packet Switching)* Netze.

Beim Übergang von PS auf CS, der zum Beispiel dann vorkommt, wenn ein Rechner an einem LAN mit einem zweiten Rechner (mit vollkommen identischen höheren Protokollen) an einem durchschaltevermittelnden Netz kommunizieren möchte, kann man die PDUs einfach auf der durchgeschalteten Verbindung *als PDU weiter übertragen*. Beim Empfänger müssen allerdings Protokollinstanzen vorhanden sein, die in der Lage sind, die Nutzinformation aus den PDUs herauszuholen. Es müssen dort praktisch auf den physikalischen Kanal weitere Schichten aufgesetzt werden. Dieser Sachverhalt ist in Bild 6.3.6 dargestellt.Dabei wird davon ausgegangen, daß es sich bei Netz 1 um ein LAN handelt, das auch verbindungslos sein kann, und daß Netz 2 das ISDN (Integrated Services Digital Network) ist, wobei die Nutzinformation in einem durchgeschalteten B-Kanal (Basiskanal) übertragen wird [2].

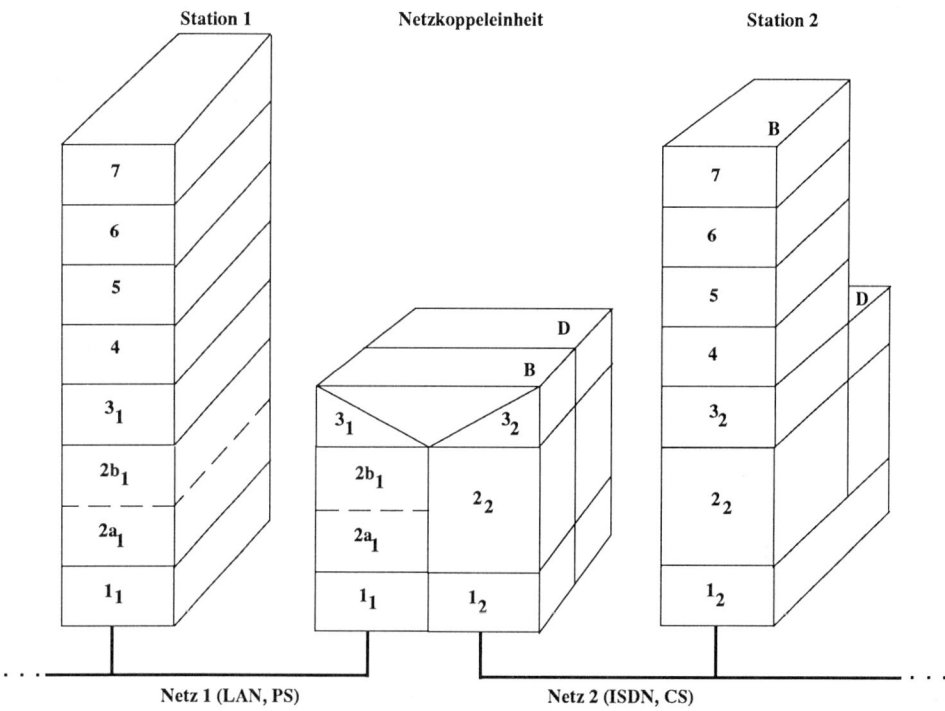

Bild 6.3.6:   Netzkopplung von Paketvermittlung auf Durchschaltevermittlung

Der B-Kanal des ISDN enthält in diesem Anwendungsfall speziell definierte Protokolle auf den Schichten 1 bis 3, die vor allem der Übertragung und der Fehlersicherung der PDUs dienen. Sie sind notwendig, da der physikalische Übertragungskanal beim ISDN (Telefonleitung) sehr störanfällig ist. Vor der Datenübertragungsphase muß zunächst die Verbindung aufgebaut werden. Dazu ist auf der ISDN-Seite ein spezieller paketvermittelnder Signalisierkanal (D-Kanal) vorhanden. Die Vermittlungsadresse des LANs wird in der Netzkoppeleinheit in die ISDN-Rufnummer des Empfängers umgesetzt und um eine Dienstkennung ergänzt. Nach dem Verbindungsaufbau haben die Schichten $2b_1$ und 3_1 keine zeitaufwendigen Aufgaben mehr.

Da die Übertragungsgeschwindigkeit in Netz 1 (LAN mit zum Beispiel 10 Mbit/s) in der Regel wesentlich größer ist als die eines durchgeschalteten Kanals (beim ISDN 64 kbit/s), muß die Netzkoppeleinheit PDUs zwischenspeichern können. Im Mittel darf die Kanalkapazität von Netz 2 durch ankommende PDUs von Netz 1 nicht überschritten werden. Durch einen gespiegelten Übergang von Netz 2 auf ein weiteres LAN mit derselben Architektur wie in Netz 1 oberhalb der Schicht 2a sind in den Stationen von Netz 2 keine zusätzlichen Protokollinstanzen oberhalb der Vermittlungsschicht notwendig. Netz 2 wird dann praktisch als Transit-System (analog zu Bild 6.2.5) betrieben, und die Schichten $2b_1$ und 3_1 können nach dem Verbindungsaufbau übersprungen werden.

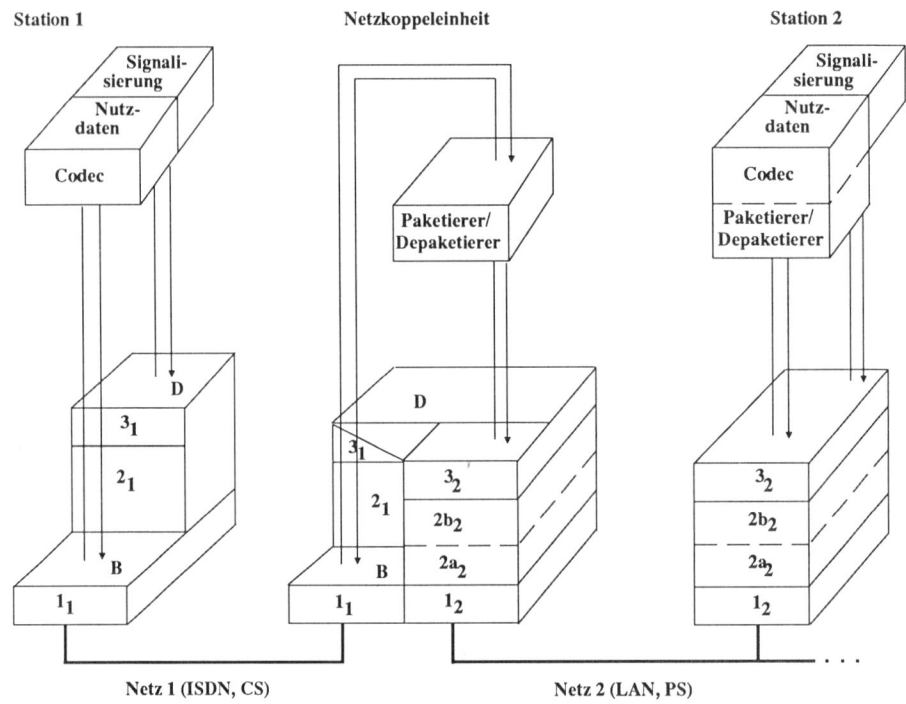

Bild 6.3.7:   Netzkopplung von Durchschaltevermittlung auf Paketvermittlung

Beim Übergang von CS auf PS, der zum Beispiel dann vorkommt, wenn ein Telefonteilnehmer an einem durchschaltevermittelnden Netz wie dem ISDN mit einem Partner an einem LAN kommunizieren möchte, müssen die Nutzdaten in der Netzkoppeleinheit *paketiert und mit Protokollsteuerinformationen versehen* werden, bevor sie als PDUs auf dem PS-Netz, zum Beispiel als paketierte Sprache, wieder ausgesendet werden können. PDUs, die paketierte Sprache enthalten, sollten eine höhere Priorität als normale Daten-PDUs erhalten, um die Realzeitanforderungen der Sprache zu unterstützen. Der Empfänger muß dann aus den PDUs wieder einen kontinuierlichen Datenstrom erzeugen und ist deshalb gegenüber einer normalen PS-Station um einen Paketierer/Depaketierer zu erweitern. In der umgekehrten Richtung muß die Netzkoppeleinheit die *Depaketierfunktion* erfüllen. Eine solche Kopplung ist in Bild 6.3.7 dargestellt. Die analogen Nutzdaten werden in einem *Codec* in einen kontinuierlichen, digitalen Datenstrom umgesetzt und umgekehrt. Der Verbindungsaufbau erfolgt beim ISDN, wie oben beschrieben, mit Hilfe des D-Kanals. Nach dem Verbindungsaufbau werden die PDUs in Netz 2 durch die Schichten $2b_2$ und 3_2 praktisch nur noch durchgereicht, oder diese Schichten werden übersprungen, wenn die zeitlichen Anforderungen dies notwendig machen. Der Paketierer/Depaketierer kann in der Netzkoppeleinheit weggelassen werden, wenn Netz 1 mit Zeitmultiplex arbeitet (zum Beispiel Slotted Ring). Dann wird der Nutzdatenstrom in der Netzkoppeleinheit sowieso bereits paketiert empfangen. Wenn Netz 2 ein hybrides Netz ist, das auch CS-Verkehr übertragen kann, dann liegt ein Übergang von CS auf CS vor und die Paketier/Depaketierfunktion wird zum Beispiel von der Schicht $2a_2$ vorgenommen. Durch einen gespiegelten Übergang von Netz 2 auf eine weitere durchgeschaltete Verbindung ist in den Stationen von Netz 2 kein Paketierer/Depaketierer mehr notwendig. Netz 2 wird dann praktisch als Transit-System (analog zu Bild 6.2.5) betrieben.

Die in diesem Abschnitt vorgestellten Netzkoppeleinheiten unterscheiden sich grundsätzlich von denen in Abschnitt 6.2.2, da auf der CS-Seite keine oder eine vollkommen andere Protokollschichtung vorhanden ist, und somit auch keine Schicht N mit gemeinsamem Protokoll gefunden werden kann. Am ehesten vergleichbar sind die Bilder 6.3.6 und 6.3.7 mit Bild 6.2.5. Dort sind zwar in allen beteiligten Netzen Protokollschichtungen vorhanden, es wird aber keine Umsetzung durchgeführt.

Die Kopplung von CS auf verbindungsloses PS (Datagram-Betrieb) ist nicht sinnvoll, da kein kontinuierlicher Datenstrom mehr garantiert werden kann.

6.3.6 Dienstgüte

Die *Dienstgüte* (zum Beispiel Durchsatz, Sicherheit, Fehlerrate oder Zuverlässigkeit) wird in einer Netzkoppeleinheit in der Regel verschlechtert. Dies kann entweder ignoriert werden, oder es muß durch Protokollerweiterungen in der entsprechenden Schicht versucht werden, die geforderte Dienstgüte einzuhalten, was möglicherweise alle Stationen betrifft. So kann die Netzkoppeleinheit zum Beispiel den geforderten Durchsatz durch Verbindungsaufspaltung ermöglichen, sofern nicht in einer tieferen Schicht wieder ein Multiplexen dieser Verbindungen durchgeführt wird. Die Sicherheit kann durch eine Ende-zu-Ende-Verschlüsselung vergrößert werden, was alle Stationen betrifft, und gegenüber einer abschnittsweisen Verschlüsselung den Vorteil bietet, daß die Information in der Netzkoppeleinheit nicht im Klartext vorliegt. Da eine Netzkoppeleinheit den Zugang zu vielen Stationen im zweiten Netz ermöglicht, sollte ihre Zuverlässigkeit und ihre Verfügbarkeit größer sein als die einer normalen Station.

6.3.7 Netzmanagement

Eine weitere Funktion der Netzkoppeleinheit ist die Unterstützung des *Netzmanagements*. Dazu gehören Aufgaben im Bereich des *Configuration Managements* (zum Beispiel das Abwickeln des Spanning Tree Algorithmus aus Abschnitt 6.4.2), des *Security Managements* (zum Beispiel Zugangskontrolle), des *Fault Managements* (zum Beispiel Fehlerdiagnose und -behebung), des *Performance Managements* (zum Beispiel Monitoring und Statistik) und Aufgaben des *Accounting Managements* (zum Beispiel Gebührenerfassung und Abrechnung).

Um Managementinformationen einer zentralen Managerstation zugänglich zu machen, ist unabhängig von der Kopplungsschicht der Netzkoppeleinheit ein vollständiger Protokollstack für das Netzmanagement, inclusive eines Agent-Prozesses, notwendig. Alternativ kann der Agent-Prozeß und ein geeignetes Netzmanagementprotokoll direkt auf die Kopplungsschicht aufgesetzt werden. Dann muß allerdings der Manager-Prozeß einen analogen Netzzugang haben.

6.4 Klassifikation von Netzkoppeleinheiten nach der Kopplungsschicht

Da sich auch in der deutschsprachigen Literatur die englischen Bezeichnungen für spezielle Netzkoppeleinheiten durchgesetzt haben, sollen diese im folgenden verwendet werden, anstelle eines Versuchs, sie zu übersetzen.

6.4.1 Repeater (Netzkopplung auf der Bitübertragungsschicht)

Die Kopplung auf der Bitübertragungsschicht wird durch einen Repeater, wie er in Bild 6.4.8 dargestellt ist, durchgeführt. Er dient im allgemeinen dazu, Netze, deren räumliche Abmessungen aus physikalischen Gründen (Dämpfung) begrenzt sind, zu erweitern. Zur Überbrückung größerer Entfernungen kann der Repeater auch in zwei Hälften aufgespalten werden, die durch eine Punkt-zu-Punkt-Verbindung, zum Beispiel über eine Glasfaserstrecke, miteinander verbunden sind. Man spricht dann von einem Remote Repeater.

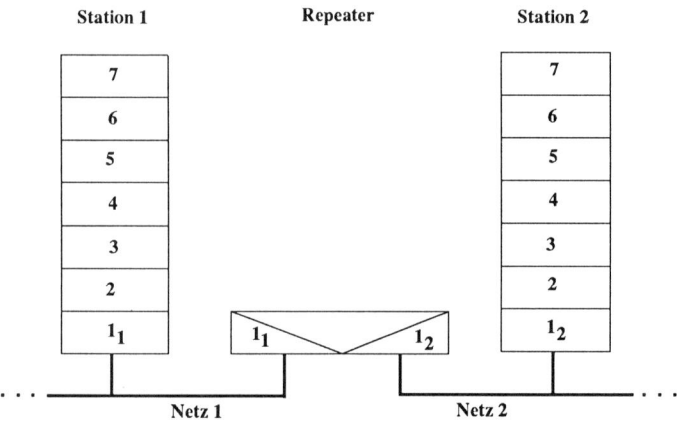

Bild 6.4.8:   Netzkopplung über einen Repeater

Die zu koppelnden Netze müssen dieselbe Übertragungsgeschwindigkeit besitzen, da ein Repeater keine PDUs zwischenspeichern kann. Die verwendete Übertragungstechnik und das Übertragungsmedium dürfen allerdings verschieden sein. Der Adreßraum muß einheitlich sein. Man erhält praktisch *ein* Netz, das aus mehreren Netzsegmenten aufgebaut ist. Die entstehende Topologie darf keine Schleifen bilden.

Repeater werden speziell verwendet, um CSMA/CD-Netzsegmente [8] miteinander zu verbinden. In diesem Fall haben die Repeater auch entdeckte Kollisionen in Form eines sogenannten Jam-Signals weiterzugeben. Um zu verhindern, daß sich häufige Kollisionen eines fehlerhaften Netzsegmentes über das gesamte Netz ausbreiten, kann ein Repeater automatisch ein fehlerhaftes Netzsegment vom Gesamtnetz isolieren, und dieses auch automatisch, nach Feststellen einer korrekten Arbeitsweise, wieder mit dem Gesamtnetz verbinden.

6.4.2 Bridge (Netzkopplung auf der Sicherungsschicht)

Bei der Kopplung zweier Netze auf der Sicherungsschicht wird eine Bridge verwendet, wie sie in Bild 6.4.9 dargestellt ist. Eine Bridge kann zur Erweiterung der räumlichen Ausdehnung eines Netzes verschiedene Netzsegmente auch dann noch miteinander verbinden, wenn aufgrund einer zu großen Laufzeit kein Repeater mehr eingesetzt werden darf. Dabei sind die Medienzugangsverfahren der Netzsegmente unabhängig voneinander, so daß die Leistungsfähigkeit des Netzes aufgrund der größeren Ausdehnung trotzdem nicht abnimmt. Aus diesem Grund eignet sich eine Bridge auch dazu, den bereichsübergreifenden Verkehr zwischen zwei oberhalb der Sicherungsschicht identischen, im wesentlichen durch Internverkehr belasteten, LANs abzuwickeln. Bei sinnvoller Aufteilung eines großen Netzes in LANs sollte der Internverkehr möglichst groß und der Verkehr über Bridges möglichst klein sein. Dadurch sind die Anforderungen an den Durchsatz einer Bridge nicht allzu kritisch.

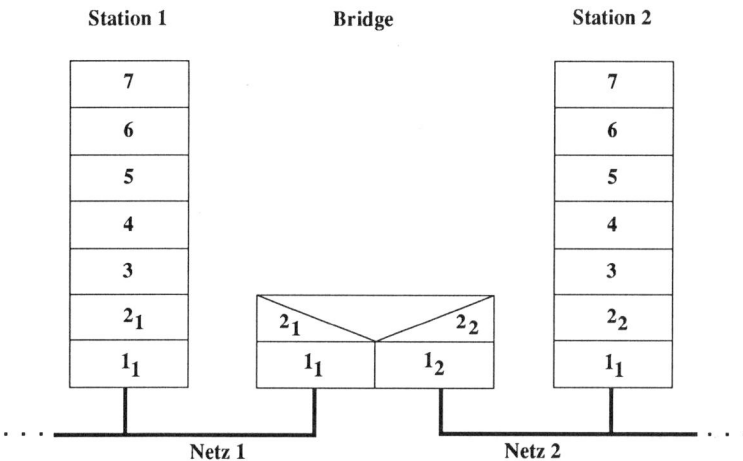

Bild 6.4.9:   Netzkopplung über eine Bridge

Es muß auch für diese Kopplungsart ein einheitlicher Adreßraum für die zu koppelnden Netze verwendet werden, da auf der Sicherungsschicht keine Wegesuchalgorithmen vorhanden sind. Die Bridge nimmt stattdessen lediglich eine Filterfunktion wahr. Sie kann auch Zugangsberechtigungen prüfen. Wenn hierzu Protokollsteuerfunktionen für höhere Schichten mitverwendet werden, so wird an dieser Stelle allerdings das ISO-Referenzmodell verletzt. Die PDU-Größen müssen kompatibel sein, da auf der Sicherungsschicht kein Segmenting vorgesehen ist. Wenn auf der Sicherungsschicht nur das Medienzugangsverfahren der beiden zu koppelnden Netze verschieden ist, wird in der Regel bereits auf der unteren Teilschicht, der Sicherungsschicht (MAC, Media Access Control), die Kopplung durchgeführt. Dieses Beispiel wird in Abschnitt 6.5.1 nocheinmal aufgegriffen. Wegen des einheitlichen Adreßraums kann auch hier von *einem* Netz gesprochen werden, das aus mehreren Netzsegmenten aufgebaut ist. Auf der Sicherungsschicht werden in der Regel *flache Adressen* verwendet, so daß die Adresse einer Station nicht verändert werden muß, wenn sie an einem anderen Netzsegment betrieben wird. Die Stationen werden dadurch freizügig, was insbesondere in mobilen Stationen wichtig ist, die über Funk mit einem der Netzsegmente verbunden sind.

Bei IEEE arbeiten zur Zeit zwei Gremien an Standards für Bridges.

In IEEE 802.1 [7] wird ein allgemeiner Standard für alle LANs mit standardisierten Medienzugangsverfahren nach IEEE 802 vorbereitet. Ihm liegt ein Spanning Tree Algorithmus zugrunde. Das heißt, daß eine beliebige physikalische Topologie zunächst auf einen logischen Baum abgebildet wird, um Duplikate und endlos kreisende PDUs zu vermeiden. Damit stehen allerdings keine alternativen Wege zur Lastaufteilung zur Verfügung und es kann auch nicht ein optimaler Weg gewählt werden. Die vorhandenen Ressourcen werden also nicht voll ausgenützt, sondern dienen lediglich als Reserve. Segmente in der Nähe der Wurzel des Baumes werden verkehrsmäßig stärker belastet. Der Spanning Tree sollte so aufgebaut werden, daß er bereits vorhandenen hierarchischen Beziehungen unter den Stationen entspricht, um eine optimale Verkehrsverteilung zu erhalten. Die Bridges lernen die Lage der Stationen, indem sie sich in *allen* PDUs die Ursprungsadressen anschauen und in Tabellen abspeichern, mit deren Hilfe sie ihre Filterfunktion wahrnehmen können. PDUs mit unbekannten Zieladressen erreichen durch Rundsenden *(Broadcasting)* den Empfänger, belasten dadurch aber auch die Netzsegmente, die an dieser Kommunikation nicht beteiligt sind. Der Spanning Tree Algorithmus und die Lernfunktion der Bridges arbeiten so, daß das gesamte System selbskonfigurierend ist. Man spricht deshalb auch von transparenten Bridges, da sie nicht vom Anwender programmiert werden müssen. Die wegen den Spanning Tree Algorithmus passiven Bridges können automatisch aktiv werden, wenn eine bisher aktive Bridge entfernt wird oder ausfällt. Es konfiguriert sich dann ein neuer logischer Baum. Der Spanning Tree Algorithmus aus [10], dessen Abwicklung zum Configuration Management gezählt werden kann, soll im Folgenden beschrieben werden. Zwischen allen Bridges an den gekoppelten Netzen werden BDUs (Bridge Data Units) ausgetauscht. Eine solche BDU besitzt als Ursprungsadresse die BUA (Bridge Unique Address) der sendenden Bridge und als Zieladresse eine BGA (Bridge Group Address) zur Adressierung aller anderen Bridges. Bei diesen Adressen handelt es sich um MAC-Adressen, wobei die BUAs vom Spanning Tree Algorithmus auch als Prioritäten (kleinste BUA entspricht der höchsten Priorität) interpretiert werden. Durch einen BDU Type Identifier lassen sich drei Typen von BDUs unterscheiden. Nach dem Einschalten sendet eine Bridge ein Topology Reset (TR) in beide Richtungen aus, so daß alle Bridges in einen Zustand kommen, in dem sie nur noch BDUs empfangen können. Die Priorität dieses TR wird in einem TR-Prioritätsregister abgespeichert und ein TR-Timer wird gestartet. Empfängt eine Bridge ein TR mit höherer als die bisher höchste gesendete oder eigene Priorität, so wird die Seite auf der diese Priorität empfangen wurde durch ein TR-Flag gekennzeichnet, diese höhere Priorität im TR-Prioritätsregister abgespeichert und das TR nach Starten des TR-Timers weitergegeben. Einen Sonderfall stellen Bridges dar, die bisher noch kein TR gesendet haben. Sie verhalten sich beim Empfang eines TRs mit kleinerer Priorität als die Eigene, wie wenn sie frisch eingeschaltet werden. Wenn nun eine Bridge ein TR mit einer Priorität empfängt, die der im TR-Prioritätsregister entspicht, so erkennt sie eine Schleife, falls auf dieser Seite das TR-Flag nicht gesetzt ist. Bridges, die eine Schleife erkannt haben, senden unmittelbar nach der Schleifenerkennung ein Standby Resolve (SR) auf der Seite, auf der die Schleife entdeckt worden ist, und sie ignorieren alle TRs, die vor einem erwarteten SR empfangen werden. SRs werden nur von Bridges empfangen, die selber auch eine Schleife entdeckt haben, und sie werden von diesen Bridges nicht weitergegeben. Nur wenn die Priorität des empfangenen SRs kleiner ist als der Inhalt des TR-Prioritätsregisters, bleibt die Bridge aktiv. Andernfalls wird ein Schleifenerkennungsflag gesetzt, das TR-Flag rückgesetzt und der TR-Timer wird wieder gestartet. Wenn alle TR-Timer abgelaufen sind, steht im TR-Prioritätsregister jeder Bridge die Adresse der Bridge, welche die kleinste BUA hat und damit die Adresse der Wurzel des Spanning Trees. Das TR-Flag kennzeichnet die Seite der Bridge, die der Wurzel zugewandt ist. Bridges, bei denen das Schleifenerkennungsflag gesetzt ist gehen in einen Standbymodus über. Die Bridge, deren Adresse mit dem Inhalt ihres TR-Prioritätsregisters übereinstimmt, also die Wurzel, übernimmt die Aufgaben eines Überwachers. Bei ihm sind beide TR-Flags zurückgesetzt. Dieser Überwacher überprüft nun die Topologie durch periodisches Senden (durch STR-Timer überwacht) eines Soft Topology Resets (STR) auf beiden Seiten der Bridge. Aktive Bridges erwarten (durch STR-Timer überwacht) dieses STR auf der Seite, auf der das TR-Flag gesetzt ist, Bridges im Standbymodus erwarten (STR-Timer) ein STR auf beiden Seiten. Aktive Bridges geben ein empfangenes STR auf der anderen Seite weiter. Erkennt eine Bridge einen Fehler, so sendet sie in beide Richtungen ein TR und der Algorithmus beginnt von neuem.

In IEEE 802.5 [6] wird zur Zeit an einer Erweiterung des bisherigen Token Ring Standards gearbeitet, um die Kopplung von Ringen über Bridges mit einzubeziehen. Diese Erweiterung sieht für Bridges einen Source Routing Algorithmus [3] vor. Der entstehende Standard muß allerdings mit Bridges nach IEEE 802.1 zusammenarbeiten können. Die Erweiterung sieht einige Änderungen des bestehenden Standards vor, mit denen bereits existierende IEEE 802.5 Implementierungen nicht kompatibel sind. Die Ringe und parallelen Bridges zwischen zwei Ringen müssen bei der Installation manuell numeriert werden, so daß eine solche Bridge nicht als transparent angesehen werden kann. Das PDU-Format wird um ein Routing-Informationsfeld ergänzt, das seinerseits wieder in genau spezifizierte Bereiche, beginnend mit einem Routing-Steuerfeld, unterteilt ist. Die Existenz eines Routing-Informationsfeldes wird durch das erste Bit der Ursprungsadresse, welches vom Standard als Indikator für eine Gruppenadresse in diesem Feld vorgesehen war, angezeigt. Das Routing-Steuerfeld enthält unter anderem eine Information über den Typ der Adressierung (individuell, Rundsenden über alle möglichen Wege oder Rundsenden über *einen* möglichen Weg). Der Sender schreibt die gesamte Routing-Information in das Routing-Informationsfeld hinter das Routing-Steuerfeld und die Bridges müssen nur noch überprüfen, ob sie und der jeweils nächste Ring in diesem Routing-Informationsfeld enthalten sind und können damit die Filterfunktion wahrnehmen. Die Bridges werden dadurch einfach und schnell. Insbesondere wurde die Dekodierung des Routing-Informationsfeldes bereits in VLSI (Very Large Scale Integration) realisiert. Sie müssen sich auch nicht die Ursprungsadressen der PDUs anschauen, um zu lernen, wo sich welche Station befindet. Außerdem sind beliebige Topologien erlaubt und auf parallelen Wegen kann eine Lastaufteilung vorgenommen werden. Jede einzelne Station wird allerdings komplizierter und teurer (die Anzahlen der Stationen und der Bridges unterscheiden sich normalerweise in ungefähr zwei Zehnerpotenzen). Sie muß eine Tabelle führen, die die gesamte ihr bekannte Routing-Information enthält, und sie muß den Source Routing Algorithmus abwickeln können. Ist der Weg zum Empfänger nicht bekannt, so wird zur Wegesuche eine spezielle PDU rundgesendet. Im Routing-Informationsfeld dieser PDU wird unterwegs sukzessive in jeder Bridge die Routing-Information eingetragen. Es sind Mechanismen zur Vermeidung endlos kreisender PDUs vorhanden. Der Empfänger schickt alle empfangenen Duplikate auf dem gleichen Weg zurück, so daß der Sender jetzt mehrere alternative Wege zur Auswahl hat. Er wird in der Regel die erste Alternative in seiner Routing-Tabelle eintragen, da dies offensichtlich der schnellste Weg war, was aber nicht unbedingt zu einer optimalen Verkehrsaufteilung führt. Durch diese aufwendige Wegesuche steht eine Source Routing Bridge in unmittelbarer Konkurrenz zu einem Router (siehe Abschnitt 6.4.3), der die Wegesuche auf der Vermittlungsschicht durchführt, wie es nach dem ISO-Referenzmodell auch vorgesehen ist. Im Routing-Steuerfeld wird beim Rundsenden für jeden Weg auch die kleinste maximale PDU-Größe ermittelt, die von allen Ringen auf diesem Weg bearbeitet werden kann. Das Rundsenden ist bei einer großen Anzahl von Ringen mit einer exponentiell ansteigenden Anzahl von Duplikaten verbunden und begrenzt dadurch die Anwendungsmöglichkeiten für diese Kopplungsart. Insbesondere kann bei einer großen Anzahl von Ringen das ganze System instabil werden, wenn (zum Beispiel wegen einem Stromausfall) viele Bridges ihre Routing-Tabellen durch Rundsende-Nachrichten neu aufbauen müssen.

In protokollunabhängigen Bridges kann eine Standardhardware eingesetzt werden. Jede PDU von den benachbarten Netzen wird empfangen und es wird softwaremäßig oder mit Hilfe eines Assoziativspeichers entschieden, ob sie weiterzugeben ist oder nicht. Dies führt zu einer starken Belastung der Bridge. Im Gegensatz dazu kann durch eine spezielle Hardware dafür gesorgt werden, daß die PDUs bereits beim Empfangen gefiltert werden. Dadurch wird die Hardware allerdings protokollabhängig, da sie abhängig von einem Teil der PDU (zum Beispiel Routing-Informationsfeld beim Source Routing Algorithmus) die PDU kopieren muß, oder nicht. Verklemmungssituationen können unter Umständen dadurch beseitigt werden, daß für die PDUs im Pufferspeicher der Bridge ein Alterungsmechanismus eingeführt wird. Eine Bridge sollte die Frame Check Sequence beim Empfangen nicht auswerten und sie auch beim Senden nicht neu berechnen (es sei denn an der PDU mußte eine Modifikation vorgenommen werden), sondern stattdessen die alte Frame Check Sequence weitergeben. Dadurch arbeitet der Fehlerbehandlungsmechanismus Ende-zu-Ende und auch Fehler, die innerhalb der Bridge vorkommen, werden entdeckt.

Bridges sind ungeeignet zur Kopplung einer sehr großen Anzahl von Netzsegmenten, da auf der Sicherungsschicht kein intelligentes Routing möglich ist, so daß PDUs auch Segmente belasten, die mit der Kommunikation nichts zu tun haben und da ein Rundsenden nicht vermieden werden kann, was zu einer mit der Anzahl der Netzsegmente exponentiell wachsenden Zahl von Duplikaten (Source Routing) oder zu einer nicht tragbaren Einschränkung der Kommunikationspfade (Spanning Tree) führt.

Bei der Kopplung zweier LANs über ein Backbone-Netz spricht man von einer Remote Bridge, wenn an den Schnittstellen jeweils auf der Sicherungsschicht die Kopplung durchgeführt wird. In diesem Fall können auf der Kopplungsschicht alle denkbaren Protokollmechanismen eingesetzt werden, da sie an der zweiten Schnittstelle wieder rückgängig gemacht werden können. Das Backbone-Netz kann als Transit-System betrieben werden (siehe Bild 6.2.5). Bei dieser Kopplungsart müssen die relativ großen Laufzeiten bei der Timereinstellung für Alterungsmechanismen oder Quittungsüberwachung beim Sender berücksichtigt werden. Während nach IEEE 802.1 [7] auf der LAN-Seite der Spanning Tree Algorithmus vorgesehen ist, ist auf der WAN-Seite vom Standard nichts konkretes vorgeschrieben.

6.4.3 Router (Netzkopplung auf der Vermittlungsschicht)

Eine Netzkoppeleinheit, die auf der Vermittlungsschicht zwei oder mehr Netze miteinander verbindet, wird allgemein als Router bezeichnet. Ein Router bietet sich neben seiner Verwendung als Vermittlungsstation auch an, um ein verbindungsorientiertes Netz mit einem verbindungslosen Netz zu verbinden. Prinzipiell ist hier eine Kopplung durch Protokoll-Transformation wie in Bild 6.2.2 ebenfalls denkbar. Im allgemeinen arbeiten Router allerdings mit einem globalen Vermittlungsprotokoll, das insbesondere die Wegesuche im globalen Netz vornimmt. Nach ECMA (European Computer Manufacturers Association) kann die Vermittlungsschicht in drei Teilschichten aufgeteilt werden, was auch von der ISO ausdrücklich erlaubt ist. Diese Aufteilung ist in Bild 6.4.10 dargestellt. Teilschicht 3a ist noch teilnetzspezifisch, während Teilschicht 3c ein globales Protokoll enthält. Die Anpassung des Protokolls der Schicht 3a an das Protokoll der Schicht 3c wird durch das Protokoll in Schicht 3b vorgenommen.

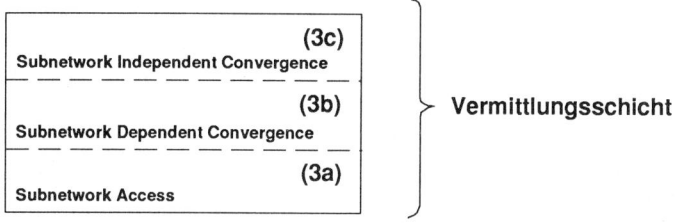

Bild 6.4.10:   Teilschichten der Vermittlungsschicht

Ein Router, der nach diesem Prinzip arbeitet, ist in Bild 6.4.11 dargestellt. Eine solche Kopplung ist von der ISO als einzige Kopplungsart vorgesehen und wird dort als *Relay System* bezeichnet. Hier wird erstmals, durch die globale Teilschicht, eine echte Wegesuche vorgenommen. Der Router wird mit seiner teilnetzspezifischen Adresse (bei LANs im wesentlichen die MAC-Adresse) explizit adressiert. Die Vermittlungsadresse des Empfängers wird im Router ausgewertet. Nach der Auswahl des nächsten abgehenden Teilnetzes wird der nächste Router oder der Empfänger auf diesem Teilnetz mit seiner teilnetzspezifischen Adresse angesprochen. Auf der Vermittlungsschicht wird in der Regel eine hierarchische Adressierung verwendet. Für den dynamischen Aufbau von Routing-Tabellen und deren ständige Aktualisierung wurde von der ISO im Jahr 1988 der *Connectionless-mode Network Service* um den Standard für ein *End System to Intermediate System Routeing Exchange Protocol* [9], oder kurz ES/IS-Protokoll, ergänzt. Router werden hier als Intermediate Systems bezeichnet. Voraussetzung für den Einsatz eines Routers ist das Vorhandensein der Vermittlungsschicht in beiden Netzen, was bei LANs oft nicht der Fall ist. Router sind, im Gegensatz zu Repeatern oder Bridges, auch in sehr großen Netzen einsetzbar (zum Beispiel als ISDN-Vermittlungsstelle) und dienen in diesem Fall auch oft dazu, Netze mit identischen Architekturen zu verbinden. Neuerdings gibt es auch Router, die Pakete mit einer unbekannten Schicht-3-Protokollsteuerinformation nicht einfach verwerfen, sondern auf der Sicherungsschicht wie eine Bridge weitergeben. Man spricht dann von einem Brouter.

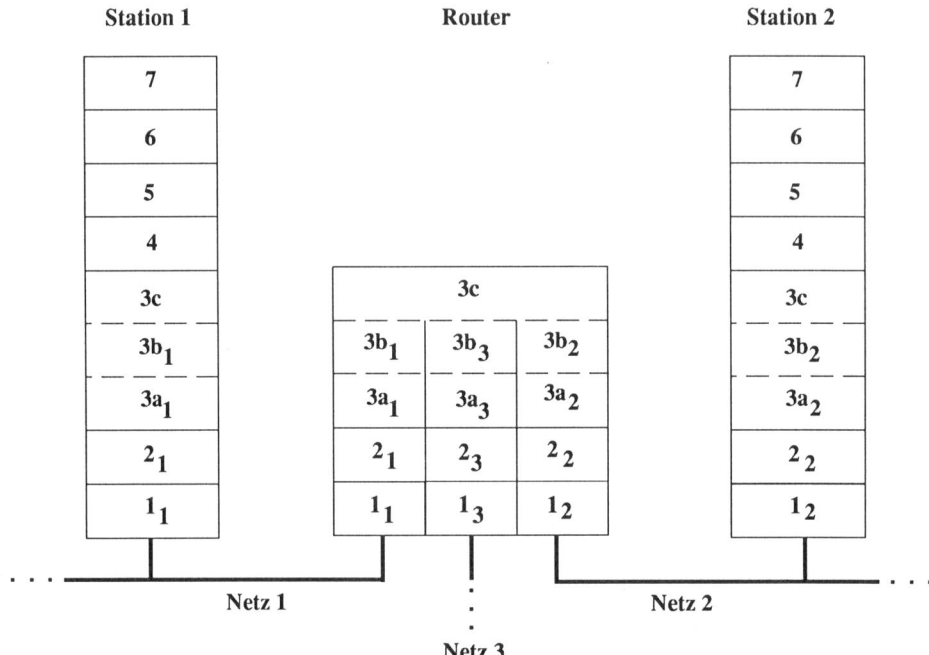

Bild 6.4.11: Netzkopplung über einen Router (Beispiel für drei zu verbindende Netze)

6.4.4 Gateway

Netzkoppeleinheiten, welche auf der Transportschicht oder höher die Kopplung vornehmen, werden als Gateway bezeichnet. Es geht hier die Ende-zu-Ende-Kontrolle der Transportverbindung verloren, was eigentlich von der ISO nicht vorgesehen ist, was sich aber auch nicht vermeiden läßt, wenn sich die zu verbindenden Netze auf der Transportschicht oder höher unterscheiden. Netz 2 wird dann von Netz 1 aus nicht mehr als ein Netz mit mehreren Endgeräten gesehen, sondern als *ein* verteiltes Endsystem.

Eine häufige Variante für ein Gateway ist das in Bild 6.4.12 dargestellte Schicht-4-Gateway. Auf der Kommunikationssteuerungsschicht und auf der Darstellungsschicht ist eine Kopplung aufgrund der dort vorgesehenen Funktionen nicht sinnvoll.Lediglich bei der Kopplung mit einem Netz, dessen Protokolle sich nicht an der ISO-Schichtung orientieren, kann es notwendig sein, einige PDUs zusätzlich auf der Kommunikationssteuerungsschicht umzusetzen.

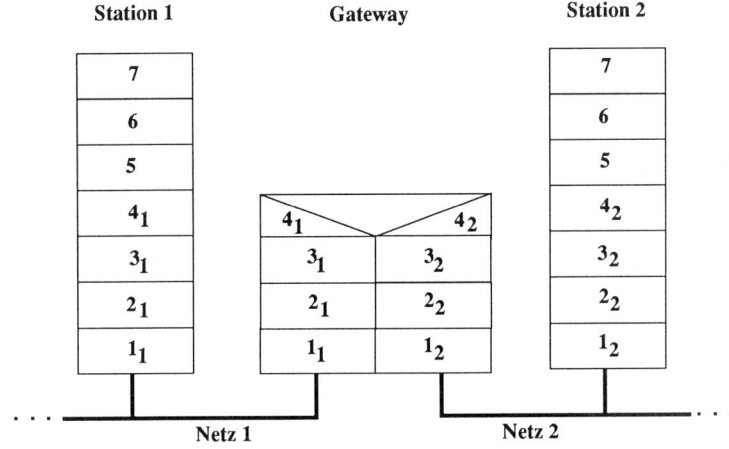

Bild 6.4.12:   Netzkopplung über ein Schicht-4-Gateway

Wenn sich zwei zu verbindende Netze auf der Verarbeitungsschicht unterscheiden, kommt nur ein Schicht-7-Gateway in Frage, wie dies in Bild 6.4.13 dargestellt ist. Ein Beispiel für ein solches Gateway ist in Abschnitt 6.5.2 zu finden.

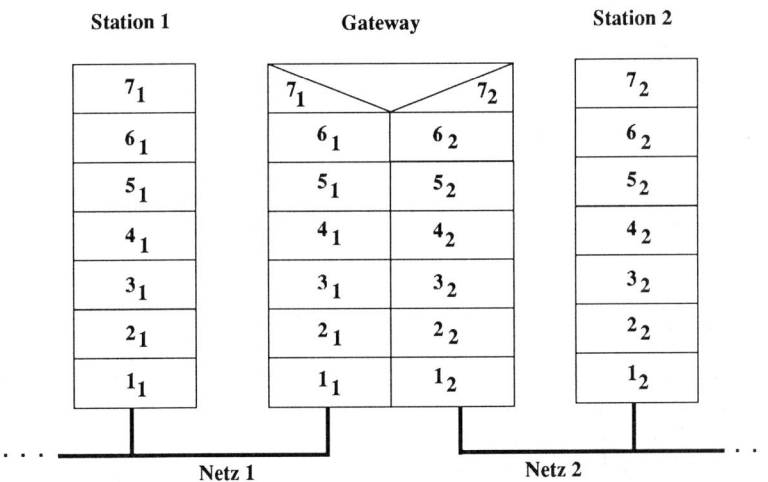

Bild 6.4.13:   Netzkopplung über ein Schicht-7-Gateway

6.5 Beispiele

6.5.1 Kopplung von standardisierten LANs über MAC-Layer-Bridges

Lokale Netze, die sich nur in ihren Medienzugangsverfahren, welche erlaubte Varianten des ISO-Standards sind, unterscheiden, lassen sich mit Hilfe einer MAC-Layer-Bridge, wie sie in Bild 6.5.14 dargestellt ist, verbinden.

Die beiden Standardisierungsvorschläge von IEEE (siehe Abschnitt 6.4.2) sind MAC-Layer-Bridges.

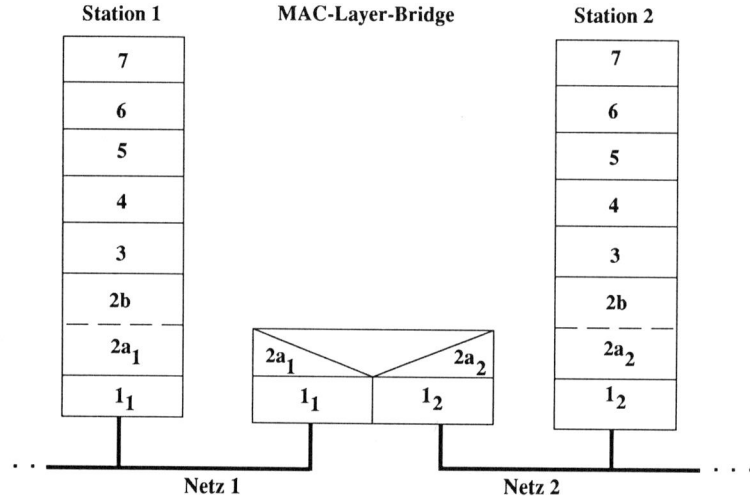

Bild 6.5.14:   Netzkopplung über eine MAC-Layer-Bridge

6.5.2 MAP-Gateway als Beispiel einer Netzkoppeleinheit für CIM

Nach der Einführung des standardisierten MAP-Profils in der Fertigungsautomatisierung entsteht die Forderung, daß Stationen mit herkömmlichen, firmenspezifischen Protokollen mit den neuen Stationen kommunizieren können müssen. Da diese Einführung unmittelbar bevorsteht, müssen die Hersteller von Kommunikationskomponenten für die Fertigungsautomatisierung einen Migrationspfad von ihren firmenspezifischen Produkten zu zukünftigen MAP-Produkten anbieten. Es gibt zwei Aspekte, die dabei berücksichtigt werden müssen. Erstens muß die Aufrufschnittstelle für die Anwenderprogramme der MAP-Spezifikation angepaßt werden, damit später dieselbe Anwendersoftware in MAP-Netzen verwendet werden kann, ohne umgeschrieben werden zu müssen. Zweitens müssen in eine bestehende firmenspezifische Umgebung sukzessive flexible Fertigungszellen eingefügt werden können, deren Komponenten über standardisierte Protokolle nach der MAP-Spezifikation miteinander kommunizieren, wie dies in Bild 6.5.15 dargestellt ist. Die Anzahl der MAP-Fertigungszellen kann dann in Zukunft immer mehr zunehmen, während firmenspezifische Fertigungszellen irgendwann nicht mehr neu installiert werden und somit auslaufen sollten. Das Endziel ist die Kommunikation über ein homogenes MAP-Netz. In der Zwischenzeit ist an der Schnittstelle zwischen den Protokollen der beiden unterschiedlichen Netze eine Protokoll-Transformation notwendig. Diese Aufgabe wird von einem MAP-Gateway erfüllt. Ein MAP-Gateway enthält auf der einen Seite das vollständige MAP-Profil mit dem Standardprotokoll MMS auf der Verarbeitungsschicht. Da herkömmliche Protokollprofile noch nicht mit diesem Verarbeitungsprotokoll arbeiten, muß auf der Verarbeitungsschicht die Kopplung durchgeführt werden.

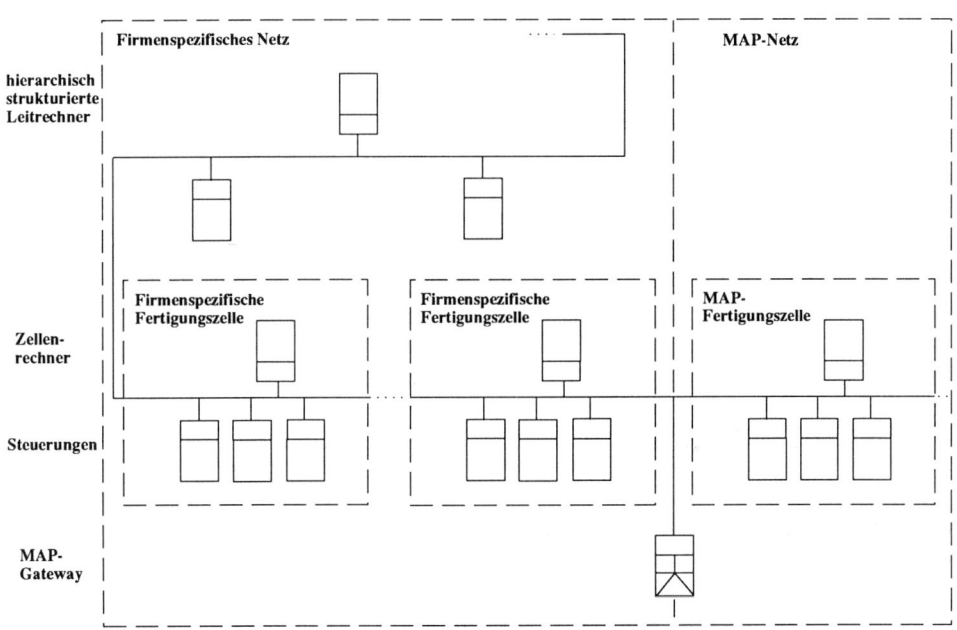

Bild 6.5.15: Einfügen von MAP-Fertigungszellen in eine firmenspezifische Umgebung

In Bild 6.5.16 wird beispielhaft ein MAP-Gateway zu einem speziellen firmenspezifischen Netz näher betrachtet, welches auf der Verarbeitungsschicht das firmenspezifische Verarbeitungsprotokoll SINEC AP 1.0 (siehe Kap. 4.4) enthält. SINEC AP 1.0 erfüllt zusätzlich die benötigten Funktionen der Kommunikationssteuerungsschicht und der Darstellungsschicht. Beim MAP-Profil ist dem MMS-Protokoll auf der Verarbeitungsschicht noch ein Basisdienst für Verarbeitungsprotokolle, das Association Control Service Element (ACSE), unterlagert.

163

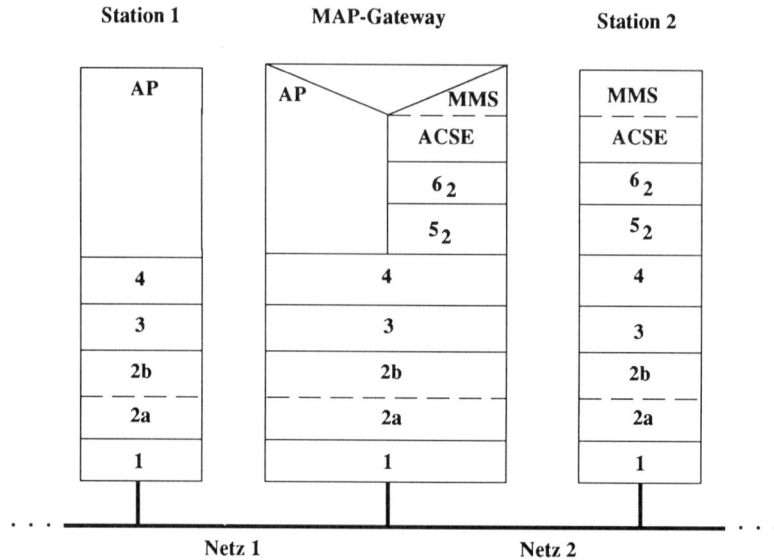

Bild 6.5.16: Netzkopplung über ein MAP-Gateway für CIM

Bei dem betrachteten Beispiel werden in beiden Netzen auf den unteren vier Schichten dieselben, von der ISO standardisierten, Protokolle und auch dasselbe breitbandige Übertragungsmedium verwendet. Deshalb können beide Netze physikalisch auf demselben Übertragungsmedium betrieben werden. Die Kommunikation von einem logischen Netz zum anderen muß jedoch immer über das MAP-Gateway abgewickelt werden, welches die Aufgabe der Protokoll-Transformation wahrnimmt. Die Protokolle des Transportsystems werden auf einem LAN-Board ausgeführt. Dabei werden die Aufgaben der Schichten 1 und 2a hardwaremäßig gelöst, und die Protokolle der Schichten 2b bis 4, die als Firmware implementiert sind, werden von einem speziellen Prozessor auf dem LAN-Board abgewickelt. Die Vermittlungsschicht ist oft nicht notwendig, da in der Fertigungsautomatisierung in der Regel *ein* LAN ausreicht und somit keine Wegesuche notwendig ist. Bei der Verwendung von zwei physikalisch getrennten Netzen werden zwei LAN-Boards benötigt, welche vom verwendeten Betriebssystem über getrennte Treiberprogramme verwaltet werden müssen. Andernfalls reicht *ein* LAN-Board aus, was auch in den Bildern 6.5.15 und 6.5.16 so dargestellt ist und für die Praxis den interessanteren Fall darstellt, da aus Kostengründen eine bestehende Infrastruktur ausgenützt werden sollte, anstatt ein zweites LAN parallel zum Ersten zu verlegen.

Der Prozessor des Kopplungsrechners muß parallel sowohl beide Protokollstacks oberhalb der Transportschicht als auch die Kopplungssoftware bearbeiten können. Wenn der Kopplungsrechner gleichzeitig auch eine normale Station (zum Beispiel einen Zellenrechner) darstellt, die von beiden Netzen aus angesprochen werden kann, so kommt die Bearbeitung der normalen Anwendersoftware noch hinzu.

Dieses MAP-Gateway hat auf der Verarbeitungsschicht die Aufgabe der Protokoll-Transformation. Es müssen die PDUs des ersten Netzes, soweit möglich, eins zu eins in die PDUs des zweiten Netzes umgesetzt werden. Wenn dies nicht geht, kann versucht werden, die PDUs des ersten Netzes in Sequenzen von PDUs des zweiten Netzes umzusetzen. PDUs, die nicht umgesetzt werden können, bedeuten einen Funktionalitätsverlust durch die Netzkopplung. Für die Parameter der PDUs gilt das in Abschnitt 6.2.2 gesagte. Bei PDUs ohne Quittung werden die lokalen Quittungen von der Kopplungsschicht sofort zurückgeschickt, damit belegte Speicherplätze schnell wieder freigegeben werden können. Eine solche abschnittsweise Quittierung ist bei PDUs mit Quittung nur dann möglich, wenn die Quittungen lediglich die Ankunft der PDUs anzeigen sollen. Werden in den Quittungen Parameter oder Daten vom Empfänger erwartet, so muß eine Ende-zu-Ende-Quittierung erfolgen. Dadurch werden die Zeiten bis zum Quittungsempfang relativ groß, was bei der Einstellung der Laufzeiten eventuell vorhandener Timer berücksichtigt werden muß. Im MAP-Gateway ist dafür kein großer Pufferspeicher mehr notwendig, da sich aufgrund von Flußkontrollen die PDUs bereits beim Sender stauen und nicht erst im MAP-Gateway, wenn in Netz 2 ein Engpaß auftritt.

Die Protokoll-Transformationssoftware hat neben dem Abwickeln von Szenarien auch noch globale Aufgaben zu erfüllen, welche unabhängig von den speziellen Szenarien sind und von einem eigenen Prozeß erledigt werden. Dazu gehören Aufgaben wie Pufferverwaltung, Reaktion auf globale Fehlerfälle, Reihenfolgesicherung bei segmentierten Aufträgen, Empfangen und Senden von Aufträgen, Identifikation des benötigten Szenarios, Verwalten von Szenarien, Zuordnung von Verbindungen durch Tabellen (Adressierung) und Verwaltung dieser Tabellen. Im MAP-Gateway ist neben den Adressierungstabellen, die aufgrund der verwendeten Protokolle sowieso vorhanden sind (Applikationsbeziehungstabelle und Funktionsverteiltabelle für SINEC AP 1.0 und Nametable für ACSE), noch eine weitere Tabelle nötig: eine Kommunikationsbeziehungstabelle, in der die Verbindungszuordnungen für den Verbindungsaufbau und die Referenzen aufgebauter Verbindungen eingetragen sind.

Zur Leistungsuntersuchung des MAP-Gateways wurde ein Simulationsprogramm, für eine Konfiguration wie sie in Bild 6.5.16 dargestellt ist, implementiert. Unter Verwendung von realistischen Parametern für die Prozessorphasen im Simulationsmodell wurde eine Stabilitätsgrenze bei 14 Aufträgen pro Sekunde ermittelt. Die Transferzeiten von Station 1 zu Station 2 über das MAP-Gateway nehmen von 70 ms bis 320 ms mit zunehmendem Angebot zu. Die Speicherbelegungszeiten in der sendenden Station bewegen sich im Bereich von 150 ms bis 400 ms bei Aufträgen mit Quittung.

Aufgrund dieser Ergebnisse müssen die einzelnen Fertigungszellen auch bereits in der Übergangszeit intern homogen sein, wie dies auch in Bild 6.5.15 dargestellt ist.

6.6 Zusammenfassung

Netzkoppeleinheiten zur Kopplung von Netzen mit gleichen oder unterschiedlichen Protokollarchitekturen sind teuer und reduzieren die Leistungsfähigkeit einer Kommunikationsbeziehung sowohl hinsichtlich der charakteristischen Verkehrsgrößen, wie zum Beispiel der Transferzeit durch die Netzkoppeleinheit, als auch hinsichtlich des Funktionsumfangs der betroffenen Protokollarchitekturen. Durch Standardisierung von Kommunikationsprotokollen wird versucht, die Notwendigkeit von Netzkoppeleinheiten auf ein Minimum zu reduzieren. Aufgrund von unterschiedlichen Anforderungen an die Kommunikation wird es auch in standardisierten Netzen verschiedene Alternativen geben, welche nur über Netzkoppeleinheiten miteinander verbunden werden können. Desweiteren erzwingen oft die räumlichen Verhältnisse oder die Anzahl der Stationen das Verbinden von verschiedenen Segmenten *eines* Netzes über eine Netzkoppeleinheit. Zur Erhöhung der Leistungsfähigkeit, der Sicherheit und der Verfügbarkeit von LANs ist es außerdem manchmal sinnvoll, diese auf kleine Bereiche mit hohem Internverkehr zu begrenzen und den bereichsübergreifenden Verkehr über Netzkoppeleinheiten abzuwickeln. Dieses Minimum an auch in Zukunft noch notwendigen Netzkoppeleinheiten sollte so ausgeführt werden, daß der Leistungsverlust minimal wird. Es sind deshalb ausführliche Untersuchungen von Netzkoppeleinheiten notwendig, mit dem Ziel, möglichst billig implementierbare Architekturen zu entwickeln, welche mit minimaler Verzögerung ein Maximum des Funktionsumfangs der Protokollarchitekturen ermöglichen. Im Hinblick auf minimale Transferzeiten sollte versucht werden, die Kopplungsschicht so weit wie möglich unten anzusiedeln, das heißt auf der letzten unterschiedlichen Schicht oder auf der ersten gemeinsamen Schicht, sofern dies aus physikalischen Gründen möglich ist, und sofern diese Schicht genügend Funktionalität für den betrachteten Anwendungsfall (zum Beispiel Routing für große Netze) bietet.

6.7 Literatur

[1] E. Biersack: Techniken zum Zusammenschluß von Rechnernetzen und deren Anwendung auf Protokolle des Transportsystems.
Dissertation, Technische Universität München, 1988.

[2] D. Brunn: OSI-Anwendungen auf ISDN.
Das ISDN in der Einführung, ITG-Fachbericht 100, VDE-Verlag, S. 409 - 433, 24. Februar 1988.

[3] R. Dixon, D. Pitt: Adressing, Bridging, and Source Routing.
IEEE Network, Volume 2, No.1, pp. 25 - 32, January 1988.

[4] M. Gerla, L. Kleinrock: Congestion Control in Interconnected LANs.
IEEE Network, Volume 2, No.1, pp. 72 - 76, January 1988.

[5] P. Henquet: Design of Gateways Interconnecting HSLANs: Performance Issues in Internal Gateway Communication.
High Speed Local Area Networks 88, pp. 11-01 - 11-28, April 1988.

[6] IEEE 802.5: Enhancement for Multi-Ring Networks.
Draft Addendum to IEEE 802.5, September 15, 1987.

[7] IEEE 802.1: MAC Bridges and Remote Bridge.
Draft Standard IEEE 802.1, Parts D and G, 1989 and 1990.

[8] IEEE 802.3: Repeater Unit for 10 Mb/s Baseband Networks.
IEEE 802.3c-1988, Supplement to IEEE 802.3, Section 9, 1988.

[9] ISO 9542: Information processing systems - Telecommunications and information exchange between systems - End System to Intermediate System routeing exchange protocol for use in conjunction with the Protocol for providing the connectionless-mode network service (ISO 8473).
First edition 1988-08-15, 1988.

[10] N. Linge, E. Ball, R. Tasker, P. Kummer: A Bridge Protocol for Creating a Spanning Tree Topology within an IEEE 802 Extended LAN Environment.
Computer Networks and ISDN Systems, Volume 13, pp. 323 - 332, January 1988.

7 Netzmanagement

Dieses Kapitel gibt eine Einführung in das Netzmanagement, wie es Gegenstand internationaler Standardisierung ist. Neben einer allgemeinen Darstellung der Aufgaben und Ziele, stehen die Informationsmodelle und Kommunikationsdienste im Vordergrund. Darüber hinaus wird auf das Netzmanagement in heterogenen Netzen eingegangen und eine aktuelle Übersicht über die Normen gegeben.

7.1 Aufgaben und Ziele des Netzmanagements

Unter Netzmanagement versteht man die Administration eines Netzes, welches mit seinen Komponenten ein verteiltes System darstellt. Dies beinhaltet die Erbringung einer bestimmten Netzdienstqualität, d.h. einer bestimmten Dienstgüte an der Netzzugangsschnittstelle. Zu dieser Dienstgüte tragen folgende Faktoren bei:

- Verfügbarkeit
- Zuverlässigkeit
- Datendurchsatz
- Auslastung
- Datenschutz

Die für den Netzbetreiber relevanten Größen wie

- Planbarkeit des Netzes,
- Aufwand bei der Inbetriebnahme,
- Flexibilität des Netzes bezüglich Konfigurationsänderungen,
- Verteilung der Betriebskosten auf die Benutzer (Accounting),

fallen ebenfalls unter das Netzmanagement. Diese Anforderungen führen zu folgenden Aufgabenbereichen:

- Planung
- Initialisierung
- Überwachung des laufenden Betriebs (u.a. Erkennung und Abwehr von Überlastsituationen)
- Wartung
- Fehlersuche

- Unterstützung bei Änderungen der Netzkonfiguration
- Durchsatzoptimierung des Netzes.

Global gesehen umfaßt Netzmanagement alle Aktivitäten in diesen Bereichen. Es schließt menschliche Aktivitäten mit ein, kann also nicht "von der Stange" gekauft werden [1]. Es besteht im wesentlichen aus einem (menschlichen) Netz-Administrator, der über ein User-Interface (Netzmanagement-Konsole) mit dem Management-System interagiert. Das Management-System wiederum erhält Zugriff auf Netzdaten über den Management Information Service (MIS). Bild 7.1.1 zeigt ein globales Modell des Netzmanagements, welches jedoch keine Aussage über dessen räumliche Verteilung beinhaltet.

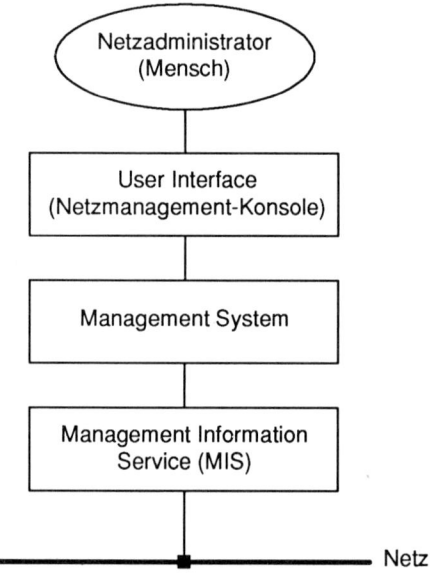

Bild 7.1.1:   Globales Modell des Netzmanagements

Um Netzmanagement in offenen Systemen durchführen zu können, bedarf es eines standardisierten Zugriffsverfahrens und einer einheitlichen Repräsentation der Management-Daten. Dies ist seit einigen Jahren Ziel vielfältiger Standardisierungs-Bemühungen der ISO. Im Standard 7498-4, dem OSI Management Framework, werden grundsätzliche Festlegungen getroffen. In dieser und in weiteren Normen wird überwiegend der Management Information Service standardisiert, nicht die Aktionen des Management-Systems, die mit der Beschaffenheit des Netzes und dessen Einsatzumgebung stark variieren. Im folgenden sollen die Bereiche beschrieben werden, die Gegenstand der ISO-Standardisierung sind.

170

7.2 Funktionsbereiche

Die verschiedenen Aufgabenbereiche des Netzmanagements werden bei ISO in fünf funktionale Gruppen, die sogenannten Specific Management Functional Areas *(SMFAs)*, unterteilt ([2], [3])

- Fault Management
- Accounting Management
- Configuration Management
- Performance Management
- Security Management.

Fault Management faßt die Funktionen zusammen, die es ermöglichen, Störungen im Netz zu erkennen, die betroffenen Teile zu lokalisieren und zu isolieren, sowie die Störung, falls möglich, zu beheben. Störungen zeigen sich als bestimmte Ereignisse (z.B. Fehler) im Netzbetrieb. Die Funktionen umfassen das Empfangen von Fehlermitteilungen, inklusive der Durchführung entsprechender Reaktionen, das Führen und die Auswertung von Fehleraufzeichungen, die Fehlerüberwachung, das Durchführen von Testreihen zur Diagnose, sowie die Behebung von Fehlern.

Die Erhebung von Gebühren für die Benutzung von Betriebsmitteln fällt unter den Bereich *Accounting Management*. Hier stehen Funktionen bereit, die den Benutzer über angefallene Gebühren oder verbrauchte Betriebsmittel informieren, es erlauben, obere Schranken für die Benutzung von Betriebsmitteln zu setzen und zu kontrollieren und Gebühren zusammenzufassen, die durch die Benutzung mehrerer Betriebsmittel bei der Erbringung eines bestimmten Dienstes entstehen.

Configuration Management beinhaltet die Benennung von Betriebsmitteln, die Initialisierung und Stillegung von Betriebsmitteln, das Setzen von Kommunikationsparametern, das Sammeln von Zustandsdaten über das Netz, sowohl während des Normalbetriebs, als auch aufgrund einer signifikanten Zustandsänderung und die Änderung der Netzkonfiguration.

Der Bereich des *Performance Managements* umfaßt Funktionen zur Ermittlung der Leistung von Betriebsmitteln. Dazu zählt das Sammeln von statistischen Daten, sowie die Aufzeichnung und Auswertung von Protokollen zur Netzzustandsgeschichte zum Zwecke der Netzplanung und Netzanalyse.

Für die Sicherung des Netzes vor unberechtigter Benutzung der Betriebsmittel ist das *Security Management* zuständig. Es stellt Funktionen bereit für die Überprüfung der Teilnehmer-Identität, die Kontrolle und Verwaltung von Berechtigungen, die Zugangskontrolle, die Verwaltung von Kryptographie-Schlüsseln sowie die Aufzeichnug und Auswertung von Sicherheitsprotokollen.

7.3 Modell des Netzmanagements

7.3.1 Datenmodell

Die Ziele von Managementoperationen werden allgemein als Managed Objects (MO) bezeichnet. Sie verkörpern die für das Management relevanten Informationen über die Betriebsmittel des Netzes. Alle Managed Objects zusammen bilden eine Art Datenbank, die Management Information Base (MIB) [4]. Teile dieser MIB residieren in den einzelnen Systemen. Ein Zugriff auf diese Daten kann nur lokal erfolgen. Benötigt das System A Daten aus der MIB des Systems B, so muß der Austausch dieser Daten über entsprechende Management-Protokolle durchgeführt werden.

7.3.2 Kommunikationsmodell

Für den Austausch von Management-Informationen zwischen verschiedenen Systemen sind, wie in Bild 7.3.1 dargestellt, im OSI-Management drei Mechanismen vorgesehen (vgl. auch [3])

* (N)-Layer Operation
* (N)-Layer Management
* Systems Management.

Die *(N)-Layer Operation* bietet Mechanismen, eine einzige Instanz auf Schicht N zu überwachen und zu kontrollieren. Dies geschieht mit Hilfe von regulären (N)-Layer Protokollelementen. Kommunikationspartner sind (N)-Instanzen (*Layer Entities, LE*). Beispiele hierfür sind das Rücksetzen von Verbindungen (RESET in X.25), die gegenseitige Mitteilung von Fehlern zwischen Kommunikationspartnern oder Protokollelemente zum Test der Partnerstation, wie z.B. der Echo-Test auf Schicht 2.

Das *(N)-Layer-Management* erstreckt sich über mehrere Instanzen in einer Schicht. Es existieren Mechanismen, um Managed Objects der Schicht N zu kontrollieren und zu überwachen. Diese Aufgaben können in jeder Schicht von einer entsprechenden (N)-Layer Management Instanz (*Layer Management Entity, LME*) übernommen werden, die in der Lage ist, mit LMEs derselben Schicht in anderen Stationen mittels *(N)-Layer-Management Protokollen* zu kommunizieren. Diese Kommunikation bleibt jedoch auf Aufgaben der entsprechenden Schicht beschränkt. Das ES/IS-Protokoll der Schicht 3 zum Austausch von Routing-Informationen oder Ladeprotokolle der Schicht 2 zum Booten einer Station über das Netz sind Beispiele für Layer-Management Protokolle.

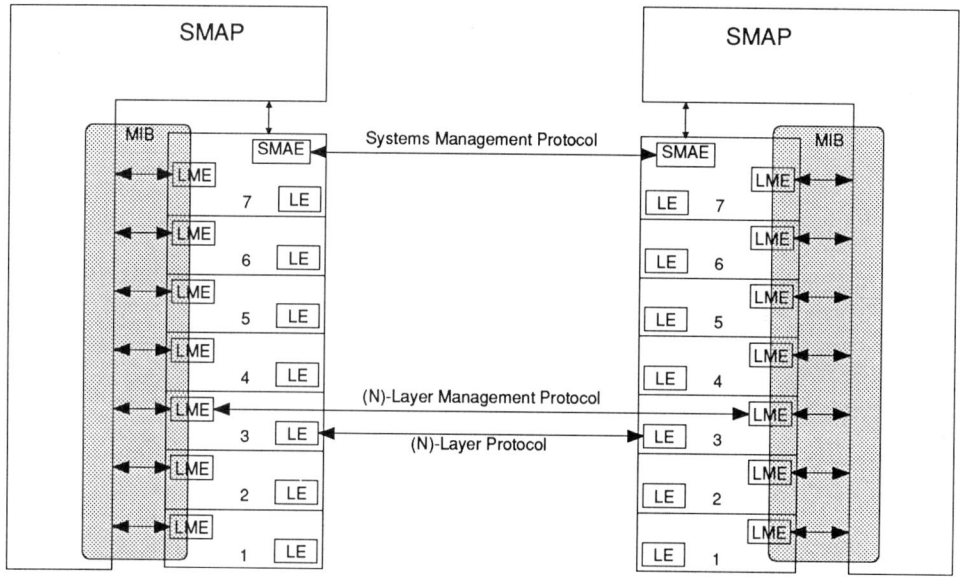

Bild 7.3.1:   Kommunikationsmodell des OSI Managements

Die Steuerung und Überwachung aller Managed Objects eines Systems ist Aufgabe des *Systems Managements*. Es stellt die einzige Möglichkeit dar, auf Objekte von verschiedenen Schichten zuzugreifen und sollte immer benützt werden, falls die Funktionalität aller sieben Schichten vorhanden ist. Kommunikationspartner sind Management-Anwendungsprozesse (Systems Management Application Processes, SMAPs), die Dienste der Verarbeitungsschicht in Anspruch nehmen. Diensterbringer sind die *Systems Management Application Entities (SMAEs)*, die untereinander über Systems Management Protokolle kommunizieren. Die Funktion der SMAE ist unabhängig davon, ob auf allen sieben Schichten LMEs zur Verfügung stehen oder nicht. Da das Systems Management die Hauptaufgaben des Netzmanagements übernimmt, werden im folgenden die übrigen Mechanismen nicht näher betrachtet.

7.3.3 Systems Management

Vorraussetzung für das Systems Management ist die Funktionalität aller sieben Schichten. Dies führt dazu, daß bei Systemen mit unvollständigem Kommunikationsstack (z.B. Relays, Bridges, ...) dieser erweitert werden muß, so daß eine minimale Funktionalität für das Management sichergestellt ist. Eine andere Möglichkeit besteht darin, daß eine andere Station die Kommunikationsaufgaben des Systems Management übernimmt und mit der unvollständigen Station mittels (N)-Layer Management Protokollen kommu-

niziert. Ein weiteres Problem bilden Systeme, bei denen ein Teil des Kommunikations-
stacks ausfällt und die dadurch für das Systems Management nicht mehr ansprechbar
sind. Diese Situationen müssen durch layerspezifische Eingriffe ((N)-Layer Management, (N)-Layer Operation) behoben werden.

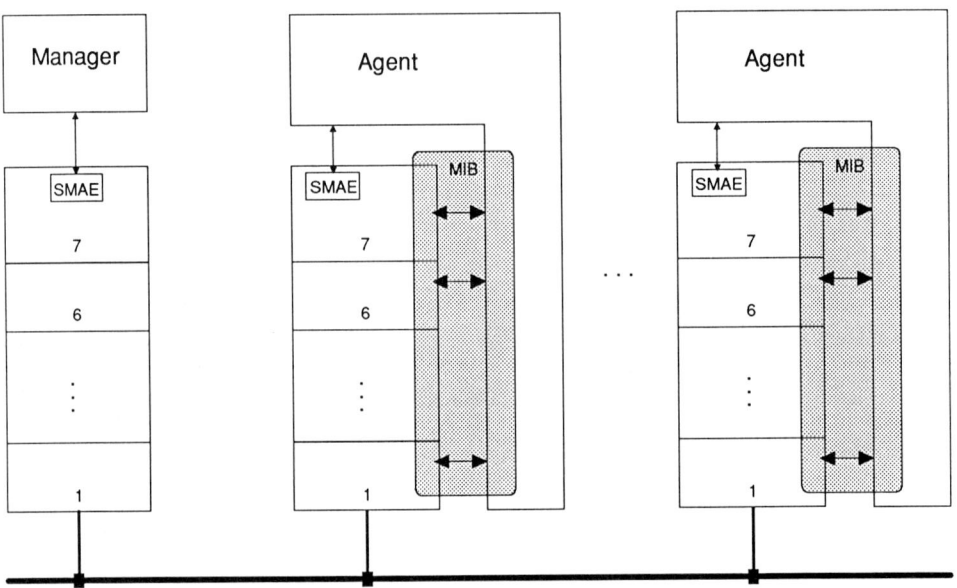

Bild 7.3.2:   Manager- und Agentprozesse

Die Managementaufgaben werden von mehreren Anwendungsprozessen auf verschiedenen Systemen wahrgenommen. Generell kann dabei in Manager- und Agentprozesse unterschieden werden, kurz Manager und Agents (Bild 7.3.2). Manager stoßen
Managementaktivitäten an und sind für das gesamte Netz oder zumindest einen Teil
davon verantwortlich. Wird ein Netz von mehreren Managern verwaltet, sind Zustän-
digkeitsbereiche (Management Domains) festzulegen. Über die Kommunikation zwischen mehreren Managern wird bei ISO nichts ausgesagt. Manager kommunizieren mit
Agents, um Informationen über das Netz zu erhalten bzw. zu verändern. Jede Station
besitzt einen Agent, der für die Managed Objects dieser Station verantwortlich ist und
auf Veranlassung des Managers aktiv wird. Er ist für die lokale Umsetzung der
Manageraufträge zuständig.

7.4 Organisation der Netzmanagement-Daten

7.4.1 Definition von Managed Objects

Die Management Information Base gliedert sich in Managed Objects (MO), welche die Sichtweise des Managements auf die Betriebsmittel des Netzes verkörpern. Jedes Objekt besitzt einen Namen (MO-Identifier), unter dem es angesprochen werden kann. Die Existenz des Objekts und dessen Name sind gleichbedeutend.

Ein Managed Object besteht aus

- Attributen,
- Events,
- Actions,
- weiteren MOs, die dieses MO beinhaltet.

Bei der Definition eines Objektes sind alle Operationen, die auf das Objekt und die zugehörigen Attribute anwendbar sind, explizit anzugeben. Ebenso müssen alle Fehlerfälle, aufgrund deren eine Operation nicht durchgeführt werden kann, aufgeführt sein. Hinzu kommt die Beschreibung der Auswirkungen auf die entsprechenden Betriebsmittel. Eine detaillierte Spezifikation der MOs für eine reale Implementierung ist in [5] gegeben.

7.4.2 Adressierung von Managed Objects

Die Tatsache, daß ein MO neben seinen Attributen, Events und Actions noch weitere Objekte beinhalten kann, führt zu einer hierarchischen Struktur, die sich auf die Adressierung der Objekte auswirkt. Die Adresse eines MOs ergibt sich durch die Verkettung der Adressen von MOs über die das Zielobjekt erreicht wird. Dies führt zu einer Baumstruktur für die Adressierung der Managed Objects, den *Containment Tree*. Mit dem Containment Tree ist es z.B. möglich, durch Angabe eines Objektnamens dieses Objekt selbst und alle darunter liegenden Objekte anzusprechen, ohne deren Adresse zu kennen. Bild 7.4.1 zeigt ein Beispiel eines solchen Baumes mit Integer-Zahlen als Objektadressen. Die hierarchische Struktur entspricht der schalenartigen Sichtweise der realen Betriebsmittel. So kann man sich zum Beispiel zwei Objekte "LAYER-2" und "MAC" vorstellen, die den Schichten 2 und 2a entsprechen, wobei die Schicht 2a in der Schicht 2 enthalten ist.

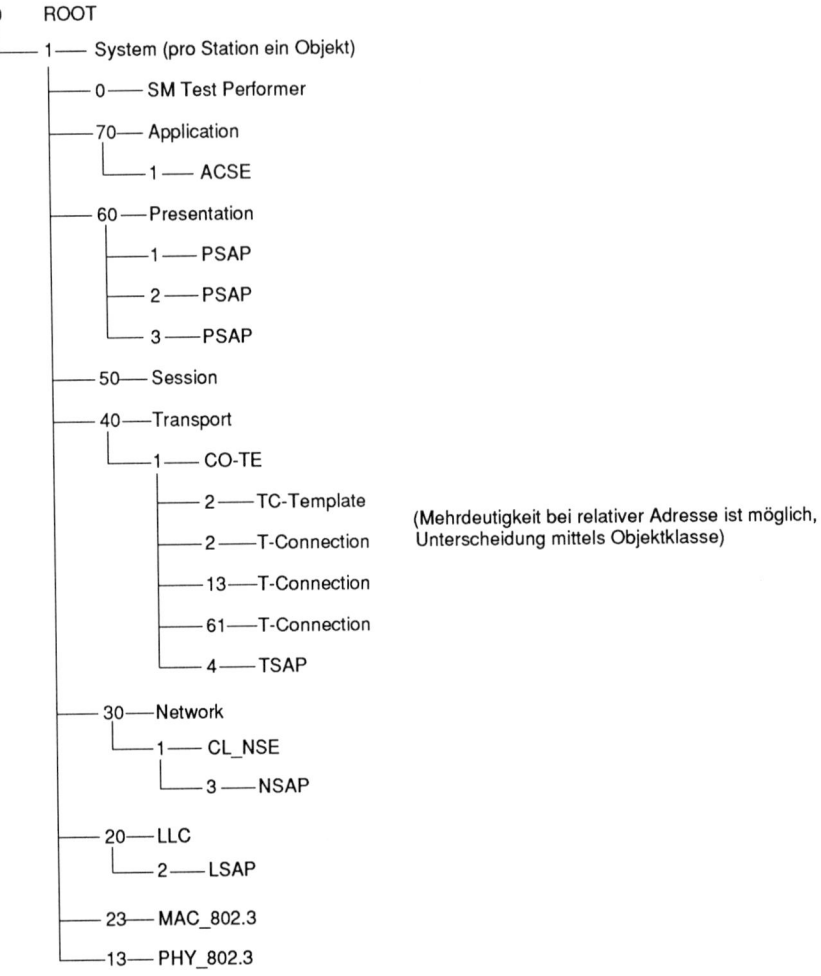

Bild 7.4.1:   Containment Tree: Baumstruktur für die Adressierung
von Managed Objects

7.4.3 Klassen von Managed Objects

Der Typ eines Managed Objects wird durch seine Klasse festgelegt. Managed Objects
einer Klasse enthalten identische Informationen, wie die gleichen Attribute, Events und
Actions. Die Werte dieser Informationen sind jedoch objektspezifisch. Beispiele für
Objektklassen sind ein System als ganzes, eine bestimmte Kommunikationsschicht,
Kommunikationsinstanzen, oder Verbindungen. Auch zwischen Objektklassen existie-
ren hierarchische Beziehungen. Gleichfalls müssen sie eindeutig identifizierbar sein.
Dies legt eine zweite Baumstruktur nahe, den *Registration Tree*, der für die Adressie-
rung einer Objektklasse verwendet wird und in Bild 7.4.2 beispielhaft dargestellt ist.

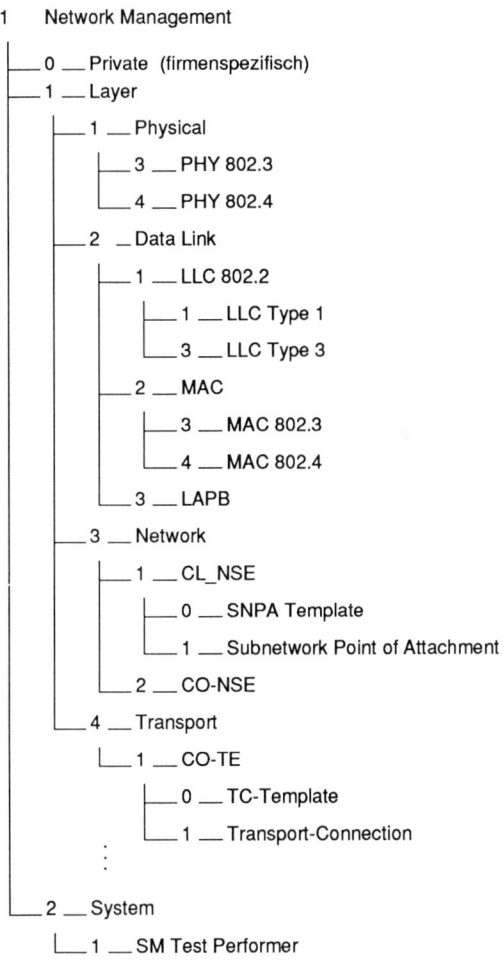

1   Network Management
   └─ 0 ── Private (firmenspezifisch)
   └─ 1 ── Layer
         └─ 1 ── Physical
               └─ 3 ── PHY 802.3
               └─ 4 ── PHY 802.4
         └─ 2 ── Data Link
               └─ 1 ── LLC 802.2
                     └─ 1 ── LLC Type 1
                     └─ 3 ── LLC Type 3
               └─ 2 ── MAC
                     └─ 3 ── MAC 802.3
                     └─ 4 ── MAC 802.4
               └─ 3 ── LAPB
         └─ 3 ── Network
               └─ 1 ── CL_NSE
                     └─ 0 ── SNPA Template
                     └─ 1 ── Subnetwork Point of Attachment
               └─ 2 ── CO-NSE
         └─ 4 ── Transport
               └─ 1 ── CO-TE
                     └─ 0 ── TC-Template
                     └─ 1 ── Transport-Connection
                     ⋮
   └─ 2 ── System
         └─ 1 ── SM Test Performer

Bild 7.4.2:   Registration Tree: Baumstruktur für die Adressierung von
                Objektklassen

7.4.4 Elemente eines Managed Objects

Attribute sind bestimmten Managementdaten eines Betriebsmittels zugeordnet. Sie
besitzen Werte, die entweder den Status des Betriebsmittels repräsentieren oder für
das Management relevant sind und vom Manager verwaltet werden. Es lassen sich
einfache und komplexe Attribute unterscheiden. Einfache Attribute enthalten nur einen
Wert. Darunter zählen Variablen, die nur vom Manager geändert werden und Zähler
(counter) bzw. Pegelwerte (gauge values), die sich durch den Betriebszustand verändern. Beispiele von einfachen Attributen sind Namensattribute, Konfigurationsattribute,

177

Zähler in irgendwelchen Schichten, Raten von Zählern oder Timerwerte. Komplexe Attribute können mehrere Werte beinhalten. Hierunter fallen z.B. die Genzwert-Attribute (Threshold-Attributes), die mehrere Schranken enthalten können und bestimmte einfache Attribute überwachen. Überschreitet der Wert des einfachen Attributs eine dieser Schranken, wird, abhängig von einem Flag, welches ebenfalls zum Threshold-Attribut gehört, ein Event an den Manager generiert. Listen-Attribute, die eine beliebige Anzahl von Elementen (Werte) enthalten können, sind ebenfalls definiert.

Events sind vordefinierte Ereignismeldungen, die ein Agent beim Auftreten dieses Ereignisses an den Manager schickt. Mit der Definition eines Events werden das auslösende Ereignis und die Daten, die an den Manager übertragen werden, festgelegt. Mögliche Events sind z.B. die Mitteilung, daß ein bestimmter Schwellwert überschritten wurde, oder die Meldung, daß eine bestimmte, vom Manager angestoßene Aktion abgeschlossen wurde. Über Events kann ein Agent seinen Manager auch von Vorgängen unterrichten, die extern initiiert wurden (z.B. manuelle Aktionen an dem System oder die Änderung von Attributen durch einen anderen Manager).

Durch Actions werden die möglichen Aktionen definiert, zu denen der zuständige Agent in der Lage ist. Diese Aktionen beziehen sich auf das dem Managed Object zugeordnete Betriebsmittel. Über diesen Weg ist es z.B. möglich, ein System dazu aufzufordern, sich selbst zurückzusetzen und neu zu initialisieren. Eine mögliche Aktion wäre auch die Durchführung von bestimmten Tests im Netz. Eine Action muß vom Manager angestoßen werden, um ablaufen zu können.

Generell gilt zu bemerken, daß durch die Ausübung von einfachen, vordefinierten Operationen auf Managed Objects alle denkbaren Managementaktivitäten über das Netz durchgeführt werden können.

7.5 Netzmanagement-Dienste auf Schicht 7

7.5.1 Struktur der SMAE

Die Anwendungsprozesse des System Managements (SMAP) kommunizieren untereinander durch den Austausch von sogenannten Direktiven. Dafür benutzen sie Dienste der Verarbeitungsschicht, die ihnen von einer *Systems Management Application Entity (SMAE)* zur Verfügung gestellt werden. Die SMAE setzt sich aus mehreren Diensteelementen zusammen (Bild 7.5.1). An der Schnittstelle zum SMAP befindet sich das *Systems Management Application Service Element (SMASE)*, welches für jeden Funktionsbereich einen speziellen Satz von Diensten beschreibt. Diese Dienste stützen sich auf einen managementspezifischen Dienst, der allen Funktionsbereichen gemeinsam ist, den Common Management Information Service (CMIS), zu dem das *Common Management Informtion Protocol (CMIP)* gehört. Management Application Protokollelemente können direkt auf CMIS-Diensteelemente umgesetzt werden. Innerhalb des SMASE wird lediglich die Benutzung einiger noch freier Parameter der CMIS-Dienstprimitive beschrieben. CMIS und CMIP liegen als ISO International Standard vor und werden nachfolgend näher erläutert.

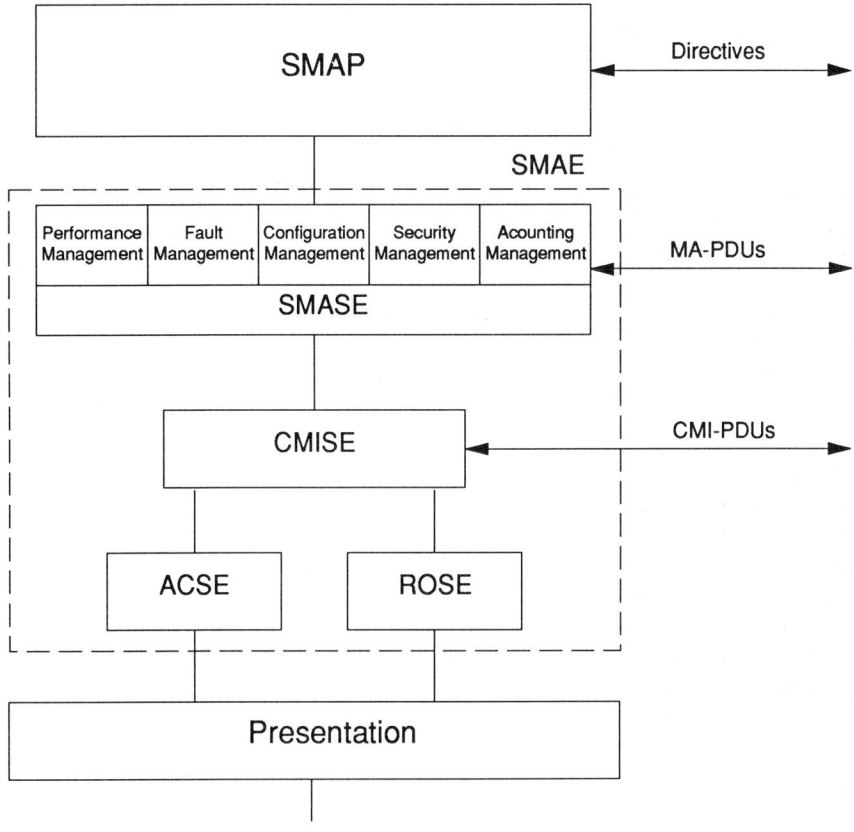

Bild 7.5.1:   Struktur der Systems Management Applikation Entity

7.5.2 CMIS

CMIS ist ein verbindungsorientierter Dienst. Für jeden Informationsaustausch muß zuerst eine CMIS-Verbindung aufgebaut werden. Gegenstand von CMIS-Aufträgen sind immer Managed Objects, auf die Operationen ausgeführt werden (z.B. Lesen oder Setzen von Attributen, Erzeugen oder Löschen von Objekt-Instanzen), oder die Gegenstand einer Ereignismeldung bzw. einer Aktion sind. CMIS-Dienste sind gerichtet, d.h. eine Instanz generiert einen Auftrag, den die Partnerinstanz bearbeitet.

CMIS-Dienstprimitive lassen sich einteilen in

- Primitive zur Verbindungssteuerung,
- Primitive zur Mitteilung von Ereignissen,
- Primitive zur Manipulation von Managed Objects.

179

Die Steuerung von CMIS-Verbindungen erfolgt über die Dienstprimitive

- M-INITIALIZE (Aufbau einer Verbindung)
- M-TERMINATE (normaler Abbau einer Verbindung)
- M-ABORT (Abbruch einer Verbindung)

Die Funktionalität eines CMIS-Elements wird in *Functional Units* gegliedert. Dabei werden generell Invoker- und Performer-Units unterschieden. Mittels einer Invoker-Unit werden CMIS-Aufträge erzeugt, während die Performer-Unit CMIS-Aufträge annimmt und darauf antwortet. Zu jedem CMIS-Dienst extistiert ein Invoker/Performer-Paar. Nicht jede Station muß alle Functional Units unterstützen. Sie differieren vielmehr zwischen Manager- und Agent-Stationen. Die Funktionen, die über eine CMIS-Verbindung benützt werden können, werden beim Aufbau über die Functional Units ausgehandelt.

Für die Mitteilung eines Ereignisses steht das Dienstprimitiv

- M-EVENT-REPORT

zur Verfügung. Es wird in der Regel vom Agent an den Manager übermittelt. Dieses Dienstprimitiv kann quittiert oder unquittiert ausgeführt werden. Der Informationsgehalt und die Konsequenzen dieser Meldung hängen stark von dem betroffenen Managed Object ab.

Zur Manipulation von Managed Objects existieren folgende Dienstprimitive:

- M-GET (lesen von Attributen)
- M-CANCEL-GET (Abbruch eines M-GET Auftrages)
- M-SET (setzen von Attributen)
- M-CREATE (erzeugen eines Managed Objects)
- M-DELETE (löschen eines Managed Objects)

Mit den Primitiven M-GET und M-SET ist es möglich, Attribute von Managed Objects in anderen Stationen zu lesen oder zu setzen. M-GET-Aufträge benötigen grundsätzlich eine Quittierung (Ergebnis oder Fehlermeldung), während unquittierte M-SET-Aufträge möglich sind. Der Abbruch eines M-GET Auftrages vor dessen vollständiger Bearbeitung ist mit dem Dienstprimitiv M-CANCEL-GET möglich. Mit einem Auftrag können mehrere Attribute in verschiedenen Objekten angesprochen werden. Für die Auswahl von Attributen und Objekten existieren zwei Mechanismen

- Scoping und
- Filtering.

Adressiert wird grundsätzlich ein Basisobjekt durch Angabe der Objektklasse und des MO-Identifiers. Mit Hilfe des Scope-Parameters wird eine Menge von Objekten ausgewählt, bestehend aus

• dem Basisobjekt allein oder
• der n-ten Hierarchiestufe im Containment Tree nach dem Basisobjekt oder
• dem Basisobjekt selbst mit allen untergeordneten Objekten.

Aus dieser Objektmenge können durch Angabe eines Filter-Parameters eine oder mehrere Bedingungen definiert werden, denen die Attribute der angesprochenen Objekte genügen müssen, um letztendlich ausgewählt zu sein.

Die Rückgabe der Attributwerte erfolgt in Form einer Attributliste. Die Antwort auf einen M-GET-Auftrag kann mehrere verkettete Meldungen umfassen *(Linked Reply)*. In einer Rückmeldung sind nur Attribute eines Objektes enthalten.

Die Entscheidung über das Vorgehen für den Fall, daß eine Operation nicht auf alle ausgewählten Objekte oder Attribute ausführbar ist, kann durch den Parameter *Synchronisation* beeinflußt werden, für den zwei Werte möglich sind: "Atomic" und "Best Effort". Atomic bedeutet, daß zuvor überprüft wird, ob der Auftrag vollständig ausgeführt werden kann und dann entweder vollständig oder gar nicht ausgeführt wird. Bei Best Effort werden alle möglichen Operationen ausgeführt und die Fehlschläge zurückgemeldet.

Mit den quittierten Aufträgen M-CREATE und M-DELETE können Managed Objects dymamisch erzeugt und wieder gelöscht werden. Dies wird normalerweise vom Manager durchgeführt. Ein neues Objekt ist durch seine Objektklasse definiert. Der MO-Identifier kann wahlweise vom Manager oder vom Agent vergeben werden. Es ist möglich, ein Referenzobjekt anzugeben, von dem die Attributwerte des neuen Objektes übernommen werden. Ebenfalls ist es möglich, mit der Generierung eine Liste von Attributen anzugeben, mit denen das neue Objekt vorbesetzt wird (überschreibt Werte des Referenzobjektes).

Die Möglichkeit, auf der Partnerstation bestimmte, vordefinierte Aktionen anzustoßen, bietet das Dienstprimitiv

• M-ACTION.

Ein solcher Auftrag, der sich auf eine Menge von Managed Objects beziehen kann, wird vom Manager abgesetzt und vom Agent quittiert. Dabei sind Scope- und Filter-Parameter zulässig. Die Quittierung eines M-ACTION-Primitivs beinhaltet nur die Annahme des Auftrages. Meldungen, die den Abschluß der Aktion und deren Ergebnisse beinhalten, werden mit M-EVENT-REPORT-Primitiven vom Agent an den Manager übermittelt.

CMIS verwendet für den Austausch von PDU's die Dienste von ACSE (Association Control Service Element) und ROSE (Remote Operations Service Element). CMI-PDUs lassen sich direkt auf Elemente darunterliegender Dienste abbilden.

7.6 Netzmanagement in heterogenen Netzen

Bei der Aufgabe, Netzmanagement in heterogenen Netzen durchzuführen, tritt nicht nur das Problem auf, daß die Protokolle und Datenstrukturen unterschiedlich sind, vielmehr differiert der Umfang, in dem Netzmanagement überhaupt möglich ist, d.h. die netzseitigen Möglichkeiten Management durchzuführen. Geht man davon aus, daß ein Netz dem OSI-Standard entspricht und im anderen Netz kein dem Systems Management vergleichbarer Dienst extistiert, ergibt sich die Konfiguration in Bild 7.6.1.

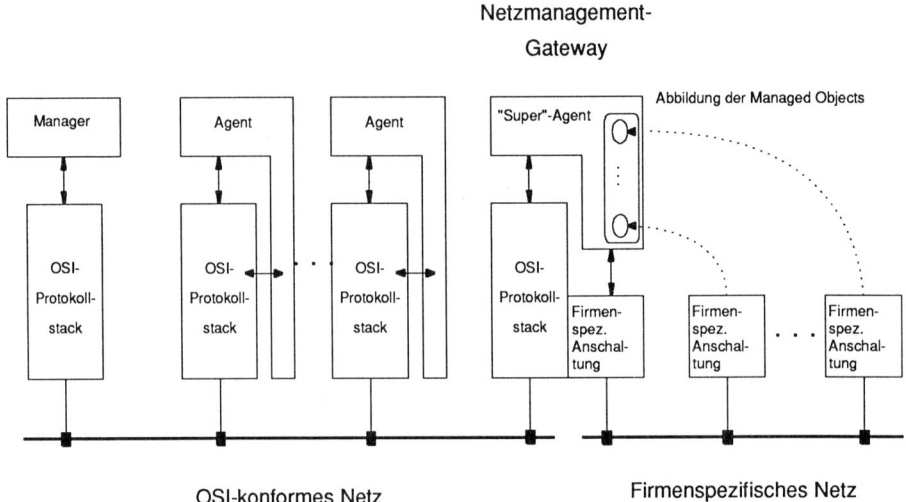

Bild 7.6.1:   Netzmanagement über ein Netzmanagement-Gateway

Der Manager-Prozeß befindet sich zweckmäßigerweise im OSI-konformen Netz. Ein Netzmanagement-Gateway übernimmt die Agent-Funktionen aller Stationen im anderen Netz und extrahiert die dortigen Management-Daten mit den zur Verfügung stehenden Protokollen. Für den Manager stellt das Gateway einen "Super"-Agent dar, der mehrere Objekte der Klasse SYSTEM verwaltet.

7.7 Normen

Die ISO-Standards sind unter der Gruppe "Information Processing Systems - Open Systems Interconnection" eingeordnet. Diese Angabe ist in der nachfolgenden Liste nicht mehr aufgeführt. Der Status der Normen bezieht sich auf den Stand vom November 1990.

ISO 7498-1   Basic Reference Model

ISO 7498-4   Management Framework

ISO 9595   Management Information Service (CMIS) Definition

ISO 9596   Common Management Information Protocol (CMIP) Specification

ISO DIS 10040   Systems Management Overview

ISO DIS 10164-1   Systems Management,
                    Part 1: Object Management Function

ISO DIS 10164-2   Systems Management,
                    Part 2: State Management Function

ISO DIS 10164-3   Systems Management,
                    Part 3: Attributes for representing Relationships

ISO DIS 10164-4   Systems Management,
                    Part 4: Alarm Reporting Function

ISO DIS 10164-5   Systems Management,
                    Part 5: Event Report Management Function

ISO DIS 10164-6   Systems Management,
                    Part 6: Log Control Function

ISO DP 10164-7   Systems Management,
                    Part 7: Security Alarm Reporting Function

ISO DIS 10165-1   Structure of Management Information
                    Part 1: Management Information Model

ISO DIS 10165-2   Structure of Management Information
Part 2: Definition of Management Information

ISO DIS 10165-4   Structure of Management Information
Part 4: Guidelines for the Definition of Managed Objects

7.8 Literaturverzeichnis

[1] Hegering, Valta: Netzmanagement - Aufgaben und Architekturkonzepte. Tutorium der 6. GI/ITG-Fachtagung "Kommunikation in verteilten Systemen" in Stuttgart 20.-24. Februar 1989.

[2] W. Kiesel: Netzwerkmanagement für Kommunikationsnetze in der Produktionsautomatisierung. Informatik Fachberichte 205, Kommunikation in verteilten Systemen, Springer-Verlag 1989.

[3] D. Brunn: Network Management for Open Systems Connected Through ISDN. Informatik Fachberichte 205, Kommunikation in verteilten Systemen, Springer-Verlag 1989.

[4] W. Gora: Konzept, Methoden und Werkzeuge für ein universelles Netzmanagement. Arbeitsberichte des Instituts für Mathematische Maschinen und Datenverarbeitung (Informatik), Band 22, Nummer 3, Erlangen, 1989.

[5] Bull, FhG, IITB, Siemens: CNMA Implementation Guide 4.0, Chapter 6 Part 7 Application Dependet Requirements, Network ITBManagement Fourth Draft, Juli 1989.

8 Realisierungen

In diesem Kapitel werden Beispiele für den Einsatz von Informationsnetzen in Industrie und Forschungseinrichtungen vorgestellt. Schwerpunkt bilden dabei Realisierungen mit neuen Netztechniken wie lokale Netze auf Basis von ISO -Standards oder ISDN.

8.1 Esprit Projekt CNMA, Pilotanlage am ISW

Die Kommunikation zwischen Rechnern und Steuerungen über lokale Netze (LAN) ist eines der zentralen Themen der rechnerintegrierten Fertigung (CIM). Ein entscheidender Faktor ist dabei die Erstellung geeigneter bzw. die Stabilisierung existierender Kommunikationsstandards mit dem Ziel, Endgeräte verschiedener Hersteller mit minimalem Anpassungsaufwand zu verbinden.

Das ESPRIT Projekt "Communications Network for Manufacturing Applications (CNMA)" beteiligt sich seit Anfang 1986 intensiv an der Spezifikation, Implementierung und Validierung von internationalen Kommunikationsstandards für Anwendungen im Bereich der rechnerintegrierten Fertigung und trägt damit maßgeblich zu einer breiteren Einführung und Akzeptanz dieser neuen Technik in Europa bei. CNMA umfaßt ein Konsortium von 17 europäischen Firmen und Universitäten, die eine sehr gute Mischung aus Erfahrungen, Interessen und Ressourcen repräsentieren:

Anwender:	British Aerospace (Koordination)
	Aeritalia
	Aerospatiale
	Magneti Marelli
	Renault
Hersteller:	Bull
	GEC
	Nixdorf
	Olivetti I.S. Ricerica
	Robotiker
	Siemens
Systemhäuser:	ComConsult
	Fraunhofer (IITB)
	Alcatel TITN
	Syntax Sistemi Software
Akademische Einrichtungen:	Universität Porto
	Universität Stuttgart (ISW, IND)

Zur Demonstration der Vorteile des Informationsaustauschs über standardisierte Kommunikationstechnik in vernetzten heterogenen Fertigungsanlagen und zum Zwecke des Technologie-Transfers, insbesondere mit mittelständischen Unternehmen, wurde am Institut für Steuerungstechnik der Fertigungseinrichtungen und Werkzeugmaschinen (ISW) der Universität Stuttgart eine experimentelle CIM-Pilotanlage aufgebaut. Der folgende Beitrag beschäftigt sich mit dem Aufbau, der Funktionsweise und der eingesetzten Kommunikationstechnik in der Pilotanlage.

8.1.1 Beschreibung der CNMA Pilotanlage am ISW

In der Pilotanlage sind die neuesten innerhalb der internationalen Normung befindlichen Kommunikationsstandards, wie "Manufacturing Message Specification (MMS)", "File Transfer, Access and Management (FTAM)" und *"Directory Service (DS)"* sowie grundlegenden Funktionen der Netzverwaltung implementiert. Eine Vielzahl der in diesen Standards enthaltenen Dienste werden zum Betrieb der Anlage eingesetzt. Darüberhinaus zeigt die Anlage die Integrationsmöglichkeit heute weit verbreiteter firmenspezifischer Kommunikationsprotokolle.

Die wichtigsten Komponenten einer vollautomatisierten Fertigung sind in der Pilotanlage enthalten. Durch den Einsatz von Kommunikationsprodukten auf unterschiedlichen Rechner- und Steuerungssystemen aller am Projekt beteiligten Hersteller ist eine im hohen Maße heterogene Fertigungslandschaft entstanden.

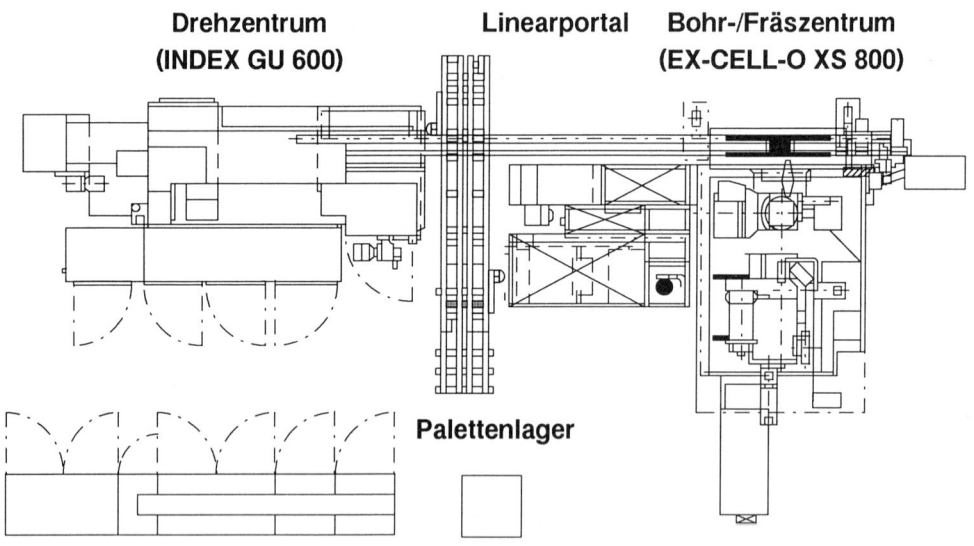

Drehzentrum   **Linearportal**   **Bohr-/Fräszentrum**
(INDEX GU 600)   **(EX-CELL-O XS 800)**

Palettenlager

Bild 8.1.1:   CNMA Pilotanlage am ISW

8.1.1.1 Maschinenkonfiguration

Für die Demonstration unterschiedlicher Aspekte beim Einsatz von standardisierter Kommunikationstechnik in offenen Fertigungssystemen ist die Anlage aus zwei voneinander unabhängigen Teilen aufgebaut. Der erste Teil ist eine vollautomatische flexible Fertigungszelle. Hier werden die Möglichkeiten des Datenaustauschs zwischen Rechnern und Steuerungen unter Echtzeitbedingungen gezeigt. Der zweite Teil der Anlage ist mit einer fünfachsigen Fräsmaschine ausgestattet. Hier werden die Vorteile der LAN-Technologie bei dem Aufbau von gekoppelten "Computer Aided Design (CAD)"-, "Computer Aided Planning (CAP)"-Systemen mit NC-gesteuerten Maschinen demonstriert.

Die flexible Fertigungszelle

Die vollautomatische flexible Fertigungszelle besteht aus

- einem Drehzentrum (INDEX GU 600),
- einem Bohr- Fräszentrum (EX-CELL-O XS 800),
- einem Palettenspeicher und
- einem Linearportal.

Beide Zentren sind Standard-NC-Maschinen, ausgerüstet mit automatischen Spannvorrichtungen. Das Drehzentrum besitzt drei numerische Achsen, zwei lineare und eine rotatorische Drehachse. Das Bearbeitungszentrum hat drei Linearachsen sowie einen schwenk- und drehbaren Maschinentisch.

Das Palettenlager besteht aus vier im Rechteck angeordneten Transportbändern. Es hat eine Kapazität von bis zu 16 Paletten, wovon jede ein Werkstück (Roh- oder Fertigteil) aufnehmen kann. Zum Be- und Entladen ist eine manuelle Ein-/Ausgabestation vorhanden. Eine weitere Ein-/Ausgabestation dient dem automatischen Austausch von Werkstücken zwischen den Bearbeitungszentren und dem Speicher.

Der Transport der Werkstücke zwischen dem Palettenpeicher und den Bearbeitungszentren wird von einem Linearportal durchgeführt. Sein Greifer besitzt zwei lineare und eine rotatorische Achse. Damit kann jede beliebige Position bzw. Lage innerhalb des Arbeitsraums erreicht werden. Bild 8.3.1 zeigt das Layout der flexiblen Fertigungszelle.

Die fünfachsige Fräsmaschine

Die fünfachsige Fräsmaschine (Deckel FP2H) hat drei lineare und zwei rotatorische Achsen. Derartige Maschinen werden vorwiegend im Formenbau eingesetzt. Sie ist nicht in einen automatischen Werkstückfluß integrierbar, so daß das Aufspannen des Werkstücks, wie auch das Starten des Bearbeitungsprogramms selbst, von einem Maschinenbediener an der Maschinenbedientafel durchgeführt werden müssen. Die für die Bearbeitung notwendigen NC-Programme werden von einem zentralen Datenhaltungssystem über das Netz in die Steuerung geladen.

189

8.1.1.2 Rechner- und Steuerungskonfiguration

Vierzehn verschiedene Rechner und Steuerungen von sieben europäischen Herstellern sind in der Demonstrationsanlage über verschiedene LAN-Technologien gekoppelt.
Auf einem Minicomputer vom Typ Nixdorf Targon 35 sind ein CAD-System sowie Funktionen zur Fertigungsplanung implementiert. Ein Minicomputer vom Typ Olivetti LSX 3020 wird zusammen mit einer CAP-Software zur computerunterstützten Programmierung eingesetzt. Darüberhinaus fungiert dieser Rechner als zentrales Datenhaltungssystem für die gesamte Anlage. Die Fertigungssteuerung ist auf einem Minicomputer vom Typ Bull DPX 2000 implementiert. Ihr unterlagert ist eine Zellensteuerung auf einem Personalcomputer (PC) vom Typ Bull BM 600.

Das Linearportal wird von einer speicherprogrammierbaren Steuerung (SPS) vom Typ GEC GEM 80, der Pallettenspeicher von einer SPS vom Typ Siemens SIMATIC S5 gesteuert. Ein Gateway der Firma Robotiker, basierend auf einem PC, ermöglicht den Datenaustausch zur numerischen Steuerung (NC) der fünfachsigen Fräsmaschine vom Typ Grundig Dialog 11. Die beiden Bearbeitungszentren schließlich werden von je einer NC vom Typ Siemens SINUMERIK 880 gesteuert. Die Kommunikation mit diesen beiden Steuerungen, welche beide über Anschaltungen an das SINEC H1 Netz verfügen, wird durch ein Gateway der Firma Siemens ermöglicht. Bild 8.1.2 zeigt die Rechner- und Steuerungskonfiguration der Anlage.

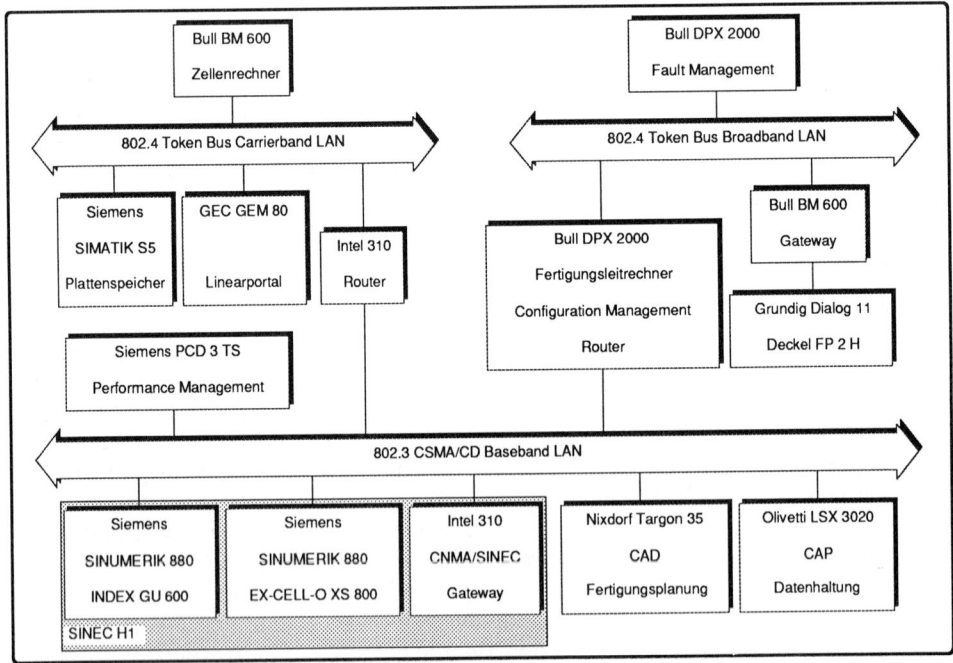

Bild 8.1.2:   Rechner und Steuerungskonfiguration

Die Anlage beinhaltet drei unterschiedliche Netztypen:

- 802.3 CSMA/CD Basisband LAN, wie es die TOP Spezifikation vorschreibt,
- 802.4 Breitband LAN, wie es die MAP Spezifikation vorschreibt,
- 802.4 Trägerband LAN als kostengünstige MAP Variante.

Alle drei Netze sind durch Router der Firmen Bull bzw. GEC miteinander gekoppelt. Zusätzlich zu den für den Betrieb der Anlage benötigten Kommunikationsdiensten aus den Standards MMS und FTAM beinhaltet die Pilotanlage umfangreiche Softwarepaketete sämtlicher Hersteller für die Netzverwaltung und -organisation.

8.1.1.3 Struktur der Anwendungssoftware

Die Anwendungssoftware der Pilotanlage deckt sechs wichtige Bereiche ab:

- Fertigungsplanung (PPS),
- computerunterstütztes Konstruieren (CAD),
- computerunterstütztes Programmieren (CAP),
- Fertigungssteuerung (CAM),
- Zellensteuerung (CAM) und
- Maschinensteuerung (CAM).

Bild 8.1.3 zeigt, in welchen Teilen der Anlage welche Bereiche der Anwendungssoftware zu finden sind. So werden die Fertigungssteuerung und die Zellensteuerung nur innerhalb der flexiblen Fertigungszelle eingesetzt, während das computerunterstützte Konstruieren und Programmieren nur für die fünfachsige Fräsmaschine verwendet werden.

Fertigungsplanung

Anstelle eines käuflichen Fertigungsplanungssystems wird eine spezielle Eigenentwicklung des ISW eingesetzt, welche lediglich die Basisfunktionen eines solchen Systems bereitstellt. So sind z.B. Funktionen zum Erzeugen, Ändern und Löschen von Fertigungsaufträgen realisiert. Hinsichtlich der Kommunikation mit der darunter liegenden Fertigungssteuerung verhält sich das System jedoch ähnlich wie ein echtes Fertigungsplanungssystem. Unter Berücksichtigung der Tatsache, daß in der Pilotanlage nur eine Fertigungszelle vorhanden ist, ist diese Lösung aus kommunikationstechnischer Sicht als vollkommen ausreichend anzusehen.

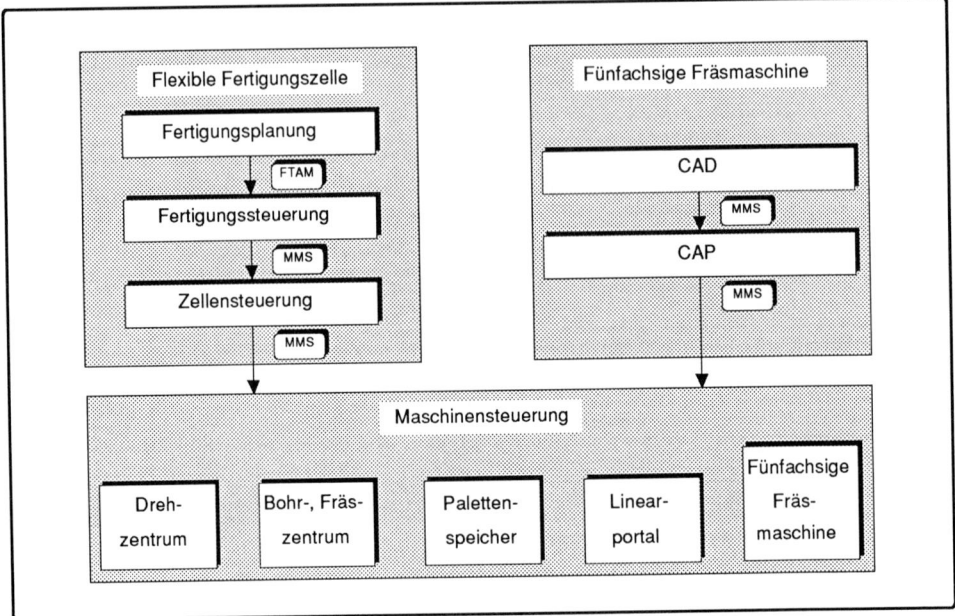

Bild 8.1.3:   Einsatzbereich der Anwendungssoftware

Fertigungssteuerung

Für die Fertigungssteuerung wird ein Softwareprodukt der Firma Bull mit Namen AGIS eingesetzt. Dieses Softwarepaket ist für die Kommunikation über CNMA-Protokolle angepaßt und auf einem Bull Minicomputer vom Typ Bull DPX 2000 installiert. Es besteht aus folgenden Modulen:

- Das Modul "Data Engineering and Shopfloor Configuration" ermöglicht das Anpassen von AGIS an eine spezielle Fertigungsumgebung. Dies erfolgt durch Eingabe einer formalen Beschreibung der Fertigungsanlage und dem darauf zu fertigenden Werkstückspektrum.
- Das Modul "Production Management Interface" nimmt die Aufträge von der Fertigungsplanung entgegen, speichert sie in einer internen Datenbank zwischen und koordiniert die Durchführung dieser Aufträge.
- Das Modul "Phase Link" koordiniert die Auftragsreihenfolge für die einzelnen Maschinen und stellt eine Prozeßvisualisierung bereit.
- Das Modul "Manufacturing local Control Subsystem" koordiniert die Beauftragung der Werkzeugmaschinen.
- Das Modul "Storage local Control Subsystem" koordiniert die Beauftragung des Linearportals.
- Das Modul "Material Handling local Control Subsystem" koordiniert die Beauftragung des Palettenspeichers.

Der gesamte Datenaustausch zwischen den Maschinensteuerungen und der Fertigungssteuerung wird von der unterlagerten Zellensteuerung ausgeführt.

Zellensteuerung

Die Zellensteuerung dient der Entlastung der Leitsteuerung. Die Software ist eine spezielle Entwicklung für die flexible Fertigungszelle am ISW. Aufgrund der Softwarestruktur der Fertigungssteuerung auf der einen und der Maschinenkonfiguration auf der anderen Seite wurde folgende Struktur für die Zellensteuerungssoftware festgelegt:

- Eine "Manufacturing Task" für den Datenaustausch zwischen dem "Manufacturing local Control Subsystem" der Fertigungssteuerung und den NCs der Bearbeitungszentren,
- eine "Storage Task" für den Datenaustausch zwischen dem "Storage local Control Subsystem" der Fertigungssteuerung und der für die Steuerung des Palettenspeichers verantwortlichen SPS,
- eine "Material Handling Task" für den Datenaustausch zwischen dem "Material local Control Subsystem" der Fertigungssteuerung und der für die Steuerung des Linearportals verantwortlichen SPS,
- eine "Relay Station Task" schließlich für den Datenaustausch zwischen den Steuerungen der Maschinensteuerungsebene.

Bild 8.1.4 zeigt das Zusammenspiel von Fertigungssteuerung, Zellensteuerung und Maschinensteuerungen.

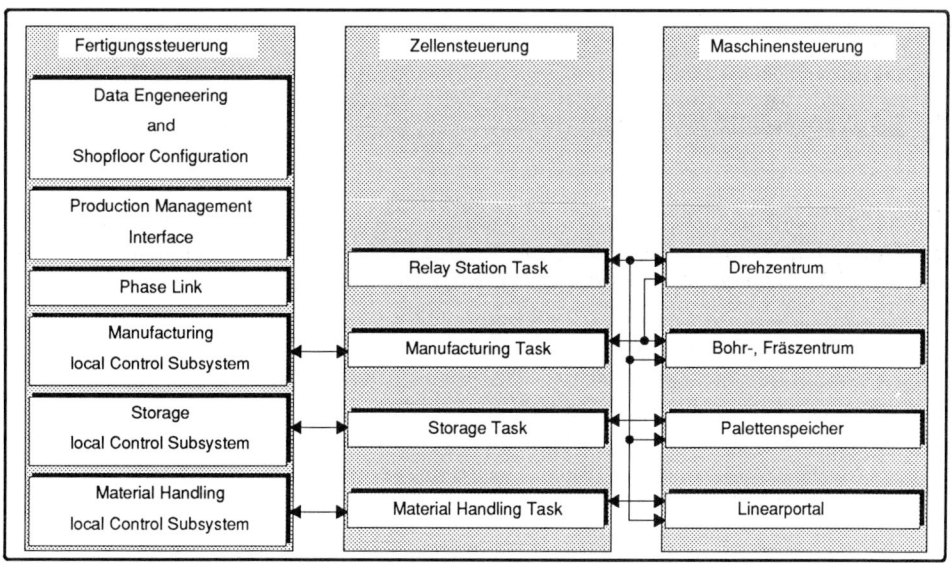

Bild 8.1.4:   Zusammenwirken von Fertigungs- , Zellen- und Maschinensteuerung

Computerunterstütztes Konstruieren

Zur Konstruktion der Teile, die auf der fünfachsigen Fräsmaschine gefertigt werden, wird ein CAD-System der Firma ISYCON mit Namen PROREN eingesetzt. Dieses Softwarepaket enthält neben Modulen zum zwei- und dreidimensionalen Konstruieren auch Module zum Datenaustausch mit anderen CAD- oder CAP-Systemen auf Basis der Formate IGES (Initial Graphics Exchange Specification) und VDAFS (Flächenschnittstelle des Verbands der Automobilindustrie).

Computerunterstütztes Programmieren

Zur Generierung der NC-Programme zur Teilefertigung auf der fünfachsigen Fräsmaschine findet eine industrieerprobte Eigenentwicklung des ISW mit Namen ISWAX5 Anwendung. Mit Hilfe dieses Softwarepakets ist es möglich, die vom CAD-System kommenden Geometriedaten, welche das Werkstück rein geometrisch beschreiben, in ein NC-Programm zu überführen, welches dann der NC der fünfachsigen Fräsmaschine als Steuerdatensatz dient. Diese Überführung geschieht in folgenden Schritten:

*   Aufbereitung der geometrischen Eingabedaten bezüglich spezieller Anforderungen für die 5-achsige Bearbeitung,
*   Planung der Bearbeitungsschritte durch Eingabe zusätzlicher technologischer Daten wie Spindeldrehzahl, Vorschubgeschwindigkeit usw.,
*   Erzeugung der Verfahrwege,
*   Korrektur der Verfahrwege unter Einbeziehung der Werkzeuggeometrie inklusive Kontrolle auf Hinterschneidungen,
*   Transformation der Verfahrweginformation bezüglich der jeweiligen Kinematik der zum Einsatz kommenden Maschine.

8.1.1.4 Verwendete MMS-Dienste

Zur Kommunikation zwischen den verschiedenen Systemen nach Kap. 8.1.1.3 werden die Kommunikationsstandards der Schicht 7 des ISO-Modells, FTAM und MMS, eingesetzt. Bild 8.1.5 zeigt die in der Anlage verwendeten MMS Dienste.

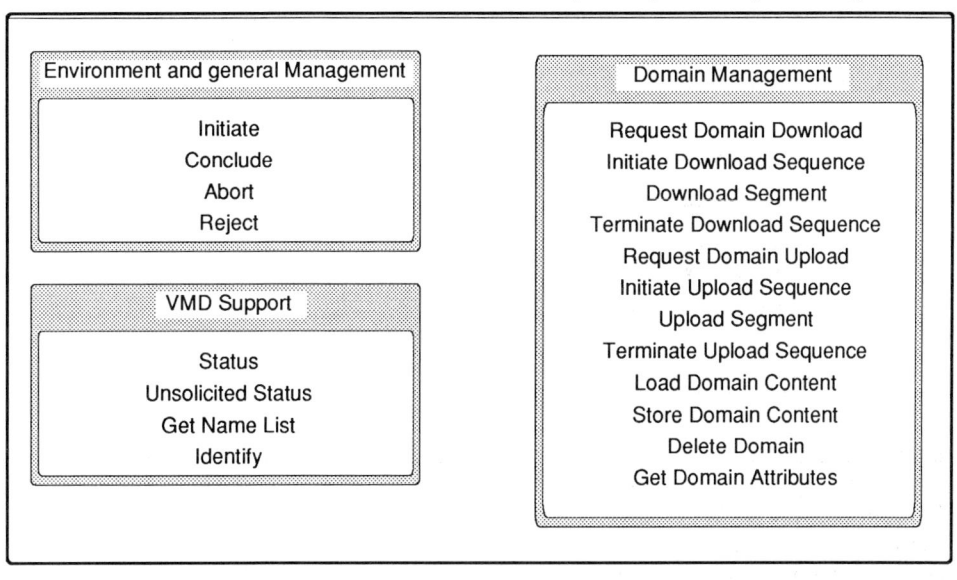

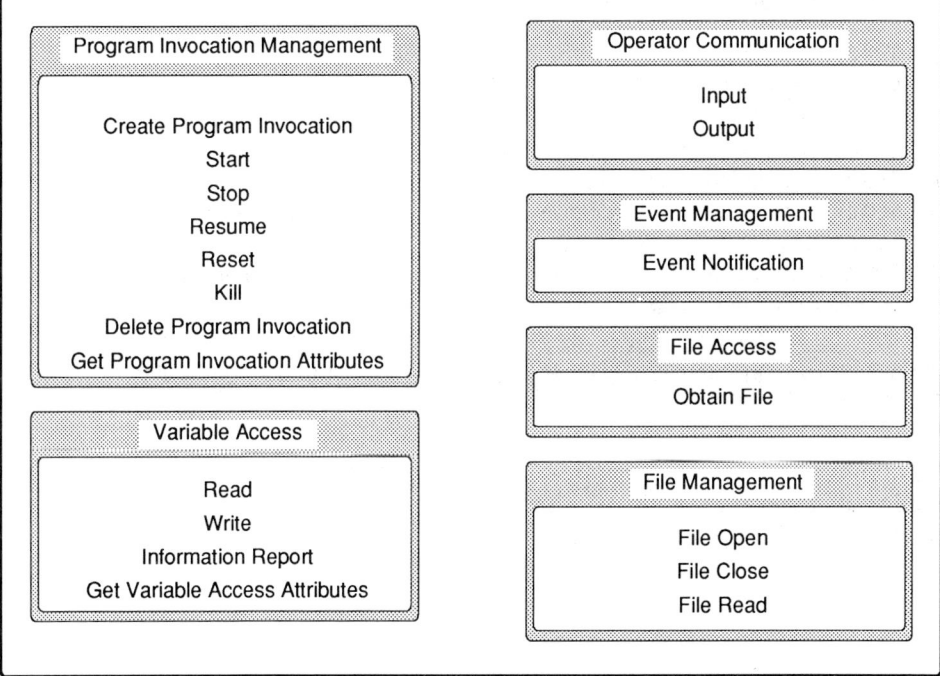

Bild 8.1.5:   In der CNMA Pilotanlage eingesetzte MMS-Dienste

8.1.1.5 Netzmanagement

In die Demonstrationsanlage sind drei der insgesamt fünf Bereiche der Netzverwaltung integriert:

- das "Performance Management" ermöglicht das Erkennen und Beseitigen von Engpässen innerhalb eines Netzes,
- das "Configuration Management" bietet Unterstützung beim Einstellen, Verwalten und Ändern der Konfigurationsparameter eines Netzes,
- das "Fault Management" bietet Unterstützung beim Suchen und Beseitigen der Ursachen von Fehlerzuständen.

Funktionen zur Zugriffskontrolle (Security Management) und Kostenerfassung (Accounting Management) sind nicht integriert.

Für die Verwaltung von Netzknoten auf Basis des herstellerspezifischen SINEC-H1 Netzes enthält die Anlage ein vom Institut für Nachrichtenvermittlung und Datenverarbeitung (IND) der Universität Stuttgart entwickeltes Gateway zur Anbindung an das weitestgehend auf internationalen Standards beruhende CNMA-Netzmanagement. Dieses Gateway bildet Objekte und Dienste aus dem Netzmanagement des SINEC-H1-Netzes auf Objekte und Dienste der CNMA-Netzverwaltung ab.

8.1.2 Zusammenfassung

CNMA definiert, implementiert, validiert und unterstützt Kommunikationsstandards für den Fertigungsbereich, die im Rahmen des ISO-Modells für offene Systeme entwickelt werden. Zur Demonstration der Ergebnisse der Phase 4 dieses Projektes entstand am Institut für Steuerungstechnik der Werkzeugmaschinen und Fertigungseinrichtungen der Universität Stuttgart (ISW) eine Pilotanlage zur computerintegrierten Fertigung. Die Pilotanlage beinhaltet Geräte (Minirechner, Personalcomputer und Steuerungen) aller am Projekt beteiligten Herstellerfirmen und kann deshalb in der Tat als eine Fertigungsanlage mit heterogener Gerätetechnik bezeichnet werden.

8.2 Kommunikation in einem CIM-System in der Fabrik 2000 am IPA

Ziel der CIM-Demonstration "Fabrik 2000" des Fraunhofer-Instituts für Produktions-technik und Automatisierung (IPA) ist die praxisnahe und anschauliche Vermittlung technischer Lösungsmöglichkeiten der rechnerintegrierten Fertigung und ihrer Vorteile speziell für potentielle Anwender aus der mittelständischen Industrie, um so die Einfüh-rung und Anwendung des Computer Integrated Manufacturing zu erleichtern. Auf der Basis der Demonstrationsfertigung mit einem durchgängigen Herstellprozess sollen CIM-Demonstrationen, Seminare und Schulungen durchgeführt und gegebenenfalls Umsetzungsunterstützung geleistet werden. Mit Hilfe der installierten, bewußt hetero-gen gehaltenen Produktions- und Rechnersysteme werden unterschiedliche Lösungen für möglichst geschlossene CIM-Ketten von der Konstruktion über Fertigung und Montage bis zur Qualitätssicherung realisiert, um eine durchgängige Darstellung der einzelnen Teilbereiche der "rechnerintegrierten Produktion" zu gewährleisten.

Das derzeit realisierte Layout der CIM-Demonstration "Fabrik 2000" zeigt Bild 8.2.1

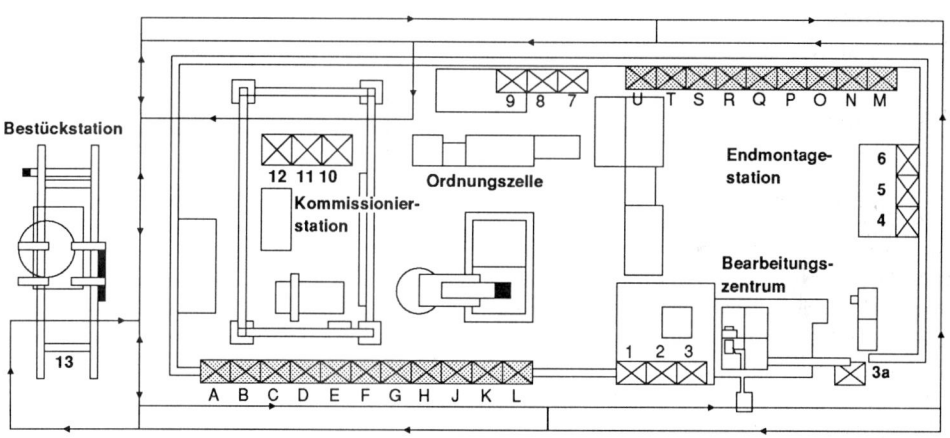

Bild 8.2.1:   Layout der "Fabrik 2000" des IPA

197

Gewachsene Unternehmensstrukturen führen zu heterogenen EDV-Konzepten, die basierend auf funktionsorientierten EDV-Lösungen für einzelne Teilbereiche, sowohl hardware- wie auch softwareseitig eine Gesamtintegration erschweren. Es gilt, Rechner verschiedener Hersteller miteinander kommunizieren zu lassen. Deshalb ist entweder ein standardisiertes Kommunikationssystem oder fallspezifisch eine Lösung für die anfallenden Kommunikationsprobleme zu erarbeiten.

Beide Wege werden heute beschritten. Einerseits bemüht sich z.B. General Motors in Zusammenarbeit mit einer Vielzahl von Anwendern und Herstellern seit 1980 um die Definition eines Standards für die Fabrikkommunikation (MAP), andererseits gibt es eine Vielzahl von Kommunikationsprodukten für unterschiedlichste Kommunikationsaufgaben am Markt. Da die Ergänzung der MAP-Standards durch anwendungsorientierte Companion Standards noch nicht völlig abgeschlossen ist und preisgünstige MAP-Kommunikationsprodukte noch nicht verfügbar sind, muß jeder Anwender ein Konzept erarbeiten, das seine aktuellen Kommunikationsaufgaben löst, jedoch den Übergang auf ein zu einem späteren Zeitpunkt verfügbaren Standardprodukt nicht erschwert.

Diese Überlegungen sind der Ausgangspunkt für die Definition des Kommunikationssystems in «Fabrik 2000». Basierend auf einer heterogenen Hardwarestruktur (Mini-Computer, Personal Computer, Prozeßrechner usw.), wie sie normalerweise in Fertigungsbetrieben vorzufinden ist, wurde eine Systemarchitektur für die Kommunikation geschaffen, die, ausgehend von einem Breitband-Backbone, unterschiedliche Teilnetze bezüglich ihres Zugriffsverfahrens (ETHERNET, TOKEN BUS), ihres Übertragungsverfahrens (Breitband, Basisband) und der verwendeten Rechnernetz-Software (NOVELL-PC-Netz, DECNET) integriert und den späteren Einsatz von Kommunikationsprodukten mit MAP-Standard ermöglicht (Bild 8.2.2) .

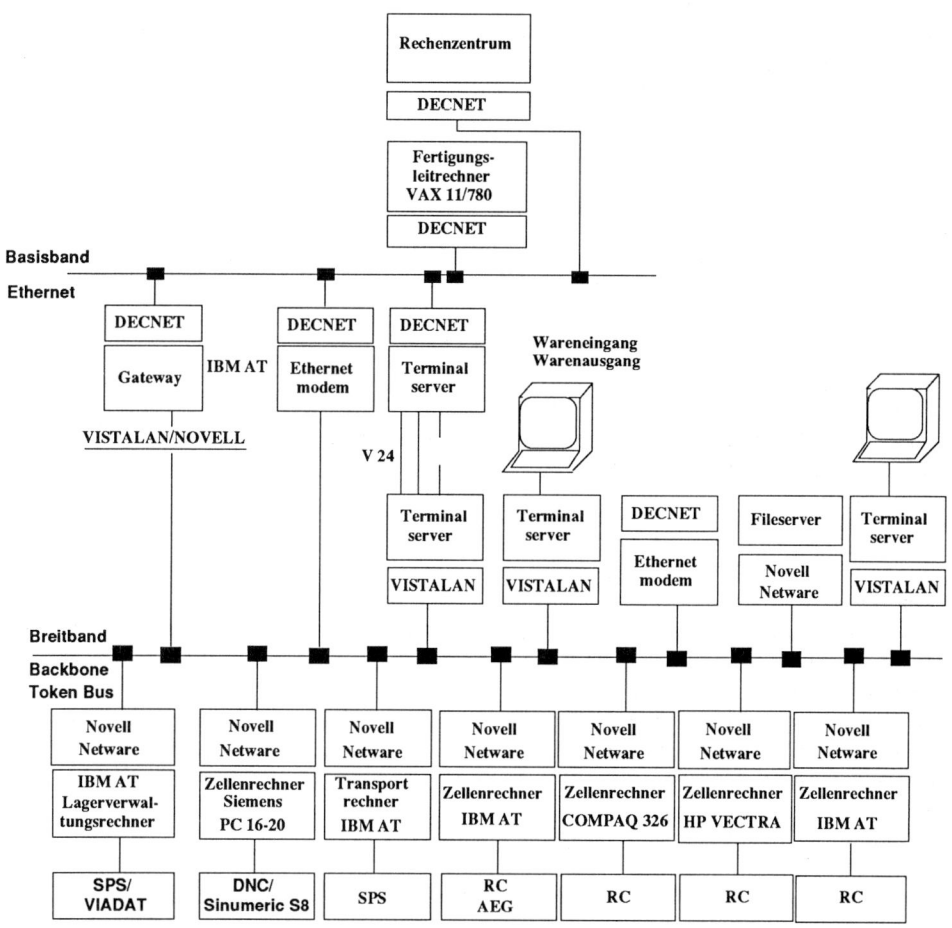

Bild 8.3.2:   Systemarchitektur für die Kommunikation

Als Breitband-Backbone werden Komponenten von Allen Bradley verwendet (Bild 8.2.3). Auf diesem Backbone werden parallel die Protokolle folgender herstellerspezifischen Netze betrieben:

- VISTA-LAN (Allen Bradley),
- DECNET (Digital Equipment),
- NOVELL-PC-Netz (Novell).

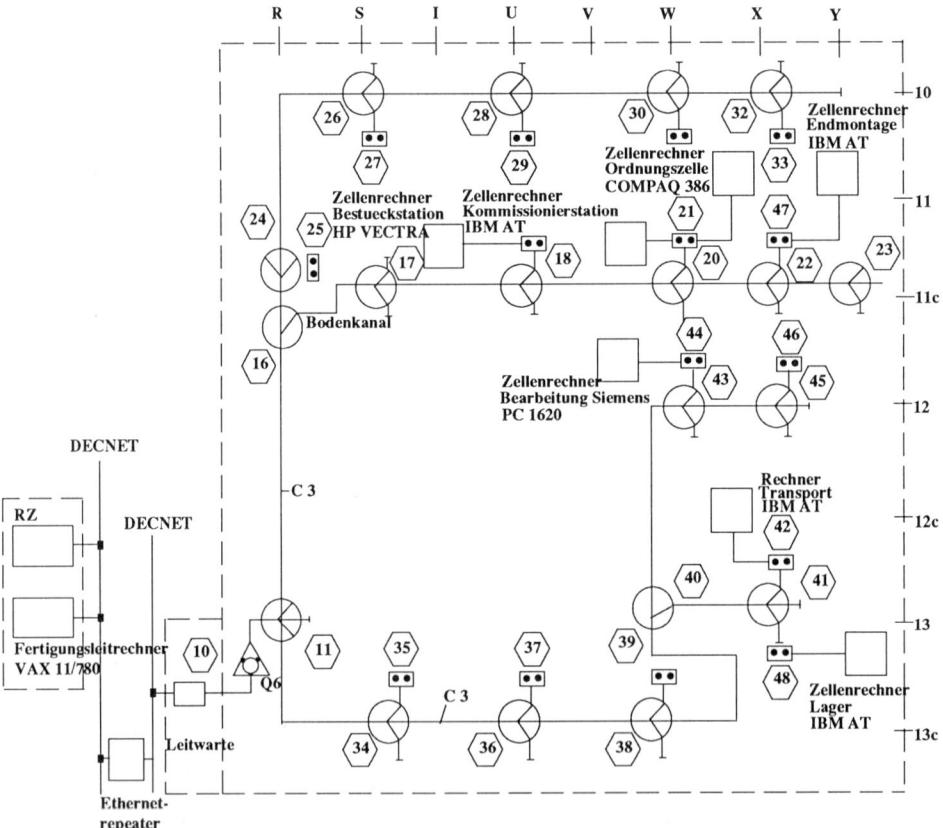

Bild 8.2.3:   Breitband-Datennetz

VISTA-LAN ist ein auf dem TOKEN-BUS-Prinzip basierendes Netz. Über entsprechende Interface-Einrichtungen (NIU-Network Interface Unit) wird die asynchrone Übertragung zwischen verschiedenen seriellen V.24-Schnittstellen realisiert. Zusätzlich besteht die Möglichkeit, über die im Personal Computer eingebauten TOKEN-BUS-Controlerkarten (Allen Bradley) eine virtuelle Verbindung auf einzelne V24-Anschlüsse innerhalb des VISTA-LAN zu schalten. DECNET, ein auf dem CSMA/CD-Prinzip basierendes Netzwerk, ermöglicht eine transparente Verbindung zwischen unterschiedlichen DEC-Rechnern und unterstützt alle Ebenen des ISO/OSI-Modells. Die Ankopplung der Einheiten an das installierte ETHERNET-Rechnernetz erfolgt entsprechend der zugrundeliegenden Kommunikationsaufgabe auf drei Arten:

- transparente DECNET/DECNET-Verbindung über Backbone,
- Verbindung der PC-Netze DECNET-DOS/NOVELL,
- Verbindung virtueller DECNET-Terminals mit VISTA-LAN.

NOVELL ist ein PC-Netzwerk, das nach dem Fileserver-Prinzip arbeitet: Ein/mehrere PC wird/werden als zentrale Datenstation(-en) eingerichtet. Diese Station(-en) kann/können von allen an das Netz angeschlossenen Workstations als virtueller Massenspeicher verwendet werden. Der Zugriff erfolgt über virtuelle Laufwerkbezeichnungen. Die NOVELL-Netzwerk-Software ist unabhängig von der installierten Netz-Hardware und dem Zugriffsverfahren. Die Kommunikation zwischen dem Fertigungsleitrechner (derzeit VAX 11/780) und den PC-orientierten Zellenrechnern der einzelnen Fertigungseinrichtungen geschieht nun entweder

- über eine V24-Verbindung, die vom Fertigungsleitrechner über das Basisband-ETHERNET, den Terminalserver und die NIU in das VISTALAN und dort über eine zweite NIU wieder in einen V.24-Anschluß umgesetzt wird, der direkt mit dem Zellenrechner verbunden ist, oder
- einen auf Filetransfer basierenden Datenaustausch zwischen dem Fileserver des NOVELL PC-Netzes unter Verwendung des DECNETDOS-/NOVELL-Gateways.

Die übertragenen Informationen stehen den einzelnen Zellenrechnern unter Verwendung der NOVELL-Netz-Software jederzeit zur Verfügung. Für die Kommunikation zwischen dem Fertigungsleitrechner (VAX 11/780) und den Prozessrechnern, die für die Zellensteuerung eingesetzt werden, ist die Basisband-/Breitband-ETHERNET-Verbindung über die ETHERNET-Modems vorgesehen. Über diese Kommunikationsstrecke können transparent die unterschiedlichsten Netzprotokolle übertragen werden. Bei Prozessrechnern der VAX Familien wird DECNET verwendet, sonst kann beispielsweise ein TCP-/IP-Protokoll angewendet werden. Für spätere Einführung einer Kommunikation, entsprechend dem MAP-Standard, ist ein eigener Frequenzkanal des Breitbandsystems vorgesehen. Bestehende Kommunikationsstrecken können dann sukzessive auf MAP umgestellt werden. Gegebenenfalls sind entsprechende Gateways für die Kopplung der beiden Kommunikationssysteme vorzusehen.

8.3 Teleservicesystem für Werkzeugmaschinen über ISDN

Zunehmend komplexer werdende Werkzeugmaschinen stellen bei der Inbetriebnahme, der Umrüstung oder im Störungsfall immer höhere Anforderungen an ihre Betreiber. Vielfach stehen in den genannten Situationen weder das entsprechend geschulte Personal noch ausreichende Test- und Diagnosehilfsmittel an der Maschine zur Verfügung. Bis zur Fortsetzung der Bearbeitung entstehen dadurch beim Anlagenbetreiber durch die Maschinenstillstandszeiten und beim Maschinenhersteller infolge der durchgeführten Serviceeinsätze hohe Kosten.

Analysen von Serviceeinsätzen haben gezeigt, daß in einer Vielzahl von Fällen diese Stillstandszeiten reduziert und ein Teil der mobilen Serviceeinsätze eingespart werden können, wenn neben der Sprechverbindung zwischen Kunde und Hersteller auch ein direkter Zugriff auf Daten in der Steuerung von der Servicezentrale bzw. ein Dialog mit dem Diagnosesystem des Herstellers vom Kunden aus möglich ist.

Im folgenden werden die Anforderungen, die an ein Teleservicesystem gestellt werden und die Möglichkeiten, die das diensteintegrierende digitale Netz ISDN (Integrated Services Digital Network) bietet, aufgezeigt. Am Beispiel der Index-Werke, Esslingen, wird ein Teleservicesystem auf Basis dieses öffentlichen Netzes vorgestellt.

8.3.1 Stand der Technik von Teleservicesystemen

Die Vorteile einer Datenkopplung zwischen rechnergesteuerten Anlagen und dem jeweiligen Hersteller wurden bereits fürhzeitig erkannt. Hersteller von Großrechenanlagen haben bereits in den siebziger Jahren mit der Verfügbarkeit von Modems (Modulator/Demodulator) und Datennetzen solche Kopplungen aufgebaut. Hersteller von numerisch gesteuerten Werkzeugmaschinen haben erste Anwendungen Ende der siebziger Jahre vorgestellt [1]. Realisiert wurde hier eine Ferndiagnoseschnittstelle, über die auf steuerungsinterne Daten von der Servicezentrale aus zugegriffen werden konnte. Als Datennetz wurde das analoge Fernsprechnetz der Post verwendet. Der Zugang erfolgte über Modems, die als Akustikkoppler oder Direktanschaltung ausgeführt waren. Die erreichbare Übertragungsgeschwindigkeit lag bei 300 bit/s. Der Einsatz von Akustikkopplern stellte sich infolge des hohen Lärmpegels und der intensiven elektromagnetischen Strahlung in den Fabrikhallen als in der Praxis störanfällige Lösung heraus. In den folgenden Jahren verbesserte sich die Modemtechnik ständig, so daß heute gängige Systeme im analogen Fernsprechnetz Übertragungsgeschwindigkeiten bis 2400 bit/s erreichen.

Mit den seit Anfang der achtziger Jahre aufkommenden öffentlichen und privaten paketvermittelten Datennetzen werden auf dieser Basis Teleservicesysteme vorgestellt [2], [3]. Im Vergleich zum analogen Fernsprechnetz weisen diese Netze bessere Eigenschaften hinsichtlich der Übertragungssicherheit und -geschwindigkeit auf, verursachen aber wesentlich höhere Anschlußkosten. Der Zugang zu den Knotenrechnern der paketvermittelten Datennetze erfolgt häufig über Modems auf Fernsprechleitungen mit den oben genannten Einschränkungen hinsichtlich Übertragungsgeschwindigkeit und -güte.

8.3.2 Vorraussetzungen für Teleservice

Ein effektiver Teleservice an Werkzeugmaschinen erfordert neben dem Datenaustausch auch einen gleichzeitigen Sprachdialog zwischen dem Servicetechniker beim Hersteller und dem Kunden, so müssen z. B. zur Fehlereingrenzung häufig Funktionen an der Werkzeugmaschine ausgelöst und gleichzeitig die Änderung von steuerungsinternen Daten analysiert werden. Dafür sind verbale Anweisungen an den Maschinenbediener bei gleichzeitigem Datenabruf notwendig.

Um dies mit bestehenden Netzen zu erreichen, ist die Installation einer zweiten separaten Fernsprechleitung erforderlich, da sie nicht mehrere Dienste gleichzeitig anbieten. Bei angebotenen Behelfslösungen mit einer Leitung entstehen Synchronisationsprobleme beim manuellen Umschalten zwischen Sprache und Daten am Modem.

Die hier beschriebenen Mängel, Einschränkungen und die hohen Kosten beim Einsatz paketvermittelter Netze führten in der Vergangenheit im praktischen Betrieb sowohl bei Servicetechnikern als auch bei Kunden zu einer schlechten Akzeptanz solcher Teleservicesysteme.

Mit der Ende 1988 begonnenen Einführung des diensteintegrierenden Digitalnetzes ISDN steht ein leistungsfähiges neues Netz zur Verfügung, das sowohl aus funktionalen als auch aus Kostengründen für den Aufbau von Teleservicesystemen besonders geeignet ist.

8.3.3 Das diensteintegrierende Digitalnetz ISDN

Im diensteintegrierenden Digitalnetz ISDN [4] werden sämtliche Informationen, wie Sprache, Text, Bilder und Daten, digital in einem Netz übertragen (siehe auch Kap. 5). Als Übertragungsmedium werden in dem seit Anfang 1989 eingeführten Schmalband ISDN die bereits weltweit installierten Kupferdoppeladern des analogen Fernsprechnetzes verwendet. Damit ist ein einfacher Austausch der bisher installierten analogen Fernsprechapparate durch ISDN-Endgeräte ohne zusätzlichen Verkabelungsaufwand möglich. Zu einem späteren Zeitpunkt soll das sogenannte Breitband-ISDN eingeführt werden, welches die zusätzliche Installation eines Glasfasernetzes erfordert und dem Anwender weitere Dienste, wie leistungsfähige Bewegtbildübertragung etc., ermöglichen wird [5]. Derzeitige Forschungsprojekte befassen sich mit dem Aufbau und Anwendungen des Breitband-ISDN [6]. Bis zu dessen Serieneinführung werden aber noch viele Jahre vergehen, so daß hier ausschließlich die Anwendungsmöglichkeiten des Schmalband-ISDN beschrieben werden. Im folgenden wird das Schmalband-ISDN kurz als ISDN bezeichnet.

8.3.3.1 Allgemeine Kenndaten

Das im Zeitmultiplex betriebene ISDN stellt dem Teilnehmer am Basisanschluß zwei sogenannte B-Kanäle mit je 64 kbit/s Übertragungsgeschwindigkeit und einen D-Kanal mit einer Übertragungsgeschwindigkeit von 16 kbit/s zur Verfügung. Die beiden B-Kanäle sind zwei unabhängige, gleichzeitig belegbare, leitungsvermittelte Nutzkanäle zur Übertragung von Sprache, Text, Bild und Daten. Der D-Kanal dient neben der Übermittlung von Signalisierungsinformation für die Benutzung der B-Kanäle (z.B. Verbindungsauf- und -abbau) der Übertragung niederratiger Paketdaten sowie Telemetriedaten (Daten für Steuer- und Überwachungszwecke).

Folgende ISDN-Dienste stehen seit Serieneinführung in der Bundesrepublik Deutschland (BRD) zur Verfügung:

- Telefondienst, mit besserer Qualität und zusätzlichen Leistungsmerkmalen,
- Teletexdienst mit 64 kbit/s,
- Telefaxdienst mit 64 kbit/s,
- Datenübermittlung mit 64 kbit/s.

In weiteren Stufen sollen Bilddienste (Bewegtbild, Festbild, Fernzeichnen und Fernskizzieren), Fernwirkdienste, Fernsprechen mit höherer Bandbreite, Bildschirmtext und paketvermittelte Datenübertragung im D-Kanal (Übertragungsgeschwindigkeit max. 10 kbit/s) angeboten werden.

8.3.3.2 ISDN-Datenübermittlung im B-Kanal

Die Vorteile bei der Datenübermittlung im ISDN B-Kanal sind:

- Übertragungsgeschwindigkeit von 64 kbit/s,
- Bitfehlerwahrscheinlichkeit von kleiner 10^{-6},
- geringe Signallaufzeit (interkontinental von kleiner 400 ms),
- einfacher Netzzugang,
- niedrige Kosten.

Bild 8.3.1 zeigt einen Vergleich der bisherigen Netze mit ISDN für den Einsatz im Datendienst. Neben den technischen Leistungsmerkmalen sind darin zusätzlich die aktuellen Kosten aufgeführt. Für einen ISDN-B-Kanal entstehen dieselben zeitabhängigen Kosten wie im heutigen analogen Fernsprechnetz. Es ist geplant, insbesondere zur Optimierung der Kosten für den Datenaustausch, eine Gebührenberechnung im Sekundentakt einzuführen. Für die bei Dialoganwendungen effektivere Paketdatenübermittlung im ISDN, bei der sich die Tarifierung, wie im Datex-P-Netz, hauptsächlich nach der übertragenen Datenmenge und nicht nach der Verbindungsdauer richten wird, gibt es derzeit noch keine Kostensätze von der Deutschen Bundespost (DBP).

	Übertragungs-geschwindigkt.	Übertragungs-sicherheit	Verfügbarkeit national	international	Anschluss-kosten	Übertragungs-kosten
Telefonnetz Akustikkoppler	300 bit/s	schlecht	weltweit		65 DM *1) 27 DM/Monat	Fernsprech-gebühren
Telefonnetz Modem	300-9600 bit/s	mittel	weltweit		65 DM *1) 32 DM/Monat	Fernsprech-gebühren
Datex-L	300-48000 bit/s (64 kbit/s) *5)	gut	uneinge-schränkt	Europa teilweise USA, Kanada Japan	200 DM *2) 120-510 DM/ Monat	*3)
Datex-P	300-48000 bit/s	sehr gut	uneinge-schränkt	westliche Welt	200 DM *2) 140-2500 DM/ Monat	*4)
ISDN-leitungsverm. (Basisanschl.)	2 x 64 kbit/s	gut	ab 1993 flächend.	s. Text	130 DM 74 DM/Monat	Fernsprechge-bühren pro B-Kanal
ISDN-paketvermittelt im D-Kanal *6)	max. 10 kbit/s	sehr gut	*6)	*6)	*6)	*6)

*1) Die Datenübertragungseinrichtungen werden sowohl von der DBP als auch von privaten Firmen angeboten.
*2) Die Anschlusskosten sind abhängig von der Übertragungsgeschwindigkeit.
*3) Die Übertragungskosten sind abhängig von der Übertragungsgeschwindigkeit und der Entfernung.
*4) Die Übertragungskosten sind in erster Linie von der Anzahl der übertragenen Datenpakete und der Entfernung abh
*5) Nicht flächendeckend verfügbar, Kosten 1000 DM/Monat.
*6) Wird derzeit noch nicht von der DBP angeboten, deshalb noch keine genaueren Angaben erhältlich.

Bild 8.3.1: Vergleich der Leistungsmerkmale und Kosten verschiedener Weitver-kehrsnetze (Quelle: Datenkommunikation, DBP, Stand '89)

8.3.3.3 Verfügbarkeit

Die Serieneinführung von ISDN in der BRD hat Ende 1988 in acht Großstädten begonnen. In der Zwischenzeit sind eine Vielzahl anderer Städte hinzugekommen. Eine Flächendeckung soll nach Angaben der DBP im Jahr 1993 erreicht sein [5]. In den anderen westeuropäischen Staaten werden im gleichen Zeitraum derartige Netze aufgebaut. Bereits angeschaltet ist das Netz der Niederlande. Im 3.Quartal 1990 sollen die nationalen Netze von Frankreich und Großbritannien zugeschaltet werden. Eben-falls werden in nahezu allen westlichen Industrienationen, wie den USA, Japan usw., nationale Netze aufgebaut, die in absehbarer Zeit alle miteinander verbunden sein werden.

8.3.3.4 Netzzugang

Für den Anwender sind die Möglichkeiten des Netzzugangs von großer Bedeutung. Die prinzipiellen Varianten sind in [4] ausführlich beschrieben. An dieser Stelle sollen die derzeit möglichen und für den Aufbau eines Teleservicesystems wichtigen Varianten vorgestellt werden.

Der Netzzugang zum öffentlichen ISDN kann entweder über einen ISDN-Basisanschluß oder über eine "ISDN-fähige" Nebenstellenanlage erfolgen. Der ISDN-Basisanschluß wird von der DBP zur Verfügung gestellt und bietet dem Anwender die genormte S0-Schnittstelle (Bild 8.3.2). Hierbei handelt es sich um einen Bus auf Basis der normalen vieradrigen Telefonleitung, der maximal 150 m lang und mit bis zu 12 Anschlußdosen bestückt sein darf. An diesen Bus können maximal acht Endgeräte gleichzeitig angeschaltet werden. Alle Geräte sind unter derselben Rufnummer erreichbar, wobei bei dienstegleichen Endgeräten (z.B. zwei Telefone) über eine Endgeräteziffer eine Auswahl erfolgt.

Bei der Anschaltung über ISDN-fähige Nebenstellenanlagen werden dem Anwender verschiedene Schnittstellen zur Verfügung gestellt. Die Anpassung an die genormten Schnittstellen der DBP wird von der Nebenstellenanlage vorgenommen (Bild 8.3.3). Derzeit werden zwischen Nebenstellenanlage und Anwender sowohl eine erweiterte S0-Schnittstelle als auch kostengünstigere firmenspezifische Zweidrahtschnittstellen, sogenannte Ux-Schnittstellen, zur Verfügung gestellt. Diese sind im Gegensatz zur S0-Schnittstelle nicht als Bus, sondern als Punkt-zu-Punkt Verbindung ausgeführt und ermöglichen die Anschaltung eines multifunktionalen ISDN-Endgerätes.

Für die Zweidrahtschnittstelle wird es in absehbarer Zeit ebenfalls einen Standard, die sogenannte UP0-Schnittstelle, geben. Die Integration einer ISDN-fähigen Nebenstellenanlage innerhalb der Firma bietet ohne weiteren Verkabelungsaufwand mit dem Zeitpunkt ihrer Installation eine ISDN-Verfügbarkeit überall dort, wo heute ein analoger Fernsprechanschluß vorhanden ist.

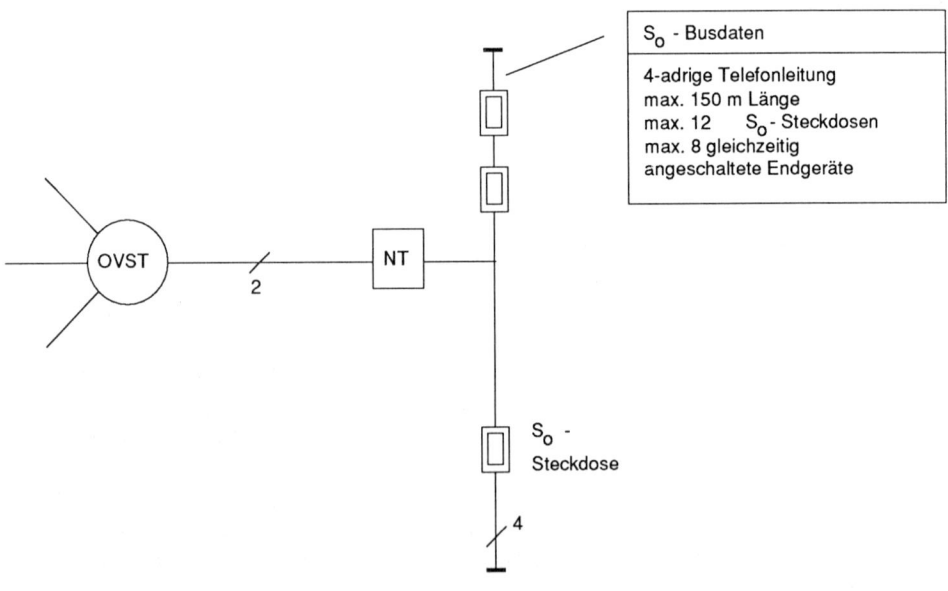

| OVST | Ortsvermittlungsstelle |
| NT | Netzabschluss der DBP |

Bild 8.3.2:   Anschaltung über den ISDN-Basisanschluß

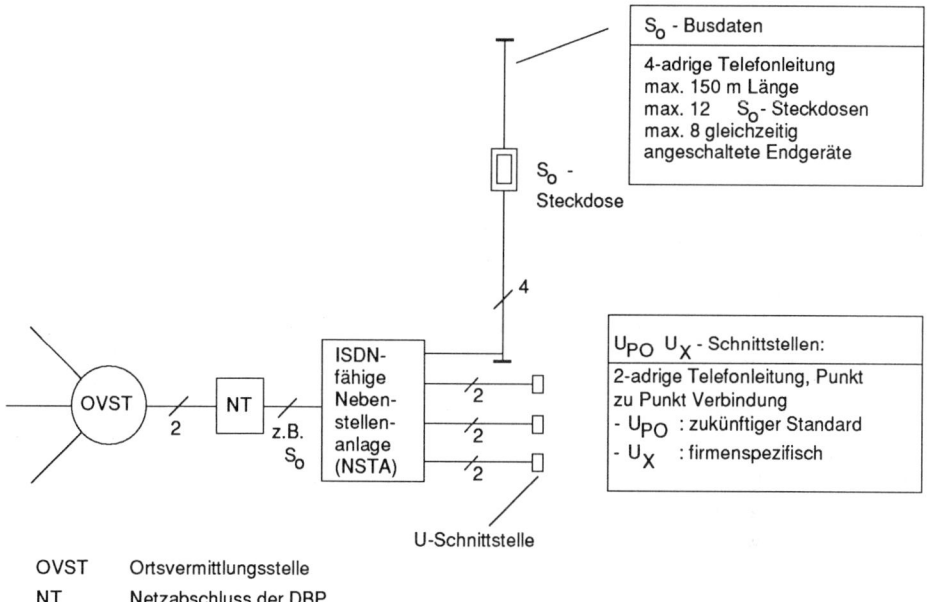

OVST	Ortsvermittlungsstelle
NT	Netzabschluss der DBP

Bild 8.3.3:   Anschaltung über eine Nebenstellenanlage

8.3.3.5 Endgeräteanschaltung

Für den Betrieb am ISDN sind Endgeräte mit S0- oder U-Schnittstellen erforderlich. Zugelassene Endgeräteanschaltungen für den Datendienst sind heute für verschiedene Rechnersysteme (z.B. Personalcomputer) verfügbar (Bild 8.3.4). Steuerungssysteme in der Automatisierungstechnik basieren häufig auf firmenspezifischen Mikroprozessorbussen, für die es heute noch keine Baugruppen zur ISDN-Anschaltung gibt. Hier stehen lediglich asynchron betriebene RS232-Schnittstellen zur Verfügung. Um diese an das ISDN anschalten zu können, sind "Datenadapter" erforderlich, die eine Anpassung an die S0- oder U-Schnittstelle durchführen. Derartige Adapter gibt es auch für andere verbreitete Schnittstellen, wie z.B. die synchronen Schnittstellen X21 oder X21bis.

ISDN-Datenadapter mit RS232-Schnittstellen gibt es als Einzelgerät (Bild 8.3.5) oder integriert in einen ISDN-Fernsprecher (Bild 8.3.6). Bei den V24-Datenadaptern ist darauf zu achten, daß sie hohe Übertragungsgeschwindigkeiten, Standardwählprozeduren (V25bis, Hayes) und unterschiedliche Protokolle zur Flußkontrolle unterstützen. Für den Betrieb von Datenadaptern mit RS232-Schnittstelle am ISDN-Basisanschluß gibt es heute noch keine allgemeine Zulassung. Im Anwendungsfall müssen Einzelzulassungen bei der DBP beantragt werden.

8.3.4 Anforderungen an ein Teleservicesystem

Für eine effektive und schnelle Unterstützung des Kunden bei Betriebsstörungen der Werkzeugmaschine müssen vielfältige Informationen zwischen dem Kunden und der Servicezentrale des Herstellers ausgetauscht werden. Eine wesentliche Hilfe bei der Fehlersuche an der Maschine ist die Sprachkommunikation mit dem Bediener und der gleichzeitige Zugriff auf Steuerungsdaten. Darüberhinaus ist der Austausch von nur schriftlich vorliegenden Aufzeichnungen oder Unterlagen (Skizzen, Werkstückzeichnungen etc.) mit dem Kunden sehr hilfreich für eine schnelle Fehlerdiagnose durch den Service. Zukünftig ist die Durchführung von Überwachungsvorgängen und die Beurteilung des aktuellen Maschinenzustandes durch den Techniker in der Servicezentrale mit Hilfe von Videobildern vorstellbar. Gleichfalls können Videobilder oder Filme mit Reparaturanleitungen zum Kunden übertragen werden, um kostenintensive Serviceeinsätze des Herstellers zu reduzieren.

Mit den vom ISDN zur Verfügung gestellten Diensten sind diese Anforderungen erfüllbar. Einschränkungen in der Bildqualität hinsichtlich Auflösung und Dynamik müssen nur bei Bewegtbildern in Kauf genommen werden.

8.3.4.1 Gerätetechnische Anforderungen

Die typische Geräteanordnung einer Servicezentrale auf Basis von ISDN zeigt Bild 8.3.7. Der Aufbau beim Kunden ist in Bild 8.3.8 dargestellt. Der S0-Bus auf Basis einer abgeschirmten vieradrigen Telefonleitung kann in der Halle verlegt werden. Hinter jeder Maschine mit Teleserviceanschluß wird eine S0-Steckdose installiert. Die Anschaltung erfolgt unter Berücksichtigung der Kosten und heute verfügbarer Geräteschnittstellen nach Bild 8.3.5. Der ISDN-Fernsprecher mit integrierter Datenschnittstelle, der pro Kunde nur einmal erforderlich ist, wird im Bedarfsfall an die jeweilige Maschine und den S0-Bus angesteckt. In der Maschinensteuerung ist keine zusätzliche Hardware erforderlich.

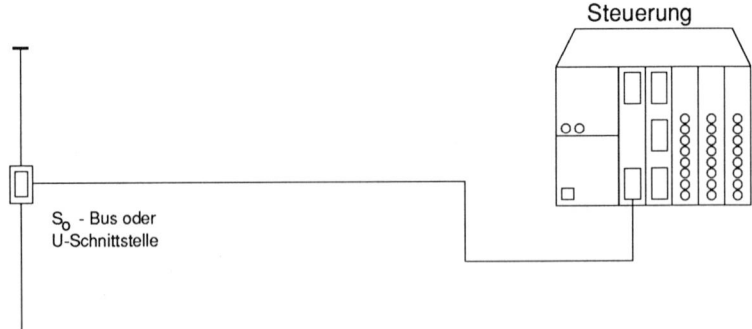

Bild 8.3.4:   Netzzugang über Direktanschaltung

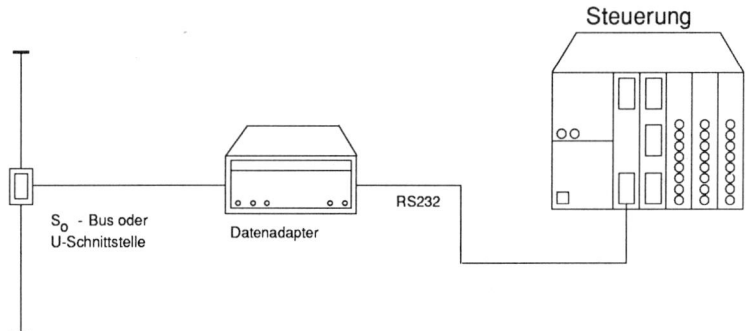

Bild 8.3.5:   Netzzugang über Datenadapter

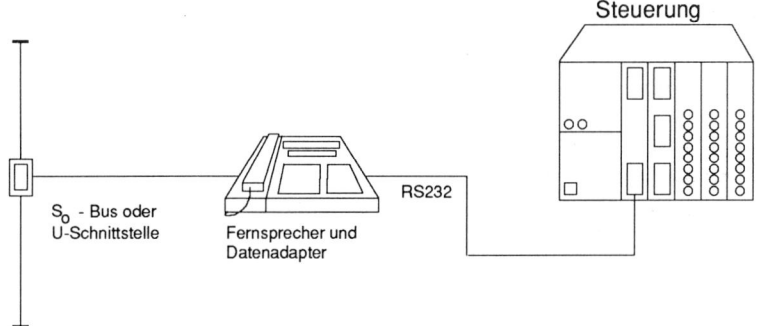

Bild 8.3.6:   Netzzugang über Fernsprecher mit integriertem Datenadapter

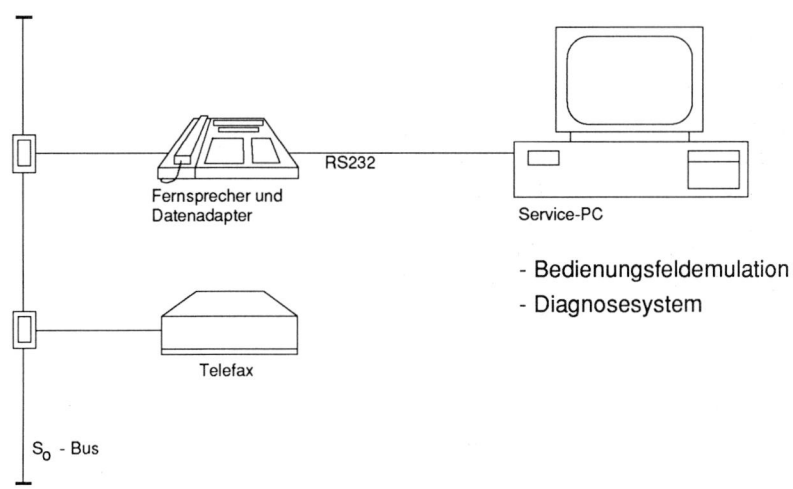

Bild 8.3.7:   Gerätetechnik eines Teleservicearbeitsplatzes

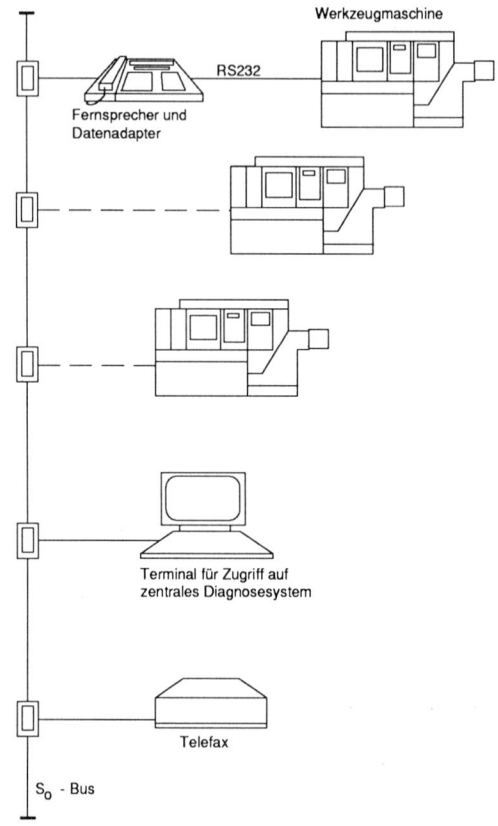

Bild 8.3.8:   Gerätetechnik für eine Teleserviceanschaltung beim Kunden

8.3.4.2 Funktionale Anforderungen im Datendienst

Kommunikationsfunktionen

Die Kommunikation zwischen zwei Partnern ist dadurch gekennzeichnet, daß zunächst eine Verbindung aufgebaut, dann Information ausgetauscht und anschließend die Verbindung wieder abgebaut wird. Darüberhinaus ist bei leitungsvermittelten Datenverbindungen über Weitverkehrsnetze eine Zeitüberwachung der Verbindung häufig sinnvoll, um Kosten, verursacht durch unbenutzte Übertragungswege, zu vermeiden. Die Anforderungen an das Kommunikationssystem (ISDN und Kommunikationssoftware in der Steuerung und dem Servicerechner) für Teleservice sind im einzelnen:

- Verbindungsaufbau,
- Verbindungsabbau,
- Datenübertragung hoher Güte und Übertragungsgeschwindigkeit,
- Datensicherung,
- Flußkontrolle,

- Multiplexen und Demultiplexen mehrerer Transportverbindungen,
- Zeitüberwachung der Verbindung,
- Codieren/Decodieren.

Auf die möglichen Kommunikationsprotokolle zur Realisierung der einzelnen Kommunikationsfunktionen soll an dieser Stelle nicht näher eingegangen werden, da diese infolge teilweise fehlender Standards von den eingesetzten Anschaltungsvarianten an das ISDN abhängig sind. Grundsätzliche Dinge hierzu sind in [4] nachzulesen.

Übermittlung von Teleservice-Daten

Es gibt zwei Anwendungsarten des Teleservice: Im ersten Fall tritt an der Maschine eine Störung auf und der Kunde ruft in der Servicezentrale an. Zur Analyse der Störungsursache benötigt der Techniker in der Servicezentrale Informationen aus der Steuerung. Im zweiten Fall ist die Servicezentrale infolge von Nachtschichten oder Zeitverschiebungen nicht besetzt. Dem Kunden wird die Möglichkeit gegeben, über das Maschinenbedienungsfeld oder ein Bildschirmgerät auf das zentrale Diagnosesystem des Herstellers zuzugreifen. Im folgenden sollen die für beide Varianten benötigten Daten und Schnittstellen beschrieben werden.

Steuerungen von Werkzeugmaschinen besitzen zur Kommunikation mit der Peripherie aufgabenspezifische Schnittstellen, wie das Bedienungsfeld, (DNC-) Schnittstelle für den Betrieb im CIM-Verbund, Leser-/Stanzerschnittstelle, Debugger-/Monitor-Schnittstelle und spezielle Diagnoseschnittstellen einzelner Baugruppen. Jede dieser Schnittstellen ermöglicht den Zugriff auf einen Teil der im Teleservice benötigten Daten. Bild 8.3.9 zeigt die für den Teleservice benötigten Daten und die Zugriffsmöglichkeit über die jeweiligen Schnittstellen heute üblicher Steuerungen.

Für die Realisierung einer Teleserviceschnittstelle in einem Steuerungssystem gibt es grundsätzlich zwei Möglichkeiten: Die erste ist die Schaffung einer neuen Schnittstelle mit der für den Teleservice benötigten Funktionalität. Hierzu sind Eingriffe in nahezu allen Modulen des Steuerungssystems erforderlich. Die zweite verwendet bestehende Kommunikationsschnittstellen innerhalb des Steuerungssystems (siehe Bild 8.3.9) und macht diese für eine Übermittlung in die Servicezentrale verfügbar. Dabei kann es erforderlich sein, mehrere Datenströme im Multiplexbetrieb über das Kommunikationssystem zu übertragen. Bei diesem schneller umsetzbaren Verfahren muß man ggf. Redundanz in den zu übertragenden Daten und Einbußen hinsichtlich des Funktionsumfangs in Kauf nehmen. Im folgenden wird ein Konzept nach dieser zweiten Möglichkeit beschrieben.

Fernbedienung

Das Bedienungsfeld einer Werkzeugmaschine dient zur Kommunikation zwischen Steuerung und dem Menschen. Hierüber erfolgt die Bedienung der Maschine, einschließlich der Anzeige des Prozeß- und Maschinenzustandes, die NC-Steuerdatenerstellung und -korrektur, sowie die Inbetriebnahme und Fehlerdiagnose.

Daten	Zugriff im Teleservice R: lesend W: schreibend	Schnittstellen				
		Bedienungs-feld	DNC-Schnitt-stelle *1)	Leser/Stanzer	SPS-Diagnose	Debugger/Monitor
NC-Programme	R/W	X	X	X		
Konfigurierungsdateien	R/W	X	(X)	X		
Betriebsdaten	R	X	X			
Maschinenzustände	R/(W)	X	X			
Werkzeugdaten	R/(W)	X	X	X		
Fehlermeldungen	R	X	X			
Geometriedaten (Achspositionen, Schleppabstände,etc.)	R	X				
Technologiedaten (SPS-Programme,-Zu-stände,-Eing./Ausg.)	R/W	(X)			X	
Tracedaten(Bedien-handlungen,Zustände)	R	(X)				
Systemdaten(Speicher-bereiche,Systemzu-stände,Systemsoftw.)	R/W R/W					X X X

*1) Basis ist die Index DNC-Schnittstelle, DNC-Schnittstellen anderer Hersteller bieten ggf. anderen Funktionsumfang

Bild 8.3.9:   Für den Teleservice relevante Daten und die Zugriffsmöglichkeiten über existierende Schnittstellen

Die dort verfügbaren Informationen ermöglichen die Überwachung des Prozesses, einschließlich der Anzeige einer steuerungsinternen Diagnoseeinrichtung und der Lokalisierung und Behebung von Programmier- und Konfigurierungsfehlern. Die Diagnoseeinrichtung kann bei Steuerungssystemen in ihrem Funktionsumfang sehr unterschiedlich ausgeführt sein [7], [8]. Die Anzeigen der Diagnoseeinrichtung können Fehlermeldungen in Form von Fehlernummern, Klartextmeldungen oder Statusmeldungen von einzelnen Steuerungskomponenten sein. Darüberhinaus gibt es steuerungsinterne Einheiten, die diagnoserelevante Daten, wie z.B. Ein- oder Ausgangssignale der SPS oder Bedienungshandlungen über der Zeit aufzeichnen. Die aufgezeichneten Daten sind ebenfalls über das Bedienungsfeld abrufbar.

Eine Fernbedienung der Werkzeugmaschine ermöglicht der Servicezentrale die gleichen Bedienungs- und Anzeigemöglichkeiten wie direkt an der Maschine. Auf diese Weise hat man dort Zugriff auf einen großen Teil der zur Fehlerdiagnose benötigten Daten. Dabei ist es wichtig, daß dem Servicetechniker die ihm vertraute Bedienungsoberfläche zur Verfügung steht. Dies kann durch ein in der Servicezentrale aufgebautes Bedienungsfeld oder eine Nachbildung (Emulation) auf dem Servicerechner erreicht werden.

Ein sinnvolles Arbeiten ist allerdings nur dann möglich, wenn die Bereitstellung, die kommunikationstechnische Aufbereitung und die Übermittlung der Bedienungshandlungen und Anzeigedaten in so kurzer Zeit erfolgt, daß der Fernbediener keine wesentliche Einschränkung hinsichtlich der Antwortzeiten gegenüber einer Direktbedienung bemerkt. Dies ist bei Verwendung von ISDN durch die hohe Übertragungsgeschwindigkeit und die geringe Signallaufzeit gegeben.

Aus Sicherheitsgründen sollten Funktionen, die das Auslösen von Bewegungen der Maschine verursachen, am Bedienungsfeld in der Servicezentrale gesperrt werden. Falls solche Funktionen erforderlich sein sollten, erfolgt eine Anweisung an den Maschinenbediener über die gleichzeitig zur Verfügung stehende Sprachverbindung. Während eines Bewegungsablaufes der Maschine sind in der Servicezentrale alle Anzeigen nahezu zeitgleich verfügbar.

Fernbedienung mit Testschnittstelle

In einigen Fehlerfällen reicht die Information, die über das Bedienungsfeld anzeigbar ist, nicht aus, um einen Fehler zu lokalisieren. In solchen Fällen müssen die internen Zustände und Daten der Steuerungssoftware (Tasks, Mailboxen, Speicherbereiche etc.) verfügbar sein. Der Zugriff darauf erfolgt über die sogenannte Monitor- oder Debuggerschnittstelle. Über diese können während der Benutzung des Bedienungsfeldes gleichzeitig steuerungsinterne Abläufe beobachtet werden. Bei der Fernbedienung ist für die gleichzeitige Übermittlung von Bedienungsdaten und Testdaten die Funktion "Multiplexen und Demultiplexen mehrerer Transportverbindungen" innerhalb des Kommunikationssystems erforderlich.

Austausch von NC-Programmen und Konfigurierungsdaten

Bei der Inbetriebnahme oder im Störungsfall ist es oft notwendig, NC-Programme und Konfigurierungsdaten zwischen der Servicezentrale und dem Kunden auszutauschen. NC-Programme können beim Hersteller überprüft, korrigiert oder ergänzt werden. Das fehlerfreie Programm kann anschließend direkt in die Maschinensteuerung des Kunden übertragen werden. So können auch beim Hersteller entwickelte NC-Programme oder gespeicherte Konfigurierungsdaten einer Maschine (Ausrüstung, Zeiten, Konstanten etc.) bei Verlust übermittelt werden. Für diese Funktion wird der Datenfluß der vorhandenen DNC-Schnittstelle über das Kommunikationssystem in die Servicezentrale umgeleitet.

Fern-Anzeige

Im Teleservice kann es während der Lokalisierung eines Fehlers im Dialog mit dem Maschinenbediener notwendig sein, bestimmte Handlungen mit Grafiken oder Text zu verdeutlichen. Mit der Funktion Fern-Anzeige können beliebige Texte und Grafiken (Schaltpläne, Reparaturanleitungen, etc.) vom Servicerechner in der Servicezentrale auf das Bedienungsfeld des Kunden übertragen werden.

Ferndialog mit Diagnosesystem

Zur Unterstützung des Kunden bei selbständiger Fehlersuche (zweite Anwendungsart) oder bei unbesetzter Servicezentrale (Nachtschicht, Zeitverschiebung) ist der Dialog mit einem Diagnosesystem hilfreich. Ein Diagnosesystem ermöglicht den Zugriff auf Fehlerbeschreibungen, bisherige Fehlerursachen, Informationen zur Fehlerbeseitigung etc. Das Diagnosesystem in der Servicezentrale bietet zur Unterstützung des Servicepersonals bereits diese Funktionalität. Ein Zugriff auf dieses System kann dem Kunden über ISDN zur Verfügung gestellt werden. Dazu kann das Bedienungsfeld der Steuerung oder ein getrenntes Bildschirmgerät als Bedien- und Anzeigeeinrichtung verwendet werden.

8.3.5 Aufbau des Index-Teleservicesystems

Die von den Index-Werken hergestellten Drehmaschinen lassen sich in Maschinen für die Serien- und für die Werkstattfertigung einteilen. Drehautomaten für die Serienfertigung werden mit selbstentwickelten Steuerungen auf Multiprozessorbasis (Index-Steuerung) betrieben, während Maschinen für die Werkstattfertigung mit Steuerungen der Fa. Siemens (S3T, S880) und Index-spezifischem Bedienungsfeld C200 ausgerüstet sind.

8.3.5.1 Drehautomaten mit Index-Steuerung

Bei diesem Steuerungstyp ist die Zentralsteuerung mit dem Bedienungsfeld über eine serielle Schnittstelle (RS232) verbunden. Die Kommunikation zwischen den beiden Komponenten erfolgt über Telegramme. Eine Nachbildung (Emulation) des Bedienungsfeldes auf einem externen Rechner ist wegen des zeichenorientierten Bildschirmaufbaus und einer einfachen Maskentechnik mit geringem Aufwand möglich. Für die Bereitstellung der Teleservicefunktion "Fernbedienung" an der Maschine ist es notwendig, die zwischen der Zentralsteuerung und dem Bedienungsfeld ausgetauschten Telegramme über ISDN an den Servicerechner zu übertragen. Die dafür erforderlichen Erweiterungen an der Steuerung beschränken sich auf eine zusätzliche serielle Schnittstelle zum Anschluß eines Datenadapters und eine Anwahlmöglichkeit der Fernbedienungsfunktion am Bedienungsfeld.

8.3.5.2 Drehmaschinen mit C200-Bedienungsfeld und S880-Steuerung

Das Bedienungsfeld C200 der S880-Steuerung ist im Gegensatz zur Index-Steuerung grafikfähig. Dies wird zur grafischen Programmierunterstützung und NC-Programm-Simulation benötigt [9]. Parallel zu einer Bearbeitung können dabei NC-Programme erstellt oder simuliert werden. Die gleichzeitige Benutzung dieser Funktionen erfordert ein mehrkanaliges Grafiksystem auf der Steuerung. Die Nachbildung dieses Grafiksystems auf einem externen Rechner (Servicerechner) stellt einen erheblichen Entwicklungsaufwand dar. Deshalb wird in einem ersten Schritt ein identisches C200-Bedienungsfeld in der Servicezentrale zur Fernbedienung verwendet. Die Entwicklung einer Emulation des C200-Bedienungsfeldes auf dem Servicerechner erfolgt zu einem späteren Zeitpunkt. Ziel ist eine vollständige Integration aller Teleservicefunktionen in den Servicerechner.

Für den Teleservicebetrieb ist die Bedienungsfeldsoftware um einen Modul "Teleservice" erweitert worden. Dieser hat die Aufgabe, die im Teleservice benötigten Daten in die Servicezentrale umzuleiten. Der Zugang zum ISDN erfolgt über eine RS232-Schnittstelle des C200-Bedienungsfeldes. Heute sind bereits die Funktionen Verbindungsverwaltung und -überwachung, Fernbedienung, Fernbedienung mit Testschnittstelle und Ferndialog mit Diagnosesystem in das Bedienungsfeld integriert.

8.3.5.3 Anwahl des Teleservice

Die Funktionen des Teleservice sind in der Servicezentrale erst verfügbar, wenn durch den Kunden die Anwahl "Teleservice" an seinem Bedienungsfeld erfolgt ist. Ein unbemerktes Eindringen in die Steuerung des Kunden über die Teleserviceschnittstelle ist deshalb nicht möglich. Berechtigte Bedenken des Kunden, daß sich Unbefugte in seine Steuerung einwählen und firmenspezifische Daten (NC-Programme, BDE-Daten etc.) abrufen oder verändern, sind damit ausgeräumt.

8.3.5.4 Servicerechner

Bei dem in der Servicezentrale installierten Rechner handelt es sich um einen leistungsfähigen Personal-Computer (auf Basis Intel 80386) unter dem Betriebssystem MS-DOS. Die gleichzeitige Anzeige und Bedienung mehrerer Anwendungen (Bedienungsfeldemulation, Diagnosesystem etc.) erfolgt mit einem Fenstersystem (DESQVIEW). Der Servicerechner ist zusätzlich in das firmeninterne Lokale Netz (DECNET) integriert. In dieser Konfiguration ist die Einbindung weiterer Servicerechner problemlos möglich.

8.3.6 Zusammenfassung

Mit der Verfügbarkeit von ISDN steht ein Kommunikationsnetz zur Verfügung, das für den Aufbau von Teleservicesystemen für Werkzeugmaschinen besonders geeignet ist. Wesentliche Vorteile gegenüber bestehenden Netzen sind die gleichzeitige Verfügbarkeit mehrerer Dienste (Sprache, Text, Bild, Daten) und die niedrigen Kosten. Neben der Sprachverbindung ist im Teleservice der gleichzeitige Datendienst mit seiner hohen Übertragungsgeschwindigkeit und -güte von besonderer Bedeutung. Der Datendienst bei ISDN bietet die notwendige Leistungsfähigkeit, um Teleservicefunktionen, wie Fernbedienung, Ferndialog, Programmaustausch etc., sinnvoll verwirklichen zu können.

Die Index-Werke haben erstmals auf der EMO'89 in Hannover ein Teleservicesystem auf Basis von ISDN vorgestellt. Damit wurde die Funktionstüchtigkeit dieses Netzes unter industriellen Bedingungen an verschiedenen numerisch gesteuerten Drehmaschinen gezeigt.

Das Teleservicesystem der Index-Werke bietet im Störungsfall eine effektive, schnelle und kostengünstige Unterstützung des Kunden durch den Werkzeugmaschinenhersteller.

Das Projekt wird im Rahmen eines Förderprogramms für innovative ISDN-Anwendung vom Bundespostministerium unterstützt.

8.3.7 Literatur

[1] P.Hall: System zur Ferndiagnose-Kommunikation.
Werkstatt und Betrieb 111 (1978) Nr. 8, S. 487...490.

[2] W.von Zeppelin: Informationstechnische Einbindung einer NC-Werkzeug-
maschine in eine rechnergestützte Betriebsorganisation.
ZWF CIM Sonderdruck, Fa.Traub, Reichenbach/Fils.

[3] W.Hoffmann: Weltweiter Service: rund um die Uhr, schnell und umfas-
send. Energie & Automation 10 (1988) Nr. 2, S. 28...30.

[4] P.Bocker: ISDN, Das diensteintegrierende digitale Nachrichtennetz.
Berlin, Heidelberg, New York, London, Paris, Tokyo:
Springer-Verlag (1987).

[5] N.N.: Telematica 1988: Kongreßband.
Verlag Reinhard Fischer (1988).

[6] N.N.: BERCIM: Verteilte, fehlertolerante CIM-Strukturen im
Berliner Kommunikationssystem (BERKOM). AEG,
GMD-FOKUS, IPK-Berlin.

[7] H.Möller: Integrierte Überwachungs- und Diagnosesysteme für
numerische Steuerungen. ISW 61. Berlin, Heidelberg,
New York, Tokyo: Springer-Verlag (1986).

[8] W.Grimm: Diagnosesystem für steuerungsperiphere Fehler an
Fertigungseinrichtungen. ISW 65. Berlin, Heidelberg,
New York, Tokyo: Springer-Verlag (1986).

[9] W.Schittenhelm, Neues Bedienungssystem für Drehmaschinen.
    G.Krebser: Werkstattechnik 79 (1989) Nr. 9, S. 493...496.

Stichwortverzeichnis

N

O

P

R

CIM-Fachmann

Hrsg.: I. Bey

Bausteine für die Fabrik der Zukunft
Band-Hrsg. L. Cronjäger
1990, 16 × 24 cm, 204 Seiten, kart.,
DM 58,–
ISBN 3-88585-874-6

**Analyse und Neuordnung
der Fabrik**
Band-Hrsg. H. P. Wiendahl
1991, 16 × 24 cm, 192 Seiten, kart.,
DM 48,–
ISBN 3-88585-877-0

**CIM in der Unikatfertigung
und -montage**
Band-Hrsg. B. E. Hirsch
1992, 16 × 24 cm, ca. 250 Seiten, kart.,
DM 68,–
ISBN 3-88585-889-4

CIM-Planung und -Einführung
Band-Hrsg. H. Schulz
1990, 16 × 24 cm, 212 Seiten, kart.,
DM 58,–
ISBN 3-88585-876-2

**CIM-Strategie als Teil
der Unternehmensstrategie**
Band-Hrsg. A.-W. Scheer
1990, 16 × 24 cm, 236 Seiten, kart.,
DM 58,–
ISBN 3-88585-875-4

Datenbanken für CIM
Band-Hrsg. G. Spur
1991, 16 × 24 cm, ca. 200 Seiten, kart.,
DM 58,–
ISBN 3-88585-882-7

Expertensysteme in CIM
Band-Hrsg. G. Warnecke
1991, 16 × 24 cm, ca. 220 Seiten, kart.,
DM 58,–
ISBN 3-88585-881-9

Fertigungsinseln in CIM-Strukturen
Band-Hrsg. W. Maßberg
1992, 16 × 24 cm, ca. 200 Seiten, kart.,
DM 58,–
ISBN 3-88585-887-8

**Verlag
TÜV Rheinland**
Viktoriastr. 26 · 5000 Köln 90
Telefon (0 22 03) 17 09-60
Telefax (0 22 03) 1 54 11

**Koproduktion mit
Springer-Verlag
Berlin · Heidelberg · New York**

CIM-Fachmann

Hrsg.: I. Bey

Integrationspfad Qualität
Band-Hrsg. E. Westkämper
1991, 16 × 24 cm, ca. 200 Seiten, kart.,
DM 58,–
ISBN 3-88585-884-3

Kommunikationstechnik für den integrierten Fabrikbetrieb
Band-Hrsg. G. Pritschow/
und P. Kühn
1991, 16 × 24 cm, ca. 300 Seiten, kart.,
DM 68,–
ISBN 3-88585-879-7

Montageplanung in CIM
Band-Hrsg. K. Feldmann
1991, 16 × 24 cm, ca. 200 Seiten, kart.,
DM 58,–
ISBN 3-88585-880-0

Nahtstellen in der Fabrik
Band-Hrsg. H. Weule
1992, 16 × 24 cm, ca. 100 Seiten, kart.,
DM 48,–

Personalentwicklung und Qualifikation
Band-Hrsg. H.-J. Bullinger
1991, 16 × 24 cm, ca. 250 Seiten, kart.,
DM 58,–
ISBN 3-88585-878-9

Simulation in CIM
Band-Hrsg. M. Weck
1991, 16 × 24 cm, ca. 250 Seiten, kart.
DM 68,–
ISBN 3-88585-883-5

Von CAD/CAM zu CIM
Band-Hrsg. J. Milberg
1992, 16 × 24 cm, ca. 200 Seiten, kart.,
DM 58,–
ISBN 3-88585-885-1

Von PPS zu CIM
Band-Hrsg. Ch. Nedeß
1991, 16 × 24 cm, 244 Seiten, kart.,
DM 68,–
ISBN 3-88585-888-6

Werkstattinformationssysteme
Band-Hrsg. M. Storm
1993, 16 × 24 cm, ca. 150 Seiten, kart.,
DM 48,–
ISBN 3-88585-890-8

Verlag TÜV Rheinland
Viktoriastr. 26 · 5000 Köln 90
Telefon (0 22 03) 17 09-60
Telefax (0 22 03) 1 54 11

Koproduktion mit
Springer-Verlag
Berlin · Heidelberg · New York